U0034558

超導時代降臨，能量損耗從此為零！能源科技最終解：

抗磁效應 × 磁浮原理 × 量子干涉 × 材料應用，近代物理重大發現，創造接連不斷的科學奇蹟

羅會仟 著

崧燁文化

目 錄

目錄

目錄

代序　百年超導，魅力不減

　　超導現象發現已有百年了，它已經成為物理學中的一個重要分支，與超導有關的諾貝爾獎已經授予了 5 次。超導現象的應用也已在許多方面發揮著不可替代的作用。100 年雖然已經過去，但人們對超導研究的興趣依然未減。例如，雖然很多一流的物理學家都在努力，但銅氧化物超導體以及新發現的鐵基超導體的機制卻還沒有完全為人所知，超導仍然充滿了神祕色彩。與 X 射線、雷射和半導體相比，超導的廣泛應用還遠沒有實現。人們普遍認為，超導現象的機理和應用研究將會極大地推動物理學，尤其是凝聚態物理理論的發展，同時也將開發出更多、更新的應用。

　　1950 至 1960 年代，以 NbTi 和 Nb_3Sn 為代表的有實用價值的合金超導體的發現以及約瑟夫森效應的發現，形成了低溫超導技術研發的熱潮。人們發展了線材製備工藝，製備了各種與電工及通訊技術有關的原型，並在扼流圈和減少交流損耗等方面解決了基本的物理與技術問題。低溫超導技術首先在儀器磁體和加速器磁體等強電方面得到了應用，同時也在弱電應用方面取得了進展，發揮了不可替代的作用。但是與同一時期出現的雷射技術相比，超導技術應用的廣泛性和影響力還遠遠不夠。

　　1980 年代後期，銅氧化合物超導電性的發現，因其臨界溫度突破了液氮溫區，導致了更大規模的世界性的超導研究熱潮的出現。20 多年來，雖然高溫超導機理研究還沒有取得突破性進展，但應用研究領域卻得以拓展。一批極具潛力的大型高溫超導機器已製備成功，如全超導的示範配電站、35,000kW 的電機等。行動通訊基地臺上也使用了幾千臺高溫超導濾波器。但是，高溫超導的商品還是太少。對於物理學家而言，研究高溫超導機理以及發展量子物理學是動力，雖然由於科學研究難度高和經費支持減弱，使得有些人放棄了相關研究，但有些一流的學者仍在堅持。社會需求是關鍵，而這就需要在進行材料和機理研究的同時努力推動應用。

代序

超導作為宏觀量子態具有極為特殊的物理性質和極大的應用潛力，特別是在能源方面。有人認為 21 世紀電力工業的技術主要有兩個：一個是超導，另一個是智慧電網。超導體可以用於軍工、訊息技術、大科學工程、工業加工技術、超導電力、生物醫學、交通運輸和飛航太空等領域。

在弱電應用方面，基於超導體穿隧效應的組件能夠檢測出相當於地球磁場的幾億分之一的變化，世界上找不到比它更靈敏的電磁訊號檢測組件，其靈敏度理論上只受量子力學測不準原理的限制；利用交流超導穿隧效應製備的電壓基準已經代替了化學電池電壓基準；世界上最快的數位轉換器和最精密的陀螺儀都已用超導體實現了；超導量子位元、超導數位電路等基於超導體穿隧效應的技術都在發展；高溫超導的微波組件不僅在雷達等方面得到了應用，也在行動通訊方面開始發揮作用。

在能源方面，超導技術是電力工業的一種革命性的技術，是新一代的艦船推動系統的基礎，是磁局限融合中不可替代的製備強磁體的材料。值得注意的是，近年發展起來的新的電磁感應加熱技術，讓超導磁體有了新的重要應用，這是基於金屬在非均勻磁場中運動產生渦流而發熱的原理。以鋁材加工為例，利用新的技術可以使電熱轉換效率從傳統的電磁感應加熱的 60% 提高到 80%。多數醫用核磁共振成像設備和高解析度的 NMR 用的強場磁體也是超導的，超導磁浮列車也具有其獨特優勢。

超導能否實現規模化生產，關鍵是超導材料的研究要有突破：一是要發展和改進現有實用超導材料的製備工藝；二是要探索新的更適於應用的超導材料。前者從物理上講是可以做到的，需要解決的是發展新工藝和降低成本。對於同樣品質的超導材料在製備機器時也有很多工藝技術需要創新和發展。

在新材料探索方面，以下事情可以考慮做：第一，在銅氧化合物和鐵基材料中挖掘並開發出新的實用超導材料；第二，高壓下 Hg-Ba-Cu-O 的臨界溫度已經可以達到 150 ～ 160K，而超高壓和高溫下反應生成的金屬富氫化合物的臨界溫度更是突破了 250K，表明超導態可以在這麼高的溫度下存

在，因此在新材料方面有望找到在常壓下臨界溫度更高的超導體。鐵基超導體的發現是個極大的推動，不僅是第二個高溫超導的材料家族，而且又是一次物理學概念的革新，因為過去研究超導的科學研究工作者都擔心鐵離子對超導有抑制作用。對於高溫超導體家族的特性研究可以歸納一些規律，從而幫助尋找新的高溫超導體，例如結構是四方又是準二維的，同時存在多種合作現象的體系。

探索新超導體始終具有極大的吸引力，科技界從未放棄，從超導發現時起就一直在堅持。近 30 多年的進步是巨大的，除實用的超導材料之外，一些新超導體的發現也不斷為物理和材料科學的研究提供重要內容，甚至開闢新的研究領域（例如有機超導體、重費米子超導體、拓撲超導體等），與此同時也帶動了新的工藝技術的發展（例如調變合金，現在稱為異質多層膜）和具有特異性質的非超導材料的發現（例如龐磁阻、稀磁半導體和可能用於儲存的阻變材料等）。

300K 以上的常壓室溫超導體能否找到，既沒有成功的理論肯定，也沒有成功的理論否定。而事實上，臨界溫度一直在提高，新的超導體在不斷地被發現。如果能發現可實用化的室溫超導體，那麼其影響是無法估計的，世界也可能就不一樣了。

超導電性有豐富的量子力學內涵，推動了包括物理思想、理論概念和方法的創新。早在 1911 年索爾維會議上，包括愛因斯坦在內的一流物理學家就對此非常關注。由於當時的數據太少，他們中的一些人放棄了相關機理的研究。然而，超導機理研究卻一直吸引著一批一流科學家。傳統超導理論的建立經歷了以倫敦方程式（基於邁斯納效應）為代表的現象描述階段，以金茲堡 - 朗道超導理論為代表的唯象理論階段和目前已建立的 BCS 微觀理論。

在成功的 BCS 理論出現之前，經歷了兩次世界大戰。在戰爭之後，科學家（包括倫敦兄弟、海森堡、費曼等）又重新把超導機理研究放在重要的位置。而巴丁始終熱衷於超導機理研究，直到與其合作者解決了這一問題。

代序

　　邁斯納效應的發現確定了超導電性為宏觀量子現象。邁斯納效應是對稱性自發破缺的結果，是安德森 - 希格斯機制的一種表現形式。安德森等人（包括 2008 年的諾貝爾物理學獎得主南部等人）提出了自發對稱性破缺的安德森 - 希格斯機制，這個機制是基本粒子質量的起源，是量子規範場論（包括大統一理論，QCD）的物理基礎。BCS 超導理論是量子力學建立之後最重要的理論進展之一，它不僅清晰地描述了超導的微觀物理圖像，而且其概念也被用於宇宙學、粒子物理、核物理、原子分子物理等領域，推動了物理學的發展。

　　高溫超導機理向傳統的固體理論提出了新的挑戰，是物理學公認的一個難題。高溫超導機理的解決可能與新的固體電子論的建立是同步的，銅氧化合物超導體的 d- 波對稱和贗能隙的存在應該是共識的。多種合作現象的共存與競爭使實驗研究和理論研究都遇到了很多問題，正是這些問題才帶來了挑戰與機遇。鐵基超導相關的實驗和理論研究還需要進一步深入，以理解多種合作現象的共存與競爭，隨著認識的深入，應該能夠建立新的理論，以期解決有關非常規超導電性的關鍵科學問題。這可能是新的固體電子論誕生的一個基礎。

　　超導發現於從經典物理學向量子或現代物理學的過渡時期。很多文章介紹了百年來超導的進展和其中一些重要發現的歷史過程，在閱讀這些文章的時候，除崇敬之外，我從中還學到很多東西。1911 年 4 月 28 日，卡末林 - 昂內斯教授向阿姆斯特丹科學院提交的報告中指出，他觀察到了零電阻現象，兩年後才最終確定發現了超導電性。我以為有以下幾點值得深思：第一是實驗技術和方法的發展與完善，例如實現氦的液化和零電阻的測量、確認和分析；第二是概念上的突破和超導概念的確定等。後一點尤為關鍵，這是值得我們反思的。正如嚴復所云：「中國學人崇博雅，『誇多識』；而西方學人重見解，『尚新知』。」實驗技術的不斷提升和概念上的突破在超導研究中是非常關鍵的，已經取得的成就源於此，未來成功亦應如此。

　　超導已經開始造福人類並有著廣泛的應用前景。21 世紀一定會有新的技

術成為經濟的新成長點，在超導材料方面的突破有可能是候選者。對超導電性的深入認識一直推動著量子力學和物理學的發展，高溫超導體的發現又帶來了新的機遇和挑戰，未來超導研究依舊充滿挑戰與發現。科學家應該也能夠為人類的文明做出新的、無愧於我們先人的貢獻。探索高溫超導體和解決其機理的問題就是最好的選擇之一。

中國科學院院士、國家最高科學技術獎獲得者 趙忠賢

....

［注］本文作為紀念超導發現100週年文章刊載於《物理》雜誌第40卷（2011年第6期，351-352頁），現作為本書代序，結合近年來超導研究的進展，在原文內容基礎上略有修改。

代序

作者自序

我第一次為超導著迷，是在 2003 年。

那一年，我讀大三。在那個春夏之交的季節，SARS 肆虐，所有學校都採取了停課封校措施。不上課的我們，除了在宿舍看《尋秦記》，在操場閒聊瞎逛外，還有大把時間坐在圖書館靜靜地看書。偶然發現的三本科普書：《超越自由：神奇的超導體》（章立源著）、《超導物理學發展簡史》（劉兵、章立源著）、《邊緣奇蹟：相變和臨界現象》（于淥、郝柏林、陳曉松著），帶我走進了神奇的超導世界。

我第二次與超導結緣，是在 2004 年。

那一年，我大四畢業，面臨未來的抉擇。是選擇實現兒時的理想、父輩的期望，成為一名教師？還是選擇發掘自己的興趣，走上科學的道路，成為一名學者？我毫不猶豫選擇了後者。在經歷驚險的免試推薦環節後，我幸運地來到了中國科學院物理研究所，幸運地遇到了一位極其淵博、敬業的教授，幸運地開啟了我在超導國家實驗室的五年碩博連讀生涯。博士生的生活，可以用清苦和枯燥來概括。我的工作，就是日復一日地「燒爐子」，用光學區域熔煉法生長銅氧化物高溫超導單晶並測量其電磁物性。生長了數十根單晶，測量了數百個樣品，得到了一堆可能並不是很有趣的數據。眼看畢業臨近，論文卻還遙遙無期，深感鬱悶和苦楚。然而在 2008 年，我又一次幸運地趕上了鐵基超導研究的熱潮，於是，論文和畢業，都不再是問題。

我第三次和超導相戀，是在 2009 年。

那一年，我博士畢業，又一次面臨人生抉擇。物理所的同學們大部分都選擇了出國留學，而我則曾一度懷疑自己的科學研究能力和英文能力，認為很難在科學研究的漫漫長路上走得很遠，在是否「逃離」科學研究圈的問題上猶豫不決。在一個普通的燒爐工作日，導師關切地問我工作的事情，我說想留在北京，可是很難找到合適的工作。他緊接著問了一句：「為什麼不考

自序

慮留在物理所工作？新來了一位很厲害的研究員，我可以推薦你到他組裡啊！」我惶恐地點了點頭。於是，幸運又一次降臨，畢業、留所、工作，一氣呵成。從助理研究員、副研究員到博士論文指導教授，開啟了一個典型而艱苦的升級打怪之路。打怪打的不是別的，正是我博士期間遇到的鐵基超導體，只不過研究內容換成了更高等級的中子散射，出國做各種實驗和日常英文交流是必備技能。如今我已經帶著自己的博士研究生，在高溫超導的實驗研究領域，自信地發表研究論文。超導，成了我科學研究生命裡再也分不開的那個「她」。

從 1911 年發現超導現象開始，超導研究已經一百多年了，然而它依舊長盛不衰，吸引著全世界無數科學家的注意力。不只是因為那些絕對零電阻、完全抗磁性、宏觀量子凝聚等神奇物理現象及其巨大的應用潛力，還因為其中蘊含的深刻物理內涵可能帶來一場凝聚態物理的新革命，更因為超導研究道路總是充滿意外和驚喜。

回顧我那短短的科學研究之路，我非常幸運能遇到了超導的好時代。

回顧整個超導研究的歷史，我們會發現幸運和不幸，其實都不是偶然。

回顧和超導相關的物理發展之路，或許會發現，那個他或她，總會找到屬於自己的「小時代」。

在「啟蒙時代」裡，人們敬畏自然、理解自然，從普通的電磁現象，深入到了物質的內部結構和機制。

在「金石時代」裡，超導現象被發現，初步認識了這個神奇的物理現象。

在「青木時代」裡，超導材料大量出現，各式各樣的新超導材料，沒有做不到，只有想不到。

在「黑銅時代」裡，高溫超導橫空出世，物理學皇冠上的明珠，是那麼耀眼，紛繁複雜的物理現象，是那麼激勵人心。

在「白鐵時代」裡，鐵基超導意外發現，超導家族空前繁榮，非常規超

導機理似乎觸手可及。

在「雲夢時代」裡，室溫超導極具可能性，新超導材料如雨後春筍，超導機理研究不斷帶來重要啟示，我們甚至能暢想未來的超導世界，將如夢想般的美好。

這一個接一個的「小時代」，科學家的身影也越來越多，他們在超導研究領域取得了令世人矚目的成就，甚至有的已經引領凝聚態物理走向前去。

我相信，在當今這個「小時代」，如果有你，會更精彩！

羅會仟

自序

第 1 章　啟蒙時代

　　關於超導的故事，還要從電和磁講起。

　　地球誕生早期，閃電的力量幫助孕育了生命，地磁場的存在又為生命撐起一把保護傘。從遠古人類仰望星空的第一眼開始，人們就萌生了探索自然的好奇心。

　　正如愛因斯坦所言：「自然最不可理解的地方在於 —— 它竟然是可以被理解的。」在數千年對電和磁現象的觀察、記錄、應用和追問過程中，人們的視野從宏觀逐漸走向微觀，釐清了磁性和電性的基本機制。

1 慈母孕物理：物理研究的起源

我們從何而來？

遠古的神話世界裡，人類是神仙的傑作。那是一個洪荒的世界，天地玄黃之中醒來一個盤古巨人，他用巨斧劈開這片混沌，清氣上浮為天，濁氣下沉為地。他把自己的咆吼化作雷霆，目光變作閃電，身體成了山川河流，我們的世界從此誕生。廣袤無垠的天地之間，孕育了一位美麗的女媧元始大神，她用慈祥的母愛，以自己為原型，捏泥甩漿，造出了這個世界最聰慧的生命 —— 人類。女媧娘娘不僅造了人，還彩石補天，維護了人類的生存環境，堪稱史上第一位模範母親[1]。無獨有偶，西方的神話世界裡，也類似有地母蓋亞孕育了諸神，進而創造了天地間生命萬物的傳說。儘管神話有點虛無縹緲，母愛卻非常容易切身體會到，人們長久以來都執拗地相信神創論。以至於若干年後，當一位叫做達爾文（Charles Darwin）的英國人聲稱人類是猴子變的時候，人們對此奇談怪論感到非常困惑，甚至取笑這個「達爾文猴子」。

我們究竟生活在怎樣的一個世界？

或許神仙創造了我們，但他們卻忘了教我們如何去認識這個世界。人類誕生之初，地球正處於活躍期，風雨、雪霧、雷電，各種神祕又神奇的力量層出不窮。人們對自然既心生敬畏，又充滿好奇。

懷著一顆好奇心，試圖去理解這個世界，這就是科學！物理學作為科學的一部分，萌芽於人類誕生伊始對自然的觀察和體驗。這顆芽一萌，就是漫長的數千年。因為早期的人類，忙於果腹生存，根本沒有時間也沒有智慧去思考，更別提用文字記錄了。

讓我們按下時間機器的快進鍵，到物質條件逐漸豐富起來的古希臘。在這個奴隸制的國度，有一小撮有錢人是能夠每天吃飽飯的。某些能吃飽飯的古希臘人並不是沒事做，除了逛街泡澡搞藝術外，還有一件很重要的事情 —— 那就是思考。思考人生，思考世間萬物，不停思考著，自然科學史

上第一位思想家和哲學家就這麼出現了。這位叫
泰利斯（Thales of Miletus）（圖 1-1）的老先生，
不僅喜歡獨自思考數字、萬物和神靈，也喜歡聽
別人講些神奇的事情，更重要的是，他會做筆
記。正如孔子的《論語》深深影響後人千餘年一
樣，泰利斯的思考和觀察筆記，造就了古希臘
最早的米利都學派，進而催生了蘇格拉底、柏拉
圖、亞里斯多德、阿基米德等傑出人才 [2]。

圖 1-1 「科學和哲學之祖」泰利斯

　　科學這顆芽，從此萌出土面。

　　讓我們翻一下古希臘泰利斯祖師爺的筆記本，噢不，筆記布（當年還沒
發明紙）。約在西元前 6 世紀的某一天，泰利斯記載了兩個很有意思的現
象：一是摩擦後的琥珀會吸引輕小物體，二是磁石可以吸鐵。這是有史以來
人們對自然現象的第一次完整的記載，代表著物理學史上的第一個實驗觀察
紀錄。也就是說，物理學中最古老的一支，是電磁學。如今地球人都知道，
琥珀吸引小細屑是因為摩擦靜電，磁石吸鐵是因為鐵被磁化，但磁和電究
竟從何而來，卻也不甚清楚。難怪在古希臘時代，這能當作奇聞妙事記錄
在冊。

　　無論是琥珀吸物，還是磁石吸鐵，都像極了母親張開雙臂擁抱她深愛的
孩子 —— 如果你帶著情感試圖去理解這兩個物理現象的話。春秋戰國時代
的華夏先賢，顯然比同時期的古希臘哲學家要更懂得科普的重要性。面對磁
石吸鐵這個有趣又難以理解的現象，諸子百家的代表人物管仲先生發明了一
個新詞彙 ——「慈石」。他在代表作《管子》中寫道：「山上有赭者，其
下有鐵，山上有鉛者，其下有銀。一曰上有鉛者，其下有銀，上有丹沙者，
其下有金，上有慈石者，其下有銅金，此山之見榮者也。」瞧，不僅告訴你
怎麼找金銀銅鐵鉛礦石，還明確說慈石與鐵等礦有關。等等，沒寫錯字吧？
為何是「慈石」？再翻翻其他典籍，你就會發現管老爺子的確沒弄錯。《山
海經·北山經》道：「西流注於泑澤，其中多慈石。」《鬼谷子》道：「若

圖 1-2 漢字「磁」
（孫靜繪製）

慈石之取針。」《呂氏春秋・精通》道：「慈石召鐵，或引之也。」顯然，這裡說的「慈石召鐵」和古希臘人說的磁石吸鐵是同一件事。說到這裡，我們得談談東漢高誘的解釋：「石乃鐵之母也。以有慈石，故能引其子；石之不慈也，亦不能引也。」原來石頭就是鐵的母親（鐵要從礦石中煉出來），要有慈愛的母親才能吸引其兒女投入懷抱（慈石召鐵），而沒有慈愛的母親自然就不能吸引她的兒女了。所謂「慈石」就是「慈愛的母親石」之意，──這正是「磁」這個字的來源（圖 1-2）[3]。一個簡單的物理現象，只用一個形象化的詞彙來描述，後來演化成一個字，流傳了數千年，憑的是借用了神造人傳說中的母愛思維。

　　中國古人不僅在記事風格上不同於古希臘人，在做事方面也不會過於流於哲學空談。發現磁石吸鐵現象之後，聰慧的中國人做出了他們最驕傲的發明之一──指南針。話說「太極生兩儀，兩儀生四象，四象生八卦」，辨認方位對古人來說是首要任務，否則誰也搞不清楚究竟是八卦裡的哪一卦。不過，到底是誰第一個用了指南針，考證起來卻有些困難。一個傳說是黃帝用「指南車」穿越迷霧而戰勝了蚩尤，這就如秦始皇在阿房宮造磁石門用來「安檢」一樣，不太可靠。有關於磁石的應用，首見《韓非子》：「先王立司南以端朝夕」，據傳最早可用於指南的就是司南。司南長什麼樣子？《論衡》裡面介紹道：「司南之杓，投之於地，其柢指南。」意思是說，司南是一個勺子形狀的東西，勺柄指向南方。其實這裡說的司南，就是北斗七星的形狀，可以用來辨別方向，還未必是真實的指南針。後來人們用水浮磁針等方法，才真正發明了指南針。有了指南針這個神器，顯然比夜觀星象、晝觀日影的老式辨認方位的方法要簡單方便得多，再也不用擔心會迷路啦！指南針的物理原理，還是一個磁字。磁針本身就是一個小磁鐵，而地球則是另一個體積龐大的磁體，其磁極就是在南北極附近。儘管地磁場並不強，但它

足以讓小小的磁針保持和它的磁場方向一致。磁針的一端，就必然總是指向南方或北方了（圖1-3）。遺憾的是，中國人並沒有像西方人一樣利用指南針去航海探索世界，而是和八卦地支結合形成了羅盤，至今仍然為風水師所用。漢朝時一個叫欒大的方士，用磁石做的棋子玩出美其名曰「鬥棋」的戲法，還蒙騙漢武帝，被封了一個「五利將軍」的頭銜。一個偉大的發明，就這樣在人的小聰明下被斷送了前途。

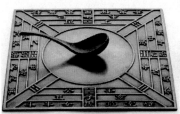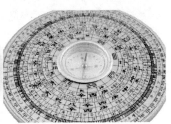

圖1-3 司南、指南針和風水羅盤

電和磁現象之所以能最早被人們所認識並記載，其實主要還是因為我們生活的世界中電和磁無處不在的緣故。電閃雷鳴自不用說，看不見、摸不著，但又無所不在的地磁場對我們生活的世界至關重要。地磁場也像大地慈母的懷抱一樣，呵護著地球上生命的存在。且不談有沒有另一個地球，宇宙其實並不算安全。宇宙中時常有太陽風、脈衝中子星、超新星爆發、甚至是星系碰撞等各種事情發生，同時會釋放出大量高能宇宙射線[4]。這些恐怖的宇宙射線如果直接打到地球上，不僅會讓太空站、飛船、飛機等儀表失控，也會迅速破壞臭氧層並大大增強地表輻射量，這對生活在地表的各種生物都是毀滅性的打擊。萬幸，我們有無處不在的地磁場，就如一把電磁生命保護傘，地磁場讓大部分危險的宇宙射線繞地球而行。部分高能粒子匯聚到地球兩極附近，形成了飄忽不定、瞬間變幻、色彩斑斕的美麗極光，似乎是地球母親派出美麗的歐若拉女神安撫人類：「沒事，有我在，大家都很安全！」（圖1-4）

圖 1-4 太陽風暴與極光的形成
（來自一圖網）

　　有趣的是，不少生物體內還有「內置指南針」，如鴿子、海豚、金槍魚、海龜、候鳥、蝴蝶甚至某些小海藻體內都有微小的生物磁體為它們導航 [5]。看來飛鴿傳書的本領，還是需要天分的。人體內也有微弱的生物磁，利用現代化的心磁圖和腦磁圖等技術就可以測量出來。常年工作在電腦前或其他強電磁場環境下，人體內分泌系統容易造成紊亂，從而出現心情煩躁和疲勞的現象。據說，要想睡個好覺，採用南北向的「睡向」會大大減少地磁場對人體的干擾。不過，磁場影響人體機能的原因非常複雜，儘管《本草綱目》裡也有用磁石入藥的記載，但磁並不能「包治百病」。戴一些磁力項鏈、磁力手鐲、磁力手錶究竟是對健康有益，還是反而導致體內系統失調，尚待更嚴謹的臨床科學研究來證明。至於某些「特異功能」可以透過人為製造或影響磁場，純屬無稽之談。

　　地磁場來源於地球母親一顆火熱的慈母心，在地球內部靠近地核的地方大量高溫熔融的岩漿不斷流動，岩漿裡含有磁性礦物使得地球整體呈現極化的磁性。地磁場強度實際很弱，平均強度大約只有 0.6 高斯，而目前一些人造小磁鐵的強度可達數千高斯。目前的地球，地磁南極位於地理北極附近，而地磁北極位於地理南極附近，所以指南針「指南」是因為磁針的南極指向了地磁北極（［注］西方文獻中一般稱北極附近的磁極為「北磁極」，南極附近的磁極為「南磁極」，和以上說法正好相反）。地磁極和地理極並不重

合，也就是說，地磁軸和地球自轉軸之間有一個磁偏角（圖 1-5）[6]。話說地球母親的心情也是充滿喜怒哀樂的，地磁的南北極和磁偏角並非一成不變，地磁北極每天向北移動 40 公尺，它的軌跡大致為一個橢圓形。在地球的歷史上，地磁場的南極和北極曾顛來倒去數次，最近的一次磁極變換是在 75 萬年前 [7]。指南針也終有一天變成「指北針」── 如果它能保存到那個時候的話。地磁極翻轉是常見的地質現象，姑且不說人類有生之年能否遇上，某些人熱衷於將其和「世界末日」之類的聯想在一起，這些臆想不是自我娛樂就是杞人憂天罷了。

　　從泰利斯第一個記錄電磁現象開始到今天，兩千五百餘年過去了，電和磁依然是物理學家感興趣到頭痛的主題之一。儘管人們如今已經知曉，宏觀的電磁現象的物理本質是微觀的電子運動和相互作用造成的，但是電子在材料內部是如何運動的？它們又為何能夠形成如此複雜的電磁現象？電子本身又從何而來？從過去，直到現在，再到未來，這都是人類需要思考的問題。

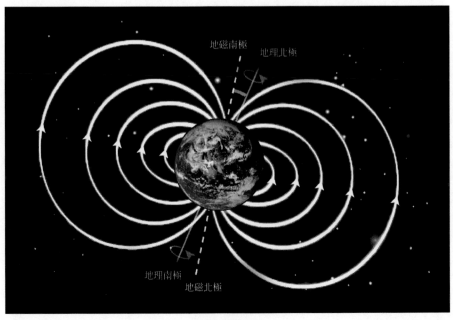

圖 1-5 地磁場
（孫靜繪製）

參考文獻

[1]　作者不詳・山海經・大荒西經，山海經・北山經 [M]．

[2]　王渝生・古希臘科學始祖泰利斯 [D]．大眾科技報，2003-07-24．

[3]　司馬遷・史記・封禪書．

[4]　馬宇蒨，況浩懷・我國的宇宙線物理研究六十年 [J]．物理，2013，42（1）：23-32．

[5]　李國棟・2004－2005 年生物磁學研究和應用的新進展 [J]．生物磁學，2006，6（1）：66-68．

[6]　陳志強・地球的磁場 [J]．物理通報，1956（1）．

[7]　周傳升・地磁之謎 [J]．中學物理教學參考，2001（3）．

2　人間的普羅米修斯：電學研究的歷史

　　在古希臘神話裡，普羅米修斯盜來的「天火」讓人類告別茹毛飲血的黑暗時代，人類文明的發展從此大大推進 [1]。不過神話終究是神話，從科學事實來看，「天火」究竟是什麼呢？我們可以理解為自然界閃電引起的森林大火。閃電是早期地球惡劣環境下最為頻發的自然現象之一（圖 2-1）。那個時候大氣裡主要是甲烷、氨氣、水、氫氣等，地表則大部分被原始海洋覆蓋，一道接一道的閃電，合成了第一個胺基酸、第一個蛋白質，進而演化出第一個單細胞生命體，生命的征程，從此開始。經過數十億年漫長歲月的演化，直立行走的類人猿終於出現。解放雙手的原始人類，有了更多的選擇空間和思考時間。而閃電這個神祕又強大的力量，足以劈開大樹引起火災，好奇的人類也嘗試去認識它。從森林火災裡留取火種，到燧人氏學會鑽木取火，人類對火的認識和利用極大地促進了文明的發展。

圖 2-1 火山爆發與閃電

　　人類誕生千萬年後的今天，這個美麗的藍色星球，依然時時處處都有閃電發生。閃電是如何來的，它裡面含有什麼成分，為什麼會有如此強大的力量，我們又如何去利用這些力量呢？我們無法考證神話故事裡關於宙斯的神

杖或電母的法器的傳言，但是卻可以文字的發明來一窺古人是如何理解電現象的。中國有關電的記載最早見《說文解字》：「電，陰陽激耀也，從雨從申。」以及《字彙》：「雷從回，電從申。陰陽以回薄而成雷，以申洩而為電。」古人認為電是陰氣和陽氣相激在雨中而生，這種說法可能源於道教的陰陽學說（圖 2-2）。西方對電的記載要更早一些，西元前 600 年左右，科學祖師爺 —— 古希臘哲學家泰利斯記錄了琥珀和毛皮的摩擦可以吸引輕小的絨毛和木屑，這是對摩擦起電現象最早的紀錄。直到 17、18 世紀，摩擦起電的現象被英國的吉爾伯特（William Gilbert），「再發現」，為了區分磁石吸鐵的現象，他遵照祖師爺泰利斯的思路，特地用琥珀的希臘字母拼音將該現象命名為「電的」（elec-tric），這就是英文「electricity」一詞的來源。

圖 2-2 繁體漢字「電」
（孫靜繪製）

儘管人們很早就認識了電，但長久以來，人們在電的面前只是唯恐避之而不及，更無從談起對電的利用。威力巨大的閃電不僅奇形怪狀，而且顏色各異，就像隨時隨地都可能出現的鬼魅妖怪，令人恐懼。而日常生活中，因摩擦而起的靜電則神祕莫測，或讓首飾沾滿灰塵，或讓綢緞或毛皮刺痛人手。這些奇怪的電力常常匆匆出現，又莫名其妙消失。也難怪許多神話或魔幻故事裡，電永遠代表著神祕的力量。不過，透過長期研究，人們也開始認識到用絲綢摩擦過的玻璃棒和用樹脂摩擦過的琥珀帶的電似乎不同。1729 年英國的格雷（Stephen Gray）和 1734 年法國的迪費基於大量摩擦起電實驗結果，提出了電的雙流質假說，認為同種電會相互排斥、異種電則相互吸引，兩種流質一旦相遇則會發生中和而不帶電。存在兩種電的理論和中國古代關

於電生於陰陽激耀的說法有著異曲同工之妙，真是科學和哲學殊途同歸！

　　要想進一步認識電的性質，關鍵是要找到產生電和儲存電的辦法。雖然摩擦起電是產生電的一種辦法，但是每次發電不能只靠手摩擦 —— 這效率也太低了。後來一個叫給呂薩克（Joseph Louis Gay-Lussac）的人發明了更加方便的摩擦起電盤，也就是用一個手搖盤子轉動摩擦起電（圖 2-3）。從此，小電妖再也不能那麼輕易七十二變無影蹤，而是可以招之即來。下一步就是尋找收電妖的「小魔瓶」，這難不倒聰明又善於觀察的人類。1745 年，荷蘭萊頓大學的穆森布魯克（Pieter van Musschenbroek）教授在某次電學課上，不小心讓一枚帶電的小鐵釘掉進了玻璃瓶。掉就掉了吧，沒什麼大不了的，待會兒下課再撿起來，教授心想。不料，等他課後從玻璃瓶捏出鐵釘的時候，手上突然有一種麻酥酥的感覺。「有電！」教授驚奇道，原來鐵釘的電並沒有消失，掉進玻璃瓶後一直都在！莫森布魯克仔細考量了他用的玻璃瓶，經過不斷改進，終於發明了降服小電妖的魔瓶 —— 萊頓瓶，這名字是為了紀念它的發明地點萊頓大學。銀光閃閃的萊頓瓶裡外都貼有錫箔，瓶裡的錫箔透過金屬鏈跟金屬棒連接，棒的上端是一個金屬球。小電妖一旦落入萊頓瓶，就像孫悟空進了銀角大王的紫金紅葫蘆裡，很難再跑出來了。如今看來，萊頓瓶其實就是一個簡單的電容器，電透過金屬鏈導入瓶中後，被封鎖、保存在瓶中（圖 2-3）[2]。

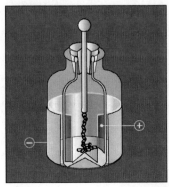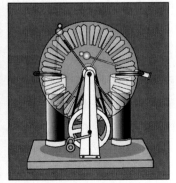

圖 2-3 萊頓瓶與摩擦起電盤
（孫靜繪製）

圖 2-4 富蘭克林用風箏捕捉「天電」
（柯里爾‧艾夫斯，彩色版畫）

有了萊頓瓶這個收電「神器」，許多科學家都興奮不已。1746 年，英國的科林森（Peter Collinson）小心翼翼地打包了一個萊頓瓶，快遞給了美國費城的好朋友 —— 班傑明‧富蘭克林（Benjamin Franklin），同時附上了使用說明書。美國人富蘭克林是一個十足的科學愛好者，在數學、物理、工程學、音樂等許多方面都有研究，在電學剛剛風靡起來的時代，富蘭克林最喜歡的禮物莫過於一個萊頓瓶了。當時關於摩擦引起的靜電研究已經非常之多，可以說，人們對「地電」已經十分熟悉。但是對於更加強大的「天電」 —— 閃電，人們還是敬而遠之的。據說，1752 年的某一天，富蘭克林和助手在雷雨天做了一個瘋狂的風箏「引雷」實驗，成功把「天電」抓進了萊頓瓶（圖 2-4）。富蘭克林透過仔細研究閃電，他最終認為閃電其實和摩擦產生的電沒有任何區別，也就是說，「天電」和「地電」屬性相同。他進一步指出所有的電其實都是電荷造成的，電荷分為正電荷和負電荷兩種。電荷其實存在所有的物體當中，只是有的物體正電荷比較多所以帶正電，相反，有的也就帶負電或者不帶電，電荷的累積和轉移就是摩擦起電等靜電現象，而電荷的「流動」則形成了諸如閃電的電現象。原來，電母和宙斯用的法器並不神奇，和人間產生的電完全一樣！就像普羅米修斯盜取天火到人間一樣，富蘭克林就是「人間的普羅米修斯」，勇敢地把天電引到地面，終於揭開了閃電的神祕面紗 [3]。人們從此意識到電裡面蘊含的巨大能量，如何安全地利用這股神奇的力量，成為無數科學家努力的目標。

圖 2-5 閃電下的艾菲爾鐵塔
（來自一圖網）

不過，據後來考證，富蘭克林的實驗非常危險，很容易被電擊受傷，當時他其實只是提出了設想，並未能真正完成這個可怕的實驗！幸好，偉大的富蘭克林沒被雷劈，1775 至 1783 年，他還作為重要角色參與領導了美國獨立戰爭，並在建國之初起草了《獨立宣言》，成為美國史上最著名的人物之一。百元美鈔上一個大背頭鷹鉤鼻老頭子在中間，沒錯，他就是班傑明‧富蘭克林，一名大膽且幸運的科學家和政治家[3]。富蘭克林的實驗還給我們一個啟示，要躲開上天的「閃電懲罰」可以用一根懸掛在高處的金屬來吸引閃電，從而讓它不再破壞建築物，這便是避雷針的原理。避雷針於 1745 年發明。現代社會摩天大樓上比比皆是避雷針，有效地躲開了「宙斯之怒」，保證了樓裡人的安全（圖 2-5）。

「人間的普羅米修斯」用風箏「一鳶渡電」開啟了電學研究的新篇章，認識到天地電同源之後，人們對電的興趣也越來越濃厚。最值得注意的，當屬傳教士諾萊特（Abbe Nollet）。這位神父為了讓教眾感受神的力量，特地召集了 700 餘名修道士來巴黎的某教堂，大家手拉手圍成一個圈圈，第一個人抓住萊頓瓶，最後一個人抓住其引線，當摩擦起電盤為萊頓瓶充滿電之後瞬間放電，幾百人幾乎在同一瞬間都被電刺痛雙手而跳了起來，在場的皇室貴族和圍觀的路人們無不看得目瞪口呆。而最嚇人的，當屬義大利的伽伐尼（Luigi Aloisio Galvani）。這位仁兄喜歡沒事拿刀子解剖各種小動物，有一次拿金屬刀片正準備對案板上的半截死青蛙來一個「庖丁解蛙」，一刀子下去，蛙腿居然像活過來一樣抽搐幾下，嚇得他以為青蛙起死回生或是借屍

還魂。當時關於電的神奇已經傳遍大街小巷，伽伐尼於是聲稱青蛙腿本來就帶有「生物電」，金屬刀片的接觸導致電的傳導，引起了蛙腿抽搐[4]。若干年後生物電的假說被一本叫做《法蘭克斯坦》（又名《科學怪人》）的科幻小說借鑑，描述了一個瘋狂科學家用拼湊的屍體和閃電造出一個奇醜無比的怪物，最後導致家破人亡的故事。電學熱潮初期，最熱衷研究的當屬卡文迪許（Henry Cavendish）和庫侖（Charles-Augustin de Coulomb）。兩個人一個出生在英國，一個出生在法國，但都有一個共同的特點 —— 是富二代，但絕非酒囊飯袋。卡文迪許從另一個科學偉人 —— 牛頓身上學到了實驗物理方法，也思考了他提出的萬有引力定律，他認為靜電力之間也存在類似引力的平方反比定律，並親自用兩個同心金屬球殼做了實驗。而庫侖則利用他精湛的工程力學技能，改進卡文迪許的扭秤實驗，成功且精確地測量了靜電力，證明了卡文迪許關於平方反比定律的猜想。電學裡第一個定律 —— 庫侖定律，就這樣誕生了（圖 2-6）。

圖 2-6　（從左到右）諾萊特的電擊實驗，伽伐尼發現生物電，庫侖用的靜電扭秤
（孫靜繪製）

在富蘭克林提出電荷的假說 100 多年後，1897 年，英國物理學家湯姆森（Sir Joseph John Thomson）終於看清了小電妖的面目 —— 電子。湯姆森在研究陰極射線過程中發現一種帶電粒子的存在，並巧妙地用磁場和電場做成的質譜儀測量電子的電荷／質量比值（簡稱荷質比），證實了電子是一種獨立存在的粒子。1911 年，美國的密立根（Robert Millikan）嘗試重複湯姆森的實驗，但是發現實驗結果存在許多不確定性。為了精確測量電子的電荷量，密

立根發明了著名的油滴實驗裝置，透過監控帶電油滴在平行板電容器下落的時間來測定其電量（圖 2-7）。就這樣，密立根在顯微鏡下觀測了數千個油滴，透過統計數據發現所有油滴帶電量都是某一個數值的整數倍。他認為這個單位電荷量就是電子電荷的數值，稱為基本電荷。至此，人們才真正理解各種複雜的電學現象實際上就是電子的轉移或運動造成的。然而，有關電的神奇故事遠遠沒有結束。儘管人們已經知道電子的質量和電量，但是關於電子的直徑以及它是否有內部結構，直到今天仍然是一個待解之謎。

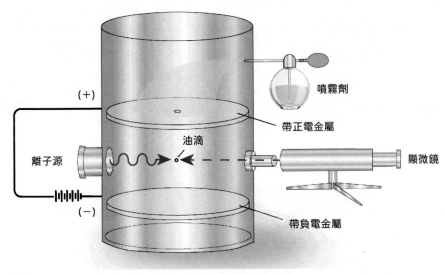

圖 2-7 密立根油滴實驗裝置
（孫靜繪製）

　　當今社會，人們的生活已經離不開電。各種家用電器，如電燈、電視、電腦、電冰箱、電話、電磁爐、吹風機、電熨斗、電烤箱、電鍋等，已經成為生活必需品。還有各類儀器儀表、工廠的各種機器、各種交通工具、夜晚的霓虹燈等幾乎都離不開電。夜幕降臨的現代都市裡經常上演絢爛的燈光秀，那就是電的魅力（圖 2-8）。讓我們永遠銘記，電的發現、研究和利用，徹底改變了這個世界！

圖 2-8 上海外灘上演的絢爛燈光秀

（來自一圖網）

參考文獻

[1]　外國神話故事 —— 普羅米修斯 · 學科網，2009-01-05 ·

[2]　蔡斌 · 萊頓瓶：最原始的電容器 [N] · 供用電，2014-07-05 ·

[3]　班傑明 · 富蘭克林 · 富蘭克林自傳 [M] · 唐長孺，譯，北京：國際文化出版公司，2005 ·

[4]　布托夫，孫乃淵 · 「動物」電 [J] · 生物學通報，1958，11：24 ·

3　雞蛋同源：電磁學的背景知識

　　自從泰利斯這位科學祖師記錄了摩擦起電和磁石吸鐵這兩個物理現象以來，2,000 多年過去了，人們對電和磁的理解還是極其有限。無論是中國風水師用羅盤定乾坤，還是哥倫布靠指南針航海發現新大陸，抑或是諾萊特的奇妙人體電學實驗，都是止步於電和磁極其常見的現象認識和利用。甚至到 19 世紀初期，許多人依然認為電和磁風馬牛不相及，電是電，磁是磁，電無法產生出指南針，磁也無法生成閃電。然而，真相是如此嗎？

　　如果仔細思考摩擦起電和磁石吸鐵兩個現象，不難發現它們有一個共同特徵：吸引作用。富蘭克林認為電之間也存在某種電荷相吸，和磁的南北極相吸其實一樣，所謂陰陽，是為相吸。

　　發現電和磁之間的小祕密，需要一點點想像力，加上細緻入微的觀察，還有不斷驗證的實驗。19 世紀的一個丹麥人，他符合上述所有條件。喔，別想多了，他不是安徒生。確實，我們偉大的童話大王，安徒生先生，創作了《賣火柴的小女孩》、《醜小鴨》、《小美人魚》等著名的童話故事。他還寫了更多不那麼出名的童話，《兩兄弟》就是其一，人物原型是他的一位好朋友。話說，這位朋友整整比安徒生大了 28 歲，是他報考哥本哈根大學的主考官，也算是老師了。或許是暗戀老師的小女兒的緣故，安徒生每年聖誕節都喜歡往老師家裡跑，一起吟詩作樂，順便聊聊科學[1]。也許是安徒生這位文藝青年感染了他，這位物理系教授，憑藉他童話般的想像力，發現了一件極其不平凡的事情。某一次物理實驗課，一切似乎都是老樣子，連電路，打開開關，講課，斷電，收工。然而不經意間，一個小磁針放在了電路旁邊，又是不經意間，他注意到開、關電的瞬間，小磁針都會擺動幾下。就像童話世界裡用魔法棒隔空操控磁針一樣，通電斷電似乎也有這個效果，這位教授萬分激動地差點摔下講臺。之後，這位 40 多歲的物理教授，在實驗室裡樂此不疲地玩了 3 個月的電路和小磁針，宣布發現了電和磁的奧妙——

運動的電荷可以讓靜止的磁針動起來（圖 3-1）。1820 年 7 月 21 日，一篇題為〈論磁針的電流撞擊實驗〉的 4 頁短論文發表，署名漢斯・奧斯特（Hans Christian Ørsted），這位安徒生的老師兼好友，一舉成名。

圖 3-1 奧斯特和他的實驗
（來自一圖網／孫靜繪製）

　　原來，同時期的許多物理學家都在研究靜電和靜磁之間的關係，但是靜電和磁針之間總是過於冷淡，什麼作用都沒發生，也無法相互轉換。奧斯特的發現，關鍵在於突破思維框架，在運動的電荷裡尋找和磁的相互作用。電和磁之間的小祕密，終於被人們發現。奧斯特這個名字，後於 1934 年被命名為磁場強度的單位，簡寫為 Oe，沿用至今。

　　奧斯特的實驗報告猶如投入池塘裡的一顆小石子，讓本已歸於平靜的歐洲電磁學研究，激起了層層漣漪。幾位法國科學家在 1822 年裡相繼做出重要貢獻：阿拉戈（François Jean Dominique Arago）和給呂薩克發現繞成螺線管的電線可以讓鐵塊磁化；安培（André-Marie Ampère）發現電流之間也存在相互作用；必歐（Jean-Baptiste Biot）和沙伐（Félix Savart）發明了直線電流源理論解釋這些實驗結果。

　　和庫侖一樣，安培也是一個痴迷於物理研究的富二代科學家，從小就在父親的私人圖書館裡接受科學的薰陶，從小學、中學、大學到教授，再到法國科學院院士，學術之路一直順風順水。安培勤於思考各種物理問題，無論何時何地，一思考就根本停不下來。他曾將自己的懷錶誤當鵝卵石扔進了塞納河，也曾把街上的馬車當作黑板來推導公式。可以想像這樣一個科學痴

人，當他得知奧斯特的實驗結果之後是多麼地興奮。安培在第一時間重複了奧斯特的所有實驗，並把結果總結成一個非常簡單的規律——右手螺旋定則[2]。現在，用你的右手，輕輕握住通電流的導線，拇指沿著電流方向，四根手指就是電流對磁針作用力的方向，沒錯，就是環繞電線的一圈（圖3-2）。安培把電線繞成螺線管，直接就用電流做成了一個「磁鐵」，根據右手定則可以輕鬆判定這個電流磁鐵的磁極方向。安培利用螺線管原理發明了第一個測量電流大小的電流計，成為電學研究的重要法寶之一（圖3-3）。既然通電導線會有磁作用力出現，那麼兩根通電導線之間也會存在類似的吸引或排斥作用，為此安培同樣總結了電流之間的相互作用規律。關於為什麼電可以生磁，安培繼承了奧斯特的童話思維模式，想像磁鐵裡面也有一群小電精靈，就像一個個電流小圈圈，形成了一大堆小電流磁針，並且指向一致，如同群飛的鳥兒或海洋裡群游的魚兒一樣，最終形成了極大的磁作用力。安培給他的小小電精靈取了個形象的名字，叫做分子電流。要知道，那個時代對微觀世界的認識只到分子層次，關於是否存在原子以及原子內部是否有結構屬於超前時代的問題，能創新地想像分子裡面有環狀電流已經十分大膽前衛了。雖然後來實驗證明分子電流並不存在，但是其概念雛形為解釋固體材料裡面的磁性造成了拋磚引玉的效果——磁雖然不是來自分子電流，但和材料裡的電子運動脫不了關係。為紀念安培的貢獻，後人將電流單位命名為安培，簡寫為 A。

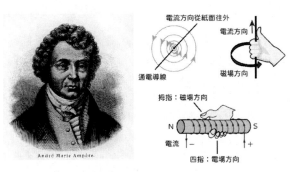

圖 3-2 安培右手螺旋定則
（孫靜繪製）

圖 3-3 安培實驗用的螺線管和電流計

好了，我們現在知道，電，可生磁。那麼，下一個問題自然是：磁，可以生電嗎？

答案是肯定的。用實驗事實回答這個問題的第一個人，是英國一位僅有小學二年級學歷的年輕人。他不是因為太笨而輟學，而是因為家裡實在太窮了—— 某個鐵匠想讓兒子早點出去工作，好賺錢養家餬口。可憐的孩子，小小年紀就到倫敦街上去賣報，去文具店站櫃檯，還去書店裝訂書報，不為什麼，就為混口飯吃不被餓死。幸運的是，科學與貧富無關，窮人的孩子同樣可以對科學感興趣，甚至做出極其重要的科學貢獻。這位叫麥可·法拉第（Michael Faraday）的孩子，利用他在書店工作的機會，用他僅有的小學二年級語文能力，博覽群書，特別是《大英百科全書》。法拉第對科學非常感興趣，時下最熱門的當屬電學研究，他甚至自己嘗試簡單的電學實驗，還拉著朋友們一起討論科學問題。看書不能滿足他與日俱增的好奇心，法拉第從 19 歲開始頻繁出現在倫敦各種科學講座現場。一位叫戴維（Sir Humphry Davy）的科學家用淵博的知識征服了法拉第，很快他就成為戴維爵士的忠實粉絲，精心記錄他的每一次演講，並在書店裝訂了一本《戴維講演錄》，寄給他作

為聖誕禮物。戴維顯然被這位渴望科學知識的窮孩子兼粉絲感動了，事出湊巧，他不幸在做化學實驗時把眼睛弄傷了，急需一名助手。法拉第就這樣，從一個書店職員，變成了皇家研究所的科學研究助理。對其他人來講，無非是換個地方工作，混飯吃的還是繼續混飯吃。然而對於法拉第來說，接觸到真正的科學就等於被插上了翅膀。他毫不介意以僕從的身分陪戴維老師訪遍歐洲科學家們，也從不抱怨老師指派的各種化學研究任務，在出色地完成一名科學研究助理工作的同時，他也努力繼續著電學和磁學的實驗。話說 19 世紀初的電磁學研究領域大多數都是些不愁吃穿的富家子弟，法拉第在窘迫的情況下，以一個寒門子弟的身分，用大量的物理實驗證實：磁確實可生電。

磁是如何生電的？關鍵還是三個字：動起來。既然運動的電荷會產生磁作用力，那麼運動的磁鐵也會產生電流。法拉第用磁鐵穿過安培發明的金屬螺線管，發現磁鐵在進入和離開線圈的時候會產生電流，也發現在兩塊磁鐵間運動的金屬棒會產生電壓（圖 3-4）。法拉第把磁產生電的現象叫做電磁感應，後來美國的亨利（Joseph Henry）研究了感應電流的大小與磁強度之間的關係。俄國的冷次（Heinrich Lenz）總結出了電磁感應的規律，也就是冷次定律：感應電流的方向與金屬棒和磁鐵相對運動方向相關。為了更加形象地理解電磁感應現象，法拉第創造性地發明了「磁場」的概念。他認為磁鐵周圍存在一個看不見、摸不著的「力場」，就像一根根的磁力線，從磁北極出發跑到磁南極結束。讓金屬棒作切割磁力線的運動，就會產生電壓或電流，電流方向由磁力線與金屬的相對運動方向決定。為了證實磁場的存在，法拉第在各種形狀的小磁鐵周圍撒上了細細的鐵粉，清楚地看到了鐵粉的密度分布（圖 3-5）。力場的概念至今仍然是物理學的最重要理論基礎。法拉第憑藉仔細的實驗觀察，非常形象且具體地解釋了電磁感應現象。翻開他的實驗紀錄本，裡面幾乎找不到一個數學公式，都是一張張精美的手繪實驗圖表，讓人一目瞭然。正是因為如此，法拉第的發現非常適合演示，他本人也是一個科普達人，籌辦過無數次科普講座和演示。他編寫的《蠟燭的故事》成為科普經典，期待著某個角落裡的某個孩子能夠走上和他相似的科學之路。法

拉第於 1825 年接任戴維成為皇家研究所的國家實驗室主任，但是他拒絕了皇家會長的提名，也拒絕了高薪等一切會干擾科學研究工作的東西 [3]。為了紀念法拉第的貢獻，後人把電容的單位命名為法拉第，簡寫為 F。

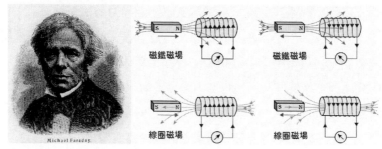

圖 3-4 法拉第與電磁感應現象
（孫靜繪製）

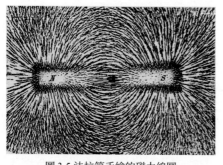

圖 3-5 法拉第手繪的磁力線圖
（來自維基百科）

動電生磁，動磁生電。多麼妙的領悟！

然而，究竟是先有磁，還是先有電呢？如同一個古老爭論不休的問題，究竟是先有雞，還是先有蛋呢？很多人認為當然是先有蛋再有雞，因為原則上雞和鳥類一樣，都是恐龍進化來的，想當年恐龍時代，大夥都下蛋，就沒有聽說過什麼叫做雞！但是最近英國科學家發現有一種蛋白質只能在雞的卵巢裡產生，這下還是先有雞比較可靠。也就是說得先有個叫做「原雞」的動物，下了一個蛋，叫做「雞蛋」。那麼，有沒所謂的「原磁」或「原電」呢？這才是產生電或磁的根源？

莫急，莫慌。來自英國劍橋大學的天才，來告訴你答案。

劍橋大學三一學院，偉大的牛頓工作的地方，那裡有砸中牛頓的蘋果樹，還有許多世界聞名的大科學家。有一天，數學教授霍普金斯（William Hopkins）去圖書館借一本數學專書，發現已被一個剛來的年輕人借走了。教

授找到借書的人，看到他正在筆記本上亂糟糟地摘抄書裡面的內容，教授對
這位年輕人勇於讀如此艱深的著作而驚訝，同時善意地提醒他抄筆記要注意
整潔 —— 這是學習數學的基本要求。年輕人透露了他對數學的興趣動力，
因為他對剛讀過的法拉第《電學實驗研究》十分感興趣，但苦於找不到合適
的數學工具來理解其中大量的實驗規律。不久，霍普金斯將他收入門下攻讀
研究生，同門師兄還有大名鼎鼎的威廉・湯姆森（克耳文勛爵）和斯托克
斯（Sir George Gabriel Stokes）。1854 年，年僅 23 歲的他順利通過師兄斯托
克斯主持的學位考試，畢業留校任職。有了強悍的數學功底，這位叫做詹姆
士・馬克士威（James Clerk Maxwell）的年輕人正式開始了電磁學方面的理
論研究。一年後，他用兩個微分方程式描述了法拉第的實驗，並發表了論文
〈論法拉第的力線〉。又過了四年，馬克士威轉到倫敦大學國王學院任教，
終於有機會前去拜訪他的偶像 —— 麥可・法拉第，這位比他大了整整 40 歲
的成名科學家。一個是實驗高手，一個是理論高手，巔峰對決，頂級交鋒，
思想的火花不斷迸發。法拉第顯然對微積分公式感到一片茫然，他趕緊提醒
馬克士威，要讓實驗學家懂你的理論，最好建立一個物理模型。兩人決定為
這個模型取名，叫做「以太」。以太源自亞里斯多德，指的是天上除了水、
火、氣、土之外的另一種神祕東西。馬克士威做到了！他在接下來的論文
〈論物理學的力線〉裡，完成了另外兩個描述電磁現象的公式。至此，馬克
士威的「以太」模型世界裡描述電磁理論的方程式一共有四個，組成了「馬
克士威方程組」，這是物理學裡面最優美的公式之一（圖 3-6）[4]。

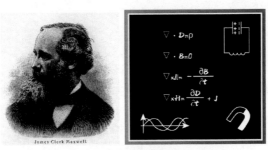

圖 3-6 馬克士威和他電磁學方程組
（孫靜繪製）

　　終於，無論是電生磁，還是磁生電，都可以用馬克士威方程組來解釋。這些看不見、摸不著的「超距作用」原來就是電場或磁場在作祟。然而事情沒有那麼簡單，馬克士威發現，這個方程組可以預言一種既有電場又有磁場的東西，而且傳播速度是光速！接下來，他在〈電磁場的動力學理論〉裡用數學論證了這種「電磁波」（時稱「位移電流」）的存在。也就是說，電和磁完全可以在一起，而且，我們天天看到的光，其實就是電磁波！這是何等大膽的推斷！原來電和磁本來就可以不分家的，電裡可以有磁，磁裡也可以有電，他們同屬於電磁相互作用。究竟是先有電還是先有磁的問題，在馬克士威方程組裡不攻自破，既然都不分彼此了，那就不用管誰先誰後的問題了。

　　1873 年，馬克士威完成《電磁學通論》一書，宣告電和磁相互作用被統一描述，成為繼牛頓力學之後的第二個集大成者。一位 16 歲的德國科學家赫茲（Heinrich Hertz）看到了這本書，決心找到馬克士威預言的電磁波。15 年後，實驗終於獲得成功，電磁波被證實存在。再往後，馬可尼（Guglielmo Marconi）、愛迪生、特斯拉（Nikola Tesla）、倫琴（Wilhelm Röntgen）、勞厄（Max von Laue）等的發明和研究讓電磁波成為造福人類社會的利器（圖3-7）。

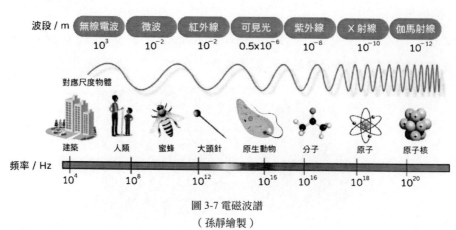

圖 3-7 電磁波譜
（孫靜繪製）

故事還沒有結束。

　　儘管電和磁都統一了，但是電畢竟是電，磁畢竟是磁，兩者細究起來還是有區別的。就像雞和蛋，吃起來味道不一樣。關於電，我們知道有正電荷和負電荷的存在，但是關於磁，為什麼沒有聽說過南磁荷和北磁荷的存在？事實是，我們至今沒有發現過！一塊條形磁鐵無論你怎麼切，每一塊都是有南北極同時存在。仔細看馬克士威方程組就會發現，裡面電場是有源的，而磁場是無源的。這⋯⋯何解？

　　1879 年，馬克士威去世。同年，愛因斯坦出生。馬克士威方程裡提到的物理模型——「以太」，最終在 19 世紀末引發了物理學的一場革命，愛因斯坦是發起這場革命的主要力量。再之後，相對論和量子力學建立，電磁學的研究進入到了一個嶄新的時代。又是一個英國的年輕人，叫做保羅・狄拉克（Paul Dirac），建立了一個相對論形式的量子力學波動方程式——狄拉克方程式（圖 3-8）[5]。在這個方程式裡面，不僅存在帶負電的電子（負電子），也存在帶正電的電子（正電子），還預言了只有南極或北極的磁單極子。關於磁單極子的尋找，至今仍然是一個謎。雖然近幾年科學家們在一種叫做自旋冰的固體材料裡面發現了類似磁單極子的準粒子，但嚴格來說它並非是我們理解的單個自由粒子，只是可以用磁單極子的理論來描述 [6]。

圖 3-8 狄拉克和刻在他墓碑上的方程式

　　隨著對微觀世界認知的不斷深入，人們逐漸了解到，宏觀的電磁現象實際上都來自於材料內部微觀電子的排布方式和相互作用模式。而電磁相互作用力，屬於自然界四大基本相互作用力之一。關於電磁學的研究，仍在繼續。

參考文獻

[1]　武夷山·作家安徒生與科學家奧斯特的友誼 [J]·科學，2006，4：26-27·

[2]　陳熙謀·中國大百科全書 74 卷 [M]·2 版·北京：中國大百科全書出版社，2009·

[3]　中國教育文摘：麥可·法拉第，2007-11-06·

[4]　朱照宣·中國大百科全書 74 卷 [M]·北京：中國大百科全書出版社，1985：353·

[5]　狄拉克·科學和人生 [M]·肖明，龍藝，劉丹，譯·長沙：湖南科學技術出版社，2009·

[6]　Castelnovo C, Moessner R, Sondhi S L. Magnetic monopoles in spin ice[J]. Nature, 2008, 451: 42-45.

4 電荷收費站：電阻的基本概念

　　18 世紀末到 19 世紀初，牛頓力學的大廈已經落成，整個物理學界正以一個名門正派的身分走向體制化時代。研究物理的基本原則走向成熟：發現新物理現象－總結基本現象規律－針對特徵現象進行詳細實驗測量及定量表徵－從大量實驗數據裡找到合適的數學描述－得出相應公式化的定律－用定律來解釋或預測新的現象。至今，實驗為基、理論為輔的科學研究仍然如此，幾乎所有的自然科學研究都是這個模式。長期以來，它在描述我們生活的自然過程中取得的成功證明了：實踐是檢驗真理的唯一標準。對於實驗物理來說，關鍵在於獲得可靠的定量化的實驗數據，否則建立理論只能是空談。在當時如火如荼的電學研究領域，如何定量地描述電學實驗現象，成為各位科學家最頭疼的問題。

　　要想懂電，首先你得學會怎麼「發電」。儘管古希臘人告訴我們摩擦摩擦就能搞定，但畢竟這就像鑽木取火一樣麻煩，而且得到的靜電也不太穩定。富蘭克林抓雷電的方法是獲得動電的可能途徑之一，但又實在太危險了，弄不好會被烤焦，靈魂跟風箏一起升天了。不必擔心，又是一個著迷科學的富家子弟出馬，解決了這個問題。

　　亞歷山卓・伏特（Alessandro Volta），出生於一個傳統天主教家庭，生活悠哉，無拘無束（圖 4-1）。他和奧斯特同學一樣，喜歡詩詞歌賦，也喜歡科學。他不懼禮教，和一位歌女同居到 50 歲，然後和另一個女人結了婚。他也不受當時科學家們的框架所束縛，而是自由地探索他所嚮往的科學。穆森布魯克發明萊頓瓶後，伏特也找到一個來研究；為了實現不斷往萊頓瓶充電，他最早設計了一個靜電起電盤。基本原理還是靠金屬和絕緣樹脂圓盤之間的摩擦，然後透過靜電感應讓接地的金屬帶同種電荷，再把電荷轉移到萊頓瓶。顯然這種方法和後來給呂薩克發明的轉動摩擦起電盤一樣，需要人工發電，耗費太多人力，不太適合用來做電學實驗。不過，靠這個緊跟

時代潮流的小發明，伏特就以 29 歲的年齡成為了大學教授，然後以此身分名正言順地周遊歐洲列國，拜訪伏爾泰（Voltaire）、拉普拉斯（Pierre-Simon, marquis de Laplace）、拉瓦錫（Antoine-Laurent de Lavoisier）等當時的大科學家和名人。深入廣泛進行科學交流的同時，伏特還緊跟時代步伐，閱讀新發表的文獻。

　　1791 年，伽伐尼的青蛙電學實驗引起了伏特的注意，他所關注的不是伸縮的青蛙腿，而是伽伐尼手上的金屬刀片。伏特嘗試著把不同的金屬片放在一起，然後發現了一件神奇的事情 —— 不同的金屬接觸會造成電壓，也就是說發電的方法很簡單，就是把兩塊不同的金屬疊在一起，自然就有了電！伏特還發現金屬和液體（主要是電解質）接觸不會產生電壓，因此伽伐尼之所以看到青蛙腿被電，是因為他手上的金屬刀片本身帶電。伏特號稱他的發現「超出了當時已知的一切電學知識」。已經 45 歲的伏特，突然獲得了一個極其重要的靈感 —— 如果把不同金屬塊按照一定順序堆疊，自然就可以產生很高的電動勢，他把這種浸在酸溶液中的一大堆鋅板、銅板和布片稱為「電堆」，後被人叫做伏特電堆（或伏打電堆）（圖 4-1）。有了電堆，就等於有了一個持續輸出的電源，電學研究從此告別摩擦或抓電的時代，同時也朝著應用邁開腳步 [1]。

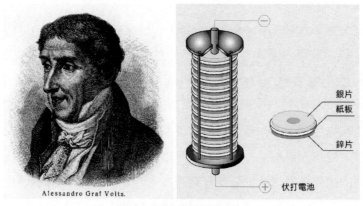

圖 4-1 伏特和他發明的電堆
（孫靜繪製）

　　伏特發明電堆的時候，已經是 55 歲接近退休的年齡了。1801 年，伏特帶著他發明的電堆到歐洲各國做巡迴秀，在法國巴黎表演的時候，拿破崙皇帝也饒有興致地來觀看（圖 4-2）。拿破崙對伏特的發明特別讚賞，於是大手一揮，頒給他了一枚金質獎章和一筆豐厚獎金。後來伏特推辭自己廉頗老矣想退休，拿破崙不僅不同意，還為他加封爵位挽留 [2]。不過伏特覺得科學家碰政治太危險，人生的最後 8 年都是在隱居的狀態中度過的，直到拿破崙下臺之後的 1827 年，伏特於 82 歲的高齡去世。後人為了紀念伏特的科學貢獻，特意把電壓的單位取為伏特，簡稱伏，符號為 V。

圖 4-2 伏特向拿破崙介紹電堆原理
（來自維基百科）

　　有了電源，下一個問題就是如何精確測量各種電學現象。按照富蘭克林的推論，電現象的本質是電荷，電荷的轉移導致了靜電現象，電荷的運動則導致了電流。那麼，如何衡量電流的大小呢？因為電流中電荷是運動的，你可不能像密立根那樣去數油滴，而且你也無法「看到」電荷，更何況，實際上電荷的數目是如此之多，你數也數不完呀！幸虧奧斯特的童話魔法發現了電流可以讓磁針偏轉，因此電流大小就能用可觀測的磁針偏轉角度來衡量。德國的施威格（Johann Schweigger）很快注意到這一點，他發明了利用電流磁效應度量電流大小的磁針檢流計。由於牛頓力學的深入人心，人們很輕鬆

就可以把磁針偏轉造成的扭力大小測量出來，最終，電流大小對應了某種力的大小，電學研究回歸到了人們熟知的力學研究範疇，一切變得容易許多[3]。

說起來容易，做起來難！

系統性地測量不同介質裡電流大小的第一人，並不是某位著名的大學教授，也不是某位富家子弟。在人人都能玩科學的時代，德國一個窮苦人家的孩子，一個博士畢業找不到好工作，被迫為了生計而經常做家教的中學教師，成為定量研究電學的先驅。他叫喬治・歐姆（Georg Simon Ohm），有一個鎖匠父親和一個裁縫母親，幼年的生活是十分艱苦的，家裡許多兄弟姐妹挨不過飢餓寒冷和病痛，一個個夭折，母親在喬治 10 歲時也撒手人寰，最終只有兄妹三人靠父親的技藝活了下來。鎖匠父親深諳知識改變命運的道理，一邊自學數學物理知識，一邊教授兄弟兩人 —— 喬治・歐姆和馬丁・歐姆。兄弟倆很快就展露數學天賦，年僅 15 歲的喬治被大學教授讚賞有加，馬丁之後也成為著名的數學家。1805 年，老歐姆把 16 歲的喬治・歐姆送到了埃爾朗根大學，顯然這位年輕人還沒意識到學習的重要性，大一時耽於逸樂，跳舞、撞球、滑冰之類。憤怒的老歐姆讓他轉學去瑞士，或許還停了生活費，以至於他不得不中途輟學去中學教書，好賺錢餬口。後來喬治又想好好學習，找了歐拉和拉普拉斯的數學著作來自學，並於 1811 年在埃爾朗根大學獲得了博士學位。話說，六七年就能讀完大學到拿博士學位，還包括玩物喪志和打工賺錢的時間，或許也說明歐姆在理科上確實有一定的天賦。然而，博士畢業並不意味著能找到一個好工作，喬治也許覺得父親騙了他，無奈地回到中學當普通教師去了。一晃又是八九年，1820 年，眼看奔四的喬治・歐姆，還覺得自己事業一無所成，對不起自己的聰明才智。也許某一天，突然醒悟，該做點什麼。做什麼呢？就當下最熱門的電學研究吧！

還是那句話，想起來容易，做起來難！

喬治・歐姆要做電學實驗研究，他面臨著巨大的困難。首先，他工作太忙，要知道，一名中學教師是要不停地備課、上課、改作業、監考等等；要想做自己的研究，只能利用極其有限的業餘時間；其次，他資源缺乏，查文

獻要靠圖書館殘缺不全的資料，沒有儀器；再者，他經費困難，微薄的工資還得養活家人，要抽出來做研究，就得勒緊褲帶。即使這樣，不再年輕的歐姆還是義無反顧地開始了他的物理生涯。

歐姆要解決的問題，是測量不同材料在相同條件下通導電流的大小。施威格發明的檢流計無疑給了歐姆很大的啟發，他自己動手做了一個電流扭秤，在磁針偏轉的刻度盤上標出角度，從而有了相對準確地測量電流的儀器。有了測量儀器，就像巧婦有了鍋，「米」則相對比較容易──市場上各種金屬導線並不貴，剩下就缺一個灶了，也就是電流源。歐姆選擇了伏特電堆作為電源，就這樣，匆匆幾年過去了，歐姆從他的一堆數據裡勉強湊出來一個規律。也許是因為他急於展現自己的科學能力，也不知道是不是他們的中學教師評鑑有要求論文數目，總之歐姆很快地發表了他的初步實驗結果。但不幸的是，他隨後發現無法重複實驗結論，顯然之前的研究有問題，只是覆水難收，論文都發出來了，除了被大家嘲笑他不專業、胡搞瞎搞外，估計也就那樣了。幸運的是，一位正直的科學家發現了這位中學教師的努力，他鼓勵歐姆不要這麼快放棄自己的理想，並給出了一個關鍵性的建議：伏特電堆的電壓並不是特別穩定，這會直接影響電流的測量結果，不如採用更加穩定的溫差電池。所謂溫差電池，是由德國另一個物理學家塞貝克（Thomas Seebeck）發明的，他於 1821 年發現兩個不同溫度金屬接觸在一起的時候，就會產生電壓，形成電流，溫差越大，電流越大。由於溫差電池是靠溫差驅動，只要保持兩端的溫度不變（如一頭沸水，一頭冰水），輸出的電流就能穩定。可憐的歐姆，為了追逐自己的科學之夢，天天在冰火兩重天的實驗室裡埋頭研究（圖 4-3）。終於，累積了大量的數據之後，歐姆發現了一個非常簡單的線性規律：透過金屬的電流強度和它兩端的電壓成正比。因此，衡量金屬導電能力可以用它透過電流強度和電壓的比值來定義，即是電導，表示傳導電流能力；兩者反過來相除，就是電阻，表示阻礙電流能力（圖 4-4）。歐姆還發現金屬導線的橫截面積越大，長度越短，導電能力越好，也就是說電阻與長度成正比且與橫截面積成反比，這點在情理之中 [4]。

圖 4-3 歐姆在做實驗

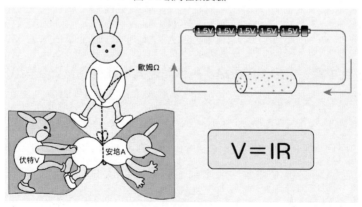

圖 4-4 歐姆定律

（孫靜繪製）

　　歐姆的結論非常簡潔漂亮，然而長期以來，許多自命不凡的科學家、教授都不喜歡這位中學老師做的實驗，認為金屬導電性質沒有那麼簡單，甚至嘲笑歐姆的著作是「對自然尊嚴的褻瀆」。當然，也有人支持歐姆，比如檢流計的發明者施威格。歐姆本人也極感鬱悶，覺得四旬年紀來玩科學是一種失敗，他甚至辭去了學校的教職，重操舊業 —— 成為收入較高一些的私人教師。1831 年，有人重複做出了與歐姆一致的實驗結果，人們才開始將信將疑。直到 1841 年，英國皇家學會授予喬治·歐姆科普利獎章，算是給予他的科學研究成果一個肯定 [5]。歐姆總結出的金屬導電規律被命名為歐姆定律，後人為了紀念他，把電阻的單位命名為歐姆，簡稱歐，符號為 Ω。

　　如今，人們知道，產生電阻的根本原因，在於電子在材料內部運動時會遇到各種阻礙。就像你開車上了高速公路，每每遇到收費站都可能會塞車一樣，因為塞車導致整個車流變慢。電子在運動過程也要付出它自己的「買路財」，它可能發生碰撞導致能量損失，部分電子跑得慢了，甚至被材料困住跑不動了（圖 4-5）。電子大軍從進入材料，到奔出材料，需要一路廝殺，難免損兵折將，也難免有大量傷病，最終導致出來的電子部隊的隊形不一樣，這就是電阻的起源。電子之所以能夠運動，是因為受到了電場或磁場的作用力。在沒有外電場的情況下，電子在材料內部的運動是雜亂無章的，電荷的運動效應被平均化了，無法形成固定方向的電流；但是一旦施加外電場，所有看似雜亂運動的電子就會同時受到特定方向的作用力，從而整體沿著該方向偏移，形成方向穩定的電流（圖 4-6）。需要注意的是，電子在材料內部運動速度並不如想像中那麼快，儘管電場或磁場可以光速建立起來，但是電子畢竟有一定的質量，跑起來速度還是要遠遠低於光速。一般來說，電流傳播速度指的是接近光速的電磁場速度，而非電子運動的速度。而決定電子在材料內部是如何運動的，以及運動過程會受到怎麼樣的阻礙，關鍵在於材料內部電磁場的分布。至於材料內部電磁場是怎麼分布的，它們又是如何影響電子的運動狀態呢？直到今天，這仍然是物理學的主要研究內容之一 [6]。

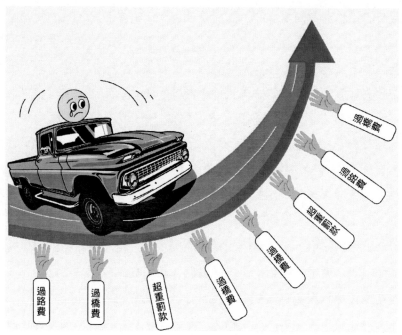

圖 4-5 電荷收費站
（孫靜繪製）

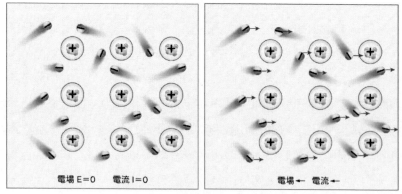

圖 4-6 電子在材料內部的運動狀態
（孫靜繪製）

參考文獻

[1]　宋德生，李國棟·電磁學發展史（修訂版）［M］·南寧：廣西
　　　人民出版社，1996·

[2]　劉曉·拿破崙對法國科學技術研究的推動［N］·中國社會科學
　　　報，2014-01-08·

[3]　麥克萊倫第三，多恩·世界科學技術通史［M］·王鳴陽，譯·
　　　上海：上海科技教育出版社，2007·

[4]　原鳴·歐姆定律的發現［N］·中國科學報，2014-05-16·

[5]　學科王，http://zixun.xuekewang.com/，喬治·西蒙·歐姆——
　　　歐姆定律，2010-10-30·

[6]　羅會仟，http://blog.sciencenet.cn/u/Penrose，水煮物理（21）：電
　　　荷的「買路財」·

5　神奇八卦陣：材料結構與電阻的關係

　　歷史上，最厲害的陣法之一，當屬諸葛亮發明的九宮八卦陣，號稱囊括天覆陣、地載陣、風揚陣、雲垂陣、龍飛陣、虎翼陣、鳥翔陣、蛇蟠陣八大名陣，而且「奇正相生，循環無端；首尾相應，隱顯莫測；料事如神，臨機應變。」（〈八陣圖〉）[1]。

　　此陣法與我們要聊的物理何干？

　　從物理學的角度來看，八卦陣的要訣在於兩點：對稱和變化。八卦陣原理取自上古時代伏羲發明的八卦圖，世間萬物都可以歸納到八卦之中。八卦圖整體上是一個正八邊形，這其實蘊含著自然界最基本的現象——對稱。看那花叢中的蝴蝶，撿起一片樹葉，捧起一片冰晶，你就會發現，它們從形狀上來看都是對稱的（圖 5-1）。對稱給人以美感，人體就是一個高度對稱的例子，這就是為什麼歐美油畫裡總是以人體為主角，無論高矮胖瘦都是一種美嘛！人類向大自然學習，生活中無處不存在對稱的美感。如果你爬上景山俯瞰故宮全景，你會發現紫禁城的瑰麗奧祕，就是它的對稱（圖 5-2）。正是由於士兵們對稱分布，在八卦陣中就可以隨時做到首尾相應、奇正相生。而另一大神奇之處就是它的變化，改變部分的結構，就可以形成新的對稱方式，從而迫使裡面的敵兵被牽著鼻子走迷宮，不被砍死也得被暈死。

圖 5-1 對稱的世界：蝴蝶、冰晶和楓葉
（來自一圖網）

圖 5-2 故宮全景圖

我們為什麼生活在一個對稱的世界？

要回答這個問題，先要回答另一個問題，世界是什麼組成的？

給你一把要多鋒利就有多鋒利的水果刀，把一個蘋果一分二、二分四、四分八……就這麼一直切下去，切到最後會不會遇到一個不可分割的單位呢？古希臘哲學家留基伯（Leucippus）和他的學生德謨克利特（Democritus）就是這麼認為的，還給最後的不可分割的單位取了個名字，叫做「原子」（希臘語裡就是不可分的意思），我們的世界就是「原子」和「虛空」組成的。中國古人發明了九宮八卦，也用類似理論認為世界基本單位不外乎：金、木、水、火、土。不過科學並不是那麼簡單，直到 18 世紀末，科學實驗盛行的時代，人們才搞明白原子究竟是個什麼「鬼」。1789 年，法國化學家拉瓦錫（Antoine-Laurent de Lavoisier）指出，原子就是化學變化裡的那個最小單位。1803 年，英國化學家和物理學家道耳頓（John Dalton）從他的氣體分壓實驗結果裡提煉出了科學意義上的原子論，所謂化學反應就是原子間

的排列組合 [2]。不同的原子排列組合構成了不同的物質，組成了我們生活的世界。原子有多大？當然肉眼是別想直接看到它的真容了。原子直徑在 10^{-10} 公尺左右，即百億分之一公尺。如定義十億分之一公尺（10^{-9} 公尺）為 1 奈米，原子也就只有 0.1 奈米左右。材料中原子之間間隔大概在 0.1 ～ 10 奈米，一滴水或一粒米裡面的原子數目大得驚人，即使是讓全地球 70 億人來數的話，也要數幾百萬年才能數完！這個世界到底有多少個原子，你就別算了……

現在，回到之前那個問題，為什麼原子組成的世界會有如此美麗的對稱結構？我們還得剝開原子的殼，看看裡面是個什麼模樣。從早期化學家的觀點來看，原子是個不可分割的最小單位，但從物理角度來說，沒什麼是不可分的。原子內部究竟有沒有結構，湯姆森認為很簡單，裡面就是正電荷和負電荷均勻分布的球體，剝開原子看到的無非是均勻的電荷單位。剝開原子最簡單直接的辦法就是找到一個合適的「子彈」把原子當作靶來轟擊，看能打出什麼來。1899 年，英國劍橋大學的拉塞福（Ernest Rutherford）於貝克勒（Henri Becquerel）在放射性的天然鈾上找到了這枚特殊的子彈 —— 他稱之為阿爾法射線（後來才知道是氦原子核）。這種射線穿透力很差，一張紙就足以擋住它。正因為如此，它較大的質量和較低的速度，使得它更加容易被探測。拉塞福用他的阿爾法「原子槍」轟擊金箔，他發現大部分 α 粒子都「如入無人之境」穿透過去，只有一部分軌跡發生了偏轉，說明它們受到了正電的排斥作用，其中還有萬分之一的粒子是「如撞牆後原路彈回」的。正是這萬分之一令他十分興奮，他後來回憶：「這是我一生中碰到的最不可思議的事情，就好像你用 15 英寸的大砲去轟擊一張紙，而你竟被反彈回的砲彈擊中一樣。」拉塞福的實驗結果說明，原子不可能是質量和電荷都均勻分布的直徑 0.1 奈米的小球，原子的絕大部分質量都集中在其核心處 —— 拉塞福稱之為「原子核」。也就是，原子內部長得不像西瓜，而是更像櫻桃，是一個單核結構，原子核帶正電，核外電子帶負電。為了進一步理解電子在原子內部是如何運行的，物理學家先後提出了「葡萄乾布丁模型」、「行星

軌道模型」、「量子化原子模型」等一系列模型，最終促使了量子力學的建立（圖5-3）。包括拉塞福及他的弟子門生，有十多位科學家前後因為原子物理的研究獲得了諾貝爾物理學獎[3]。最終原子的結構模型定格在量子力學框架下，電子在原子內部的運動並不存在特定的軌道，而是以機率的形式存在於原子的空間內，某些地方出現的機率大，某些地方出現的機率小，整體機率分布形成一片「電子雲」。實際上，原子核直徑比原子直徑要小得多，把原子比作一個足球場的話，原子核不過是場地中間的一隻螞蟻。因此，從空間上來說，原子的內部質量雖然主要來自原子核，但結構上還是電子雲為主導。

電子雲，又是個什麼「鬼」？

電子雲本質上就是電子在原子內部的機率分布，這種分布服從量子力學定律，而且，重點來了，電子雲的形狀並不是雜亂無章的，而是呈現某些特定的形狀。比如，最簡單的原子 —— 氫原子，內部只有一個質子和一個電子，電子雲的分布就是一層層不同密度的球殼，球殼的密度跟直徑有關。電子雲的形狀還有「紡錘形」、「十字梅花形」、「啞鈴形」等，仔細觀察這些電子雲，就會有個非常重要的領悟 —— 它們都遵從一定的對稱規律（圖5-4）！

圖5-3 原子的各種結構模型
（作者繪製）

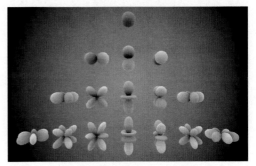

圖5-4 幾類典型的電子雲形狀
（來自維基百科）

終於，答案揭曉。

把一堆原子放在一起，它們會怎麼排列？原子核之間顯然隔著十萬八千里，而且被一堆帶負電的電子雲封鎖了，就是想產生關係，也是望塵莫及啊！原子和原子之間，主要是離原子核比較遠的那些電子（外層電子）和電子之間的相互作用，而這些電子的空間分布，是某些特定對稱形狀的電子雲。那麼，一個無比自然且和諧的結果是，原子間的排列也會形成某些特定的對稱結構。有了電子雲喊口令，原子們不是一盤散沙，而是整齊劃一的隊伍，這就是微觀世界的八卦陣！這種對稱有多漂亮？用一把原子大小的尺去量一下就知道。X 射線作為電磁波的一種，其波長就和原子直徑差不多，如果用一束 X 射線打進規則的晶體中去，就會出現對稱的繞射斑點。類似地，用一束電子或一束中子也可以實現，繞射斑點的分布就像蝴蝶的花紋一樣漂亮 ── 這就是對稱之美（圖 5-5）。可不要小瞧這微觀世界的八卦陣！不同的原子排列方式不僅決定了材料的外形，而且決定了材料的許多基本物理性質。舉個最常見的例子，一顆璀璨的鑽石和一支寫字的鉛筆筆芯有什麼不同？它們都是碳原子組成的！誰說朽木不可雕？朽木可以變成木炭或鉛筆，也可以變成鑽石！區別在於，鉛筆芯裡主要是石墨，由一層層的六角排列的碳原子構成，碳原子層很容易發生滑動，可以輕易留下字跡；但是鑽石內部是由碳原子密集堆疊起來的，碳原子間存在非常穩定的結構，形成了自然界硬度最高的材料 ── 金剛石。碳原子的不同排布就如同孫悟空的七十二變一樣，除了石墨和金剛石外，還可以有單原子層的石墨烯，捲成管子的奈米碳管，60 個碳原子組成的富勒烯等（圖 5-6）。這些材料性質千差萬別，又同宗同源，我們稱之為「同素異形體」。也不要太恐慌，微觀世界的八卦陣型其實並不是想像中的那麼多。數學家告訴我們，微觀八卦陣（晶體空間群）最多也就是 230 種，這 230 種又可以劃分為 7 大類和 14 小類 [5]。不要問為什麼，世界就是如此簡潔！

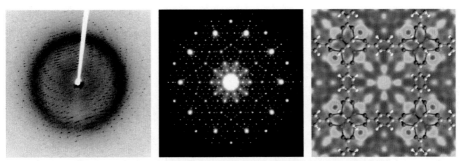

圖 5-5 （從左到右）晶體的 X 射線繞射，電子繞射和中子繞射圖樣[4]
（來自維基百科及 APS）

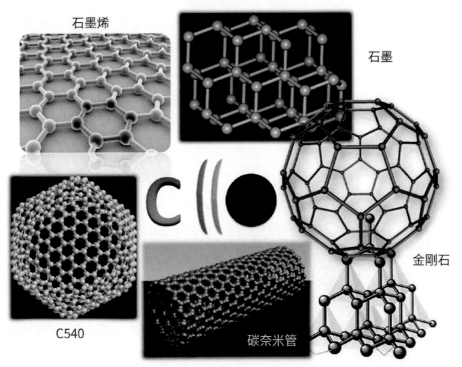

圖 5-6 碳原子的排列形成各種同素異形體
（作者繪製）

認識了微觀世界的八卦陣，接下來我們看看八卦陣裡的兵法。

對於固體材料裡面的原子而言，離原子核最遠的外層電子們因為「天高皇帝遠」，整天都處於「游離」的狀態。一些本事大（能量高）的電子甚至

可以完全掙脫單個原子的束縛，而在材料內部自由穿行，我們稱之為近自由電子，加個「近」字，是因為它並不是百分百自由的。別忘了，我們還有強大法力的原子八卦陣，電子要想穿過八卦陣，就必須找到竅門。還是以故宮為例，去過故宮的人都知道，故宮以中軸線為中心，兩邊側殿對稱分布，主要大殿都在中軸線上。結果是 —— 旅遊團都只參觀中軸線上幾個大殿，側面的偏殿因為某些特別展覽要收費也人煙寥寥，遊客都不約而同地集中在中軸線上。也就是說，遊客數目的分布其實和故宮整體的對稱方式相關。在微觀世界也有類似規律，電子在規則排列的原子八卦陣裡，它的分布是和陣法有關的。一方面，由於原子排列在空間上是重複規律分布，導致電子的運動在空間上也存在一定的週期性；另一方面，如果把材料內部電子按照能量從低到高堆在一起的話，它會在某些特定的方向有著特定規律分布。

　　一句話，電子在八卦陣裡不能亂來，要守規矩才有活路。

　　指出以上兩條「兵法」的，是兩位「布家」的物理學家 —— 布洛赫（Felix Bloch）和布里淵（Marcel Brillouin）。別激動，他們既不是兄弟倆，也不是鄰居。話說回來，劃分 14 小類的原子，也叫做 14 種布拉菲晶格，真是「布衣出英雄」啊！言歸正傳，根據「布家兵法」，我們可以把材料內部近自由電子們按照能量和動量分布排列起來。電子們只能在某些特定的能量和動量區間內出現，形成一條條「電子帶」，又叫做「能帶」，這就是它們的破陣大法了。最高能量的電子，也就是跑得最快的那些傢伙們，按照動量的空間分布，構成了一個包絡面，又叫做「費米面」，這就是它們的先鋒隊了。不同材料的費米面是千奇百怪的，如鉀的費米面是一個閉合的球面，但銅和鈣的費米面就會有或大或小的洞洞（圖 5-7）[6]。由於空間上週期重複的陣法，某個特定區域內的破陣小分隊就足以代表整個大部隊，超出此區域的別人家的孩子也等於自己家的孩子，這個區域叫做第一布里淵區，簡稱布里淵區。一個三維的立方原子陣法，其布里淵區是一個削掉角的正八面體（圖 5-7）[7]。嗯，此處有點難懂。還好，本質仍然很簡單，電子在材料內部的動量和能量分布也是有一定對稱規律的！當然，事實上，材料內部的電子部

隊結構還是非常複雜的，這就是宏觀材料出現各種電磁熱等物理性質的原因（圖 5-8）。要理解材料的宏觀物性，一是要破解原子八卦陣法，二是要掌握電子破陣兵法，二者缺一不可。

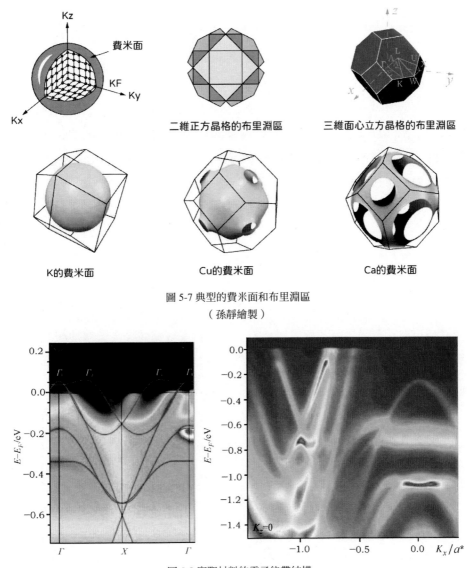

圖 5-7 典型的費米面和布里淵區
（孫靜繪製）

圖 5-8 實際材料的電子能帶結構
（來自史丹佛大學沈志勛研究組）

作為「敵軍」，電子也會受到陣裡守方士兵（原子）的攻擊，或改變運動方向，或改變運動速率，也就是受傷或者損兵折將，物理上稱之為「散射」。舉個具體例子，材料的導電性質就和內部電子受到的散射情況密切相關，如果電子遇到的散射很強，能量上損失很大，那麼就是電子大軍受到強烈的阻礙 —— 對，這就是電阻！我們知道，按照電阻率大小，可以分為絕緣體、半導體和導體。在微觀上，它們的導電機理是可以用「原子八卦陣法」來解釋的。我們先定義高能量電子帶叫做「導帶」（電子可以導電），低能量電子帶叫做「價帶」（電子被束縛，不能導電）。導體內部近自由電子數量眾多而且兵強馬壯（導帶電子數目多），就能在極小阻礙的狀態下輕鬆破陣；半導體大部分都是老弱病殘電子兵（導帶電子數目少），偶爾還需要借援軍（比如向價帶借走一個電子形成一個帶正電的空穴），受到阻力不小，最後勉強出陣；絕緣體裡面幾乎無兵可用（沒有導帶電子），而且援軍也過不來（價帶與導帶存在帶隙，很難跳過去），基本全軍覆沒，導電效果極差（圖 5-9）。從實驗上，區分導體、半導體和絕緣體的最好方法就是測量他們的電阻隨溫度的變化，因為溫度越低，原子的熱振動就越小，原子陣型也就越穩定。對於導體而言，它更容易穿越原子大陣，所以電阻隨溫度降低而減小。對於半導體和絕緣體而言，本來兵就或弱或少，天寒地凍的結果導致不可挽回的損失，出陣反而顯得更加困難了，所以電阻隨溫度降低會升高，其中絕緣體的電阻上升更加劇烈，甚至呈現指數發散的趨勢[8]。

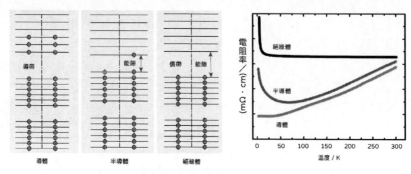

圖 5-9 導體、半導體和絕緣體的能帶結構（左）與電阻規律（右）
（作者繪製）

參考文獻

[1]　獨孤及（唐）·《雲岩官風後八陣圖》和《諸葛氏宗譜》·「八
　　　陣功高妙用藏與名成八陣圖」·

[2]　王峰·道耳頓與近代化學原子論 [J]·湖北師範學院學報，
　　　2003，3·

[3]　夏代雲·E·拉塞福的科學精神 [D]·南寧：廣西大學，2006·

[4]　Yildirim T, Hartman M R. Direct Observation of Hydrogen Adsorp-
　　　tion Sites and Nanocage Formation in Metal-Organic Frameworks[J].
　　　Phys. Rev. Lett., 2005, 95: 215504.

[5]　Hiller H. Crystallography and cohomology of groups[J]. Amer. Math.
　　　Monthly. 1986, 93: 765-779.

[6]　Ziman J M. Electrons in Metals: A short Guide to the Fermi Sur-
　　　face[M]. London: Taylor & Francis, 1963.

[7]　Kittel C. Introduction to Solid State Physics[M]. 8th Edition. NewYo-
　　　rk: Wiley, 2005.

[8]　黃昆，韓汝琦·固體物理學 [M]·北京：高等教育出版社，
　　　1998·

6　秩序的力量：材料磁性結構與物性

　　自然界裡，秩序為生存者帶來許多便利，大雁排成隊借助夥伴搧動的氣流來減少體力消耗，螞蟻聞著同伴的氣味在同一軌跡上行進。團結加上秩序，將發揮一加一大於二的群體力量。世界因為秩序，才能穩定地存在[1]。

　　自然界除了對稱之美外，秩序也是一種美。比如，在時尚界，豹紋被認為是性感的一種象徵，就可能來自於獵豹身上既對比鮮明又秩序井然的斑點紋［圖 6-1（a）］。如果我們用放大倍數極高的電子顯微鏡觀測昆蟲的複眼或蝴蝶的翅膀，就會發現它們由無數個密集有序排列的小單元組成［圖 6-1（b）］。我們常感嘆花兒的芬芳美麗，殊不知漂亮的花序也是存在一定規律的。許多植物的花序以及海螺殼內部結構就可以用一種非常簡單的數列 —— 費波那契數列來描述［圖 6-1（c）和（d）］，這個數列中後者是前兩者之和，即：1，1，2，3，5，8，13，21，34，55，89，144……。有意思的是，在微觀世界裡，球狀表面的奈米顆粒也會因表面應力形成類似的秩序，因為這種排列需要的應變能量最小[2]。由此可見，秩序存在於所有事物當中，無論何種空間大小。閱兵式上，整齊的方陣是一種對稱之美，整齊劃一的步伐和口號是一種秩序之美，兩種美感互相呼應。

　　從微觀角度來看，我們的世界之所以會有形狀各異、硬度不同的材料，也是因為材料內部原子的秩序不同造成的。電子和電子的庫侖相互作用導致原子之間存在一定的間距，而且不同原子間排列方式也有所不同，最終決定了宏觀形狀的對稱方式。原子的對稱方式告訴電子在材料內部該如何運動，——這是電的秩序，上一節已經詳細講述。

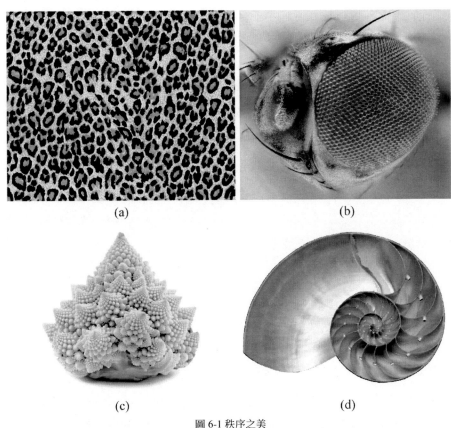

(a)　　　　　　　　　　　(b)

(c)　　　　　　　　　　　(d)

圖 6-1 秩序之美

(a) 獵豹花紋；(b) 果蠅複眼；(c) 植物花序；(d) 海螺殼內部結構

本節我們要討論的是微觀秩序的另一面 —— 磁的秩序。

　　儘管天然磁石早在五千年前就被當作「慈愛的石頭」被發現，對於磁本質的科學認識卻起步於不遠的五百年前。西元 1600 年，一個叫威廉・吉爾伯特的英國人發表了關於磁的專著《磁體》，其中主要的內容就是重複和發展了前人有關磁的認識和實驗。隨著 18 至 19 世紀電磁學的迅速發展，人們越來越渴望知道那塊黑漆漆的小磁鐵內部究竟存在著什麼樣的原理。安培基於宏觀的電磁感應現象，做出了「分子電流」的大膽揣測。他認為材料內部是由一個個小分子組成，每個分子都有一圈環形電流，電流感應出了一個小的磁矩，如果這些分子的磁矩取向一致的話，就可以形成一個強大的磁矩，

即整體展現出很強的磁性。在不了解材料內部微觀結構單元之前，用「分子電流」秩序構造出整體磁性似乎非常合理，也很容易被人接受。只是好景不長，人們很快知道材料內部不止步於分子層次，而是更基本的原子，而原子的內部，還有原子核和核外電子。如此，「分子電流」似乎無從談起。直到 20 世紀初，也即量子力學的茁壯成長期，波耳（Niels Bohr）和索末菲（Arnold Sommerfeld）提出了原子內部電子的軌道模型，這些軌道具有特定的大小和形狀。試想，電子繞原子核的一圈圈軌道，不正好可以對應「原子電流」嗎？他們於是進一步論證，這些軌道的取向也是特定的，用量子力學的語言來說叫做空間量子化。電子軌道的微觀秩序，導致原子整體具有一定的角動量，或者說原子存在量子化的磁矩。

理論歸理論，實驗驗證才是王道。要找到原子是否具有量子化的磁矩的實驗原理看似很簡單，讓一束原子透過不均勻的磁場，看是否劈裂成不同軌跡就行。按照經典力學預測，一束原子束經過不均勻磁場後會在靶上形成一道狹長的分布；按照波耳和索末菲的預測，原子最終分布應該是量子化的數個離散斑點。1922 年，兩名 35 歲左右的德國物理學家捲起袖子準備搞定這個注定要名垂青史的實驗。他們一開始就遇到了巨大的困難，一個是技術層面的：原子束要和磁場中心嚴格重合，所以對磁體的設計精確度要求非常高；另一個是經費層面的：時值經濟大蕭條，科學研究無法當飯吃，資助更是少得可憐。頭一個困難好辦，德國的精密加工絕對是世界一流的，想做一個好設備多花點時間就行。後一個困難解決之道是他們自己掏了腰包，然後拉了幾百美元的基金贊助。出來的實驗結果非常奇怪，他們收集的銀原子分布不是一條狹縫，也不是幾個離散的斑點，而是兩條彎曲分離的線，就像一根雪茄一樣。可以肯定的一點是，經典力學的預言在這個實驗中是徹底失敗的，所以量子理論自然占了上風。這個實驗也成為首次驗證量子化的著名實驗，以他們的名字命名為斯特恩 - 革拉赫實驗（圖 6-2）[3]。十分興奮的革拉赫（Walther Gerlach）把實驗結果印成了明信片，並寄給了他們的偶像 —— 量子物理大師波耳先生，以祝賀他量子理論的成功。

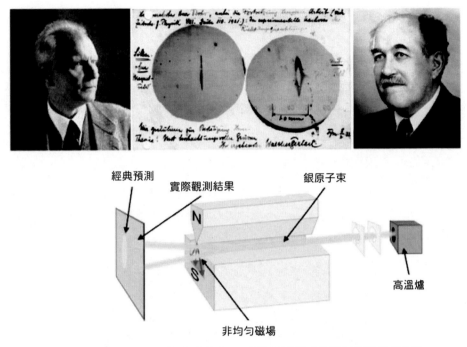

圖 6-2 斯特恩與革拉赫和他們的實驗原理，上圖中間即為革拉赫寄給波耳的明信片

事實並沒有那麼簡單！這根物理學實驗中的「雪茄」畢竟和波耳他們的預言不完全一致。索末菲的一個天才學生 —— 包立（Wolfgang Pauli）敏銳地注意到了這個問題，他綜合考慮了原子軌道模型與許多實驗結果的不一致 [4]。大膽設想，或許有些看似是電子和原子核相互作用軌道導致的結果，實際上可以完全歸因於電子本身。即如果假設電子自己就有一個角動量（磁矩）的話，那麼原子軌道那一套就可以完全扔掉了。包立的同事克勒尼希（Ralph Kronig）建議他把電子的這個性質叫做「電子的自轉」，即就像地球存在公轉之外還有自轉一樣，電子的自轉會產生新的磁矩。包立本人並不喜歡這個稱呼，因為自轉的概念是牛頓力學的典型代表，經典到乏味，與量子力學的時髦性格格不入。包立發現克勒尼希計算結果和實驗差了兩倍，果斷攔住了同事沒有發表。但是隨後在同一年裡，烏倫貝克（George Uhlenbeck）和古德斯米特（Samuel Goudsmit）做了類似的計算，並在論文提出這種「電

子的自轉」可以簡稱為「自旋」，其量子單位是其他量子單位的一半，是個
半整數 1/2（圖 6-3）[5]。包立還是痛恨這個名詞，因為他自己是相對論專
家，只要稍微動筆一算就知道，如果把電子當作基本電荷球並真的如此自轉
而產生磁矩的話，那球的表面將會是超光速的。所以，包立始終認為，自旋
就是電子的量子本質特徵之一，與經典物理中任何概念都沒有對應。如此下
來，描述一個電子就需要 4 個量子數，即主量子數、角動量量子數、磁量子
數和自旋量子數。考慮電子的自旋以後，原子的磁矩則來自兩部分 —— 電
子的軌道磁矩和自旋磁矩。在斯特恩 - 革拉赫實驗中，銀原子的磁矩主要由
自旋磁矩貢獻，而與軌道磁矩沒有半點關係，因為自旋是半整數的，所以最
終靶上痕跡只會劈裂成兩條。

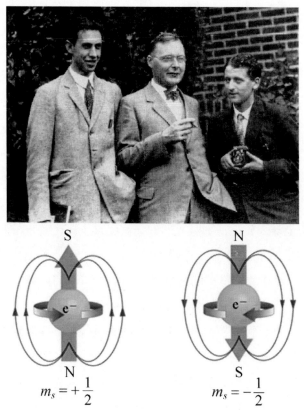

圖 6-3 （上）烏倫貝克、克喇末、古德斯米特；（下）電子自旋的兩種態

　　儘管試圖用經典的物理圖像去理解電子的自旋都是徒勞的，但我們還是可以簡單把電子想像成一個小磁針，它具有自己的南極和北極，即存在一定的磁矩。因為電子自旋的量子單位是半整數，自旋磁矩的方向也只有兩種，要麼向上，要麼向下（圖 6-3）。包立指出，原子內部兩個狀態（4 個量子數）完全相同的電子是不相容的，因此一個自旋向上和一個自旋向下的電子在一起就會互相抵消磁矩，但是如果某一個自旋向上或自旋向下的電子沒有夥伴，那麼就會存在一定的磁矩。在原子內部，諸多核外電子的軌道磁矩和自旋磁矩將組合在一起展現整體的磁矩。當然原子核本身也有磁矩，不過，相比電子磁矩而言可以小到忽略不計，原子的磁矩就主要來自於電子的磁矩。很顯然，並不是所有的原子／離子都具有明顯磁性。一般來說，大部分過渡族的金屬元素具有較強的磁性，如錳、鐵、鈷以及多種稀土元素等，它們內部未被抵消自旋磁矩的電子數量相對較多。

　　我們常把磁石稱作磁鐵，除了它從材料上含有鐵元素外，能夠吸引含鐵的物質也是原因之一。但是，並不是所有含鐵的材料都可以變成磁鐵！一個非常有趣的事實是，純鐵單質雖然可以被磁石吸引，一旦把磁石拿開，鐵單質就很快失去了磁性。生活中用的白鐵就是鍍鋅鐵皮，是很難做成永久磁針的。天然磁石裡面含的鐵主要是以黑色的四氧化三鐵形式存在，即是三價或二價的鐵離子，而不是白鐵裡面的鐵原子。鐵離子因為少了兩個或三個電子，其沒有成對的電子多，磁性才更強。另一個更有意思的事實是，即使是含四氧化三鐵的小磁針，如果放到高溫爐中煅燒一下，它的磁性也會消失。

　　磁鐵的磁性隨著溫度究竟會發生什麼變化？

　　早在量子力學大廈落成之前，兩位名叫皮埃爾的法國物理學家就對此問題進行了定量的實驗研究，一個叫皮埃爾・外斯（Pierre-Ernest Weiss），另一個叫皮埃爾・居禮（Pierre Curie）。1885 至 1889 年，皮埃爾・居禮還是巴黎市立理化學校的一名普通教師。他詳細研究了物體在不同溫度下的磁性，並寫成了一篇長長的博士論文（圖 6-4）。終於在 1895 年拿到博士學位，同年抱得美人歸 —— 美人是一個叫瑪里・斯克沃多夫斯卡（Maria Skłodowska）的女孩，後人熟知的瑪里‧居禮（Marie Curie）。皮埃爾結婚以後，轉而與瑪里一同進行放射性的研究，才有了之後發現鐳和釙的故事。幸福總是很短暫，婚後的第 11 年，皮埃爾不幸遭遇車禍身亡，巴黎大街上一輛飛馳的馬車成了殺害著名科學家的罪魁禍首。瑪里‧居禮在科學、孤獨、緋聞和白血病中度過了人生剩下的 28 年，留下二領諾貝爾獎的佳話，也留下了無數遺憾。一般認為，瑪里‧居禮的光芒遠遠蓋過了皮埃爾‧居禮本人。事實上，皮埃爾‧居禮在攻讀博士學位期間關於磁性和壓電效應的研究就足以光耀史冊 [6]。他發現磁鐵的鐵磁性在一定溫度以上會消失，形成磁化率和溫度成反比的順磁態。後來人們為了紀念他的貢獻，把鐵磁性消失溫度定義為居禮溫度或稱居禮點，而鐵磁之上的磁化規律稱為居禮 - 外斯定律（注：外斯做了相關理論解釋）。

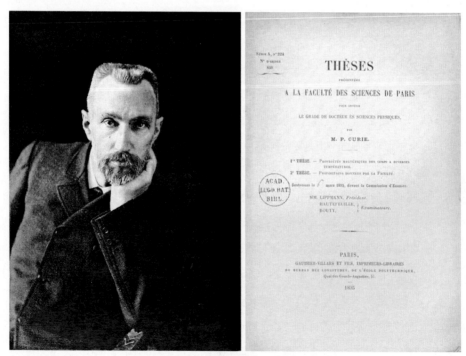

圖 6-4 皮埃爾‧居禮和他的博士畢業論文封面

　　居禮定律的發現，說明磁性並不是一成不變的，它和溫度存在密切的依賴關係。物理學上把磁性從一種狀態變成另一種狀態稱為磁相變。磁鐵裡的磁性很強，被命名為「鐵磁性」。居禮溫度以上的磁性很弱，被命名為「順磁性」。從微觀上來看，鐵磁性其實就是鐵離子的磁矩取向一致（平行排列）的結果，而順磁性就是鐵離子的取向雜亂無章 —— 這就是微觀世界磁的秩序！1930 年，法國的另一位科學家路易·奈耳（Louis Néel）提出了另一種磁的秩序 —— 磁矩的排列是反平行的，他稱之為「反鐵磁」，這解釋了某些含有磁性原子／離子的材料只具有弱磁性的原因[7]。類似地，如果磁矩反平行排列，但是大小不等，那麼也可以呈現弱的鐵磁性，又稱「亞鐵磁性」（圖 6-5）。總而言之一句話，宏觀的磁性來源於微觀原子／離子磁矩的秩序。單個原子的磁矩大小是很小的，但是固體材料裡面有多達 10^{23} 數量級的原子，正是如此龐大的團結合作形成了很強的磁性！

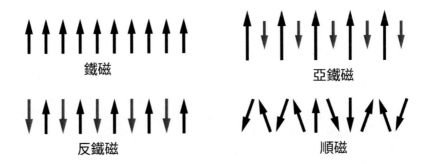

圖 6-5 各種磁性的原子磁矩排列方式
（作者繪製）

　　回過頭來我們進一步解釋為何白鐵（純鐵）很難磁化，而黑鐵（四氧化三鐵）卻容易被磁化。在含有磁性原子的材料中，磁性原子由於磁矩之間的相互作用，在居禮溫度以下會自發形成平行的鐵磁排列，稱為自發磁化。自發磁化之後，在材料內部會形成一個個整體磁矩方向不同的小區域，稱為磁疇。雖然每一個磁疇內部都是鐵磁排列的，但是一堆磁疇的平均取向還是雜亂無章的，材料整體不會出現磁性。如果外加一個磁場，每個磁疇的磁矩就

會在外磁場作用下形成有序排列，也就整體呈現磁性，即材料被磁化。再撤掉外磁場，磁疇又會傾向於恢復到雜亂無章的狀態。但是實際材料（如石榴石）中的磁疇分布是十分複雜的，磁疇能否恢復到磁化前的狀態取決於磁矩大小、材料內部缺陷、應力、雜質等因素（圖 6-6）。純鐵含有的雜質缺陷較少，保留磁性的能力也就較弱，被歸類為軟磁體。黑鐵含的雜質很多，保留磁性的能力也很強，被歸類為硬磁體或永磁體。這也是為何含有碳雜質的鋼材比純鐵片要更容易保留磁性的原因，我們用的指南針其實並不是鐵針，而是鋼針。

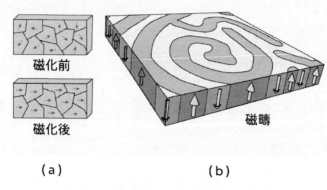

圖 6-6 磁性材料的磁疇結構
(a) 磁疇中磁矩在磁化前後的變化示意圖；(b) 石榴石中的磁疇分布
（孫靜繪製）

不僅實際材料中的磁疇分布是十分複雜的，其實原子磁矩的排列也是十分複雜多樣的。除了前面提到的鐵磁、反鐵磁、亞鐵磁和順磁外，材料中磁結構也非常豐富。考慮到材料的三維結構，存在比如磁矩共線排列的共線磁、磁矩螺旋排列的螺旋磁、磁矩如梯子排列的自旋梯等，根據磁矩在空間上的有序度，還可以有自旋玻璃態、自旋冰態、自旋液體態、自旋密度波態等一系列複雜的磁結構 [8]。有些材料在表面還會呈現出多個渦旋狀的自旋區域 —— 斯格明子（skyrmion）態（圖 6-7）[9]。磁世界裡的秩序，可謂是變幻萬千。類似於電荷相互作用構造出了對稱有序的晶體結構，固體材料內部原

子磁矩之間靠的是磁交換相互作用——也就是自旋相互作用束縛下形成的各種秩序。這種磁交換相互作用還會引發動力學現象，想像平行排列的一個磁矩發生擺動的話，與它相鄰的磁矩也會跟著擺動起來，就像一根繩子抖動會形成機械波一樣，有序磁矩的擺動也會形成自旋波（圖6-8）。自旋波會在固體內部傳播，並與電子產生相互作用，最終形成多樣的電磁行為[10]。很多磁序都是在一定低溫下才存在的，如果溫度升高到磁相變溫度之上，那麼原子的熱振動將破壞磁交換相互作用，微觀世界的磁序就此被打亂，變成磁無序態。

正所謂：「萬物皆有序，非人能主宰。一朝熱起來，各顧自散開。」

圖6-7 一種複雜的表面磁結構——斯格明子（skyrmion）態

(a)　　　　　　　　　　　　(b)

圖6-8 磁序材料中的自旋波假想圖　(a) 一維自旋波；(b) 二維自旋波
（來自英國拉塞福 - 阿普頓實驗室）

參考文獻

[1] 基辛格 · 世界秩序 [M] · 北京：中信出版社，2015 ·

[2] Li C, Zhang X, Cao Z. Triangular and Fibonacci number patterns driven by stress on core/shell microstructures[J]. Science, 2005, 309: 909-911.

[3] Gerlach W, Stern O. Der experimentelle Nachweis der Rich- tungsquantelung im Magnetfeld[J]. Z. Phys., 1922, 9: 349-352.

[4] Friedrich B, Herschbach D. Stern and Gerlach: How a Bad Cigar Helped Reorient Atomic Physics[J]. Phys. Today, 2003, 56: 53-59.

[5] Dresden M. George E. Uhlenbeck[J]. Phys. Today, 1998, 42: 91-94.

[6] Hurwic A. Pierre Curie[M]. Paris: Flammarion, 1995.

[7] Néel L. Magnetism and Local Molecular Field[J]. Science, 1971, 174: 985-992.

[8] 史拓，希格曼 · 磁學 [M] · 姬揚，譯 · 北京：高等教育出版社， 2012 ·

[9] Mühlbauer S, Binz B, Jonietz F et al. Skyrmion Lattice in a Chiral Magnet[J]. Science, 2009, 323: 915-919.

[10] Anderson P W. Concepts in Solids[M]. World Scientific, 1997.

第 2 章　金石時代

超導的發現，得益於低溫物理學的發展。

19 世紀末，在熱機推動的工業革命背景下，熱力學理論體系建立，相關實驗技術也不斷進步。後來，人們不斷追求更低的溫度紀錄，並利用低溫環境，發現了一系列和常溫相比十分反常的現象，包括超導、超流、量子霍爾效應、玻色 - 愛因斯坦凝聚等。

超導的第一個時代從 1911 年在荷蘭萊頓大學開啟，科學家們發現幾乎大部分金屬及其合金都是超導體。超導，並不如想像中那麼不尋常！

發現超導許多神奇的性質固然令人十分興奮，然而理解超導現象卻花了數十年的時間，其中不乏當時全世界最聰明的那些科學家，都失敗了。最終在 1957 年，由三位代號「BCS」的科學家，巧妙利用電子配對的思想解決了這個難題。

7 凍凍更健康：低溫物理的發展

　　地球繞著太陽公轉一圈又一圈，我們的世界度過一年又一年，寒暑交替、赤道熱和兩極冷反映了陽光直射角度的差異（圖 7-1）。由於人類是恆溫動物，在酷暑炎夏裡，就要穿著簡單清涼，而在寒冬臘月裡，則要裹上毛衣棉襪 —— 這就是人們對冷和熱的最直接感受。欲準確描述多冷多熱，我們需要一個客觀的物理概念 —— 溫度，用於描述物體的冷熱程度。一般來說，人體的溫度在 37℃ 左右。烈日炙烤下的美國加州死亡谷，可以達到 56.7℃，而伊朗盧特沙漠的地表溫度竟然可高達 71℃，真是熱死人不償命。相比高溫，地球上的低溫更是嚇死人。寒潮來襲的時候，-30℃ 以下的氣溫足以讓一盆剛撒出去的熱水瞬間結成冰凌，也可以把一座燈塔整個用冰柱封住。史上最冷的溫度紀錄發生在南極最高峰文生峰頂 [1]，足足有 -89.2° C，比體溫低了百度還多。

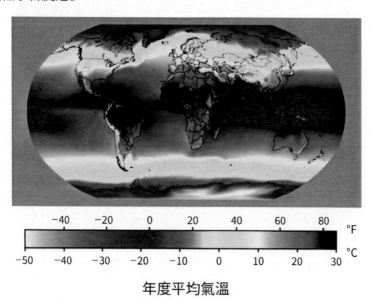

年度平均氣溫

圖 7-1 全球年度平均氣溫分布

（來自 Technostalls）

　　話說回來，科學史上第一個溫度標準，並不是攝氏度。對於大部分物體來說，如果它保持在同一種狀態下（例如固態、氣態、液態），那麼一般都遵循熱脹冷縮的普遍規律。因為微觀上組成物質的原子或分子也不太安分，喜歡跑來跑去做熱運動，熱了就要散開乘涼，冷了就會抱團取暖。「近代科學之父」伽利略（Galileo Galilei）早在 16 世紀就發現了這個祕密，他根據氣體熱脹冷縮的原理製作了第一個空氣溫度計。可惜這個溫度計太粗糙，伽利略甚至懶得去定義一個溫標來刻劃溫度的大小。直到 100 多年後，酒精溫度計被羅默（Ole Rømer）發明，並在一個叫做華倫海特（Daniel Fahrenheit）的玻璃商手下得以改進。華倫海特覺得光知道溫度變大還是變小遠遠不夠，應該準確定義一個溫度的數值。於是他取氯化銨和冰水混合物的溫度為 0℃，人體溫度為 100℃，把酒精的膨脹體積在此之間分成 100 等份，每一份就是 1 華氏度，符號為℉。但是人人都有感冒發燒的時候，體溫有時不大可靠。經過數次斟酌修改，華倫海特最終將水的沸點定為 212 ℉，冰點定為 32 ℉，這樣人體體溫約為 98.6 ℉ [2]。華氏溫度一推出，不少科學家並不是很喜歡，反而紛紛推出了自己的溫標，於是諸如蘭氏度、列氏度、攝氏度等相繼出爐 [3]。最終被廣泛接受的還是攝爾修斯（Anders Celsius）在 1740 年定義的攝氏度：取一個標準大氣壓下的冰水混合物為 0℃，水的沸點為 100℃，這樣人體體溫約為 37℃（圖 7-2）。然而，至今在不少歐美國家，華氏度仍然普遍使用。所以當你聽說某人高燒 100 多度的時候，千萬別以為他是被開水燙熟了腦袋，因為人家說的是華氏溫度。

　　之所以有那麼一堆奇奇怪怪的溫標，主要還是因為採用的測溫物質不同。水銀、酒精、石油可以作為液體溫度計，空氣可以作為氣體溫度計，金屬和電偶等可以作為固體電阻溫度計。各式各樣的溫度計五花八門，令人眼花繚亂。如此定義的各種溫度也嚴重依賴於測溫物質的物理屬性。

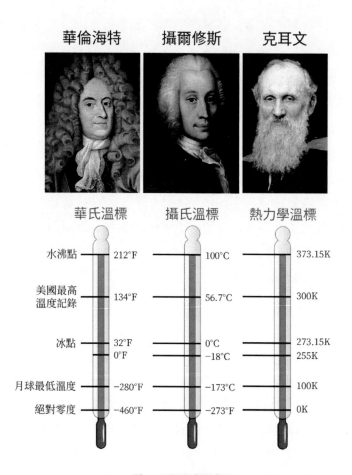

圖 7-2 不同溫標的對比

　　有沒有一種溫標，它可以不依賴於測溫物質，只由物理基本規律決定？

　　答案是肯定的。威廉・湯姆森，著名的克耳文勛爵從熱力學第二定律出發，提出以熱量作為測定溫度的工具，即把熱量作為溫度的唯一量度，就可以建立不依賴於任何測溫物質的溫標 —— 克氏溫標，亦稱熱力學溫標，符號為 K（克耳文，簡稱克）[4]。1954 年，國際計量大會正式規定，一個標準大氣壓下，水的固、液、氣三相點熱力學溫度為 273.16K[5]。如此，冰水混合物的溫度就是 273.15K（注意差了 0.01K），對應於 0℃。攝氏度和熱力學溫度之間換算只需要簡單加上 273.15 這個數字就可以了。為什麼，又

是這麼奇怪的一個數字？回去看 18 至 19 世紀關於氣體熱脹冷縮的研究就明白了。1787 年法國的查理（Jacques Charles）發現氣體每升高 1℃，定量氣體膨脹出的體積約為 0℃下體積的 1/269。後來 1802 年法國的給呂薩克精確測定這個膨脹率為 1/273.15。做個簡單的線性外推的數學運算，物理學家乾脆就把 0℃定義為 273.15K 了。在熱力學溫標下，溫度是採用物理學基本定律嚴格定義的，存在一個溫度的絕對零點，即 0K，稱之為絕對零度，也因此，熱力學溫度又稱為絕對溫度。在嚴謹的科學研究當中，一般都採用熱力學溫標來表現溫度大小（圖 7-2）。

以零為起點，溫度往上是無上限的。地球的平均溫度是人類適宜生存的，在 20 ～ 30℃。科學上，一般定義 300K（約 27℃）為室溫（room temperature），也正是我們喜歡的溫度環境。要是到太陽表面就熱得不得了，高達 6,000℃以上，至於牛郎星和織女星，更是「熱情」，接近 10,000℃！最火熱的年代，是我們宇宙誕生之初，衝到十億多攝氏度不是問題。歷經 138 億年到了今天，我們的宇宙平均溫度已經「冷靜」到了 2.7K，只殘餘一些微波背景輻射。在像太空這樣的低溫環境裡，人類是肯定會被秒殺的，只有一種叫做水熊蟲的小生物可以生存數小時 [6]。

有沒有一種可能，讓我們實現絕對零度？

答案當然是否定的。既然都說是「絕對的」零度，就永遠不可能實現。但是別著急，人類還是可以在實驗室無限逼近絕對零度的。換言之，絕對零度只是一個低溫極限，不可能實現，但可以逼近。

如何實現低溫？還是來看看我們生活裡最常用的物質 —— 水，就可以得到靈感。一杯熱氣騰騰的開水放不久就會變涼，除了因為空氣導熱之外，水蒸發成氣體也帶走了不少熱量。冬天裡下雪之後即使出太陽，也會感到更加的寒冷，是因為冰雪融化成水吸收了環境中的大量熱量（圖 7-3）。這告訴我們兩個事實：環境溫度導致了物體狀態的變化，反之，物體狀態的變化也可以改變環境的溫度。除了溫度之外，還有什麼能改變物體狀態？那就是壓力。你可聽說過 100℃的固態冰或 200℃的液態水？沒錯，這完全是有可

能的！主要是因為我們習慣了一個大氣壓的環境，以至於到青藏高原時都忘該帶壓力鍋煮飯。水的溫度 - 壓力相圖明確告訴我們，水有多種物質形態，只是在一個標準大氣壓下，冰點為 0℃罷了（圖 7-3）。只要壓力夠高，水蒸氣完全可以在 200℃下就轉化為液態水 [7]。繼續推論，只要壓力足夠，許多常壓下的氣體都可以被液化，如果再回到標準大氣壓（常壓），那麼這些液化氣的溫度就比室溫要低。常壓下各種氣體的沸點是很不一樣的，二氧化碳約為 195K，液化石油氣的主要成分乙烷是 169K，氧氣是 90K，氮氣是 77K（圖 7-4）。分離空氣中各種氣體的最佳辦法就是利用各種氣體沸點和壓力依賴關係不同，工業上用到大量的氮氣和氧氣就是這麼製備的。如果把這些液化的氣體進一步減壓或迅速氣化，就可以得到比其常壓沸點更低的溫度 [8]。

　　增加壓力來液化氣體的方法雖然簡單粗暴，但也算快速有效。然而，當人們試圖進一步液化其他氣體如氖氣、氫氣和氦氣的時候，遇到了前所未有的困難。原來，先前的氣體理論認為的都是「理想氣體」，即氣體分子間距是分子直徑的 1,000 倍以上，分子大小和相互作用可以忽略不計，所以氣體壓力和體積、溫度都成簡單的正比關係。但是，如果氣體分子被壓縮到一定程度，靠得太近的時候，分子本身的大小和分子之間的相互作用就不得不考慮了。1873 年，荷蘭萊頓大學的一篇博士學位論文解決了這個關鍵的物理問題，論文作者叫做范德瓦耳斯（Johannes van der Waals）（注：常被譯成凡得瓦或范德華，但人家真不姓「范」）。論文裡提出了一個新的「狀態方程式」，考慮到分子體積和相互作用，把氣體和液體當作一個可連續變化的共同體 [9]。如此簡潔優美的方程式被另一個理論物理大師 —— 馬克士威用一條論文注解所證明，范德瓦耳斯也因此聲名鵲起，並於 1877 年擔任阿姆斯特丹市立大學的物理系第一教授。

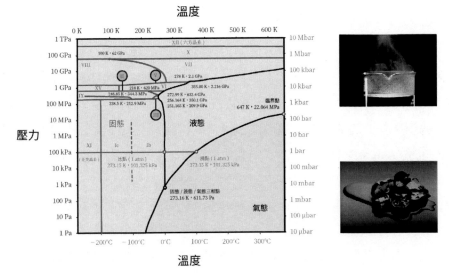

圖 7-3 水的溫度 - 壓力相圖；水變水蒸氣與冰融化成水
（孫靜繪製）

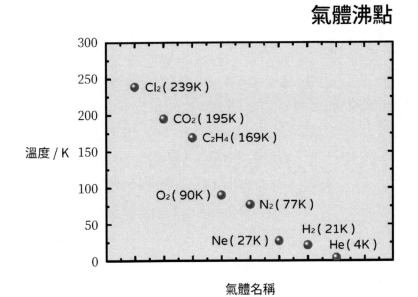

圖 7-4 常壓下各種氣體的沸點
（作者繪製）

　　如果大家還記得的話，是的，這所萊頓大學就是穆森布魯克發明萊頓瓶的地方！

　　優秀的學校總是能不斷湧現重大的科學發現。1882 年，實驗物理學家昂內斯進駐萊頓大學，並創建了歷史上最重要的低溫研究中心 —— 萊頓實驗室。他的首要目標，就是把最後未被液化的兩種氣體 —— 氫氣和氦氣液化，得到更低的溫度環境。昂內斯很幸運，實驗上，他改進了英國人詹姆斯・杜瓦（James Dewar）於 1880 年成功液化氧時發明的真空保溫裝置 —— 杜瓦瓶；理論上，他有校友范德瓦耳斯教授的指導（圖 7-5）。昂內斯花了 10 餘年時間在萊頓實驗室建成了大型的液化氧、氮和空氣的工廠，十年磨一劍，終於透過低溫下把高壓氫氣迅速膨脹，他於 1898 年獲得了液態氫，同年杜瓦也成功製備了液氫。液氫在常壓下沸點是 21K，如此低的溫度下，連氧都成了淡藍色的固體。但還有最後一個「懶惰」的氣體還「頑固不化」，那就是氦氣。氦氣是最輕的惰性氣體，它似乎有些清高孤傲，硬是不和別的元素發生相互作用，也難以被液化。但昂內斯有信心，因為他掌握了液氫這個祕密武器。利用液氫，他首先把氦氣冷卻到了 20K 左右的低溫環境，然後讓加壓的低溫氦氣流透過他設計的一系列複雜的管道「隧道」，每過一個節點就讓它體積迅速膨脹，溫度就低了一點。終於，1908 年 7 月 10 日那一天，昂內斯在萊頓實驗室觀察到了第一股透明的液氦[10]。液氦在常壓下沸點僅為 4.2K，創下了所有氣體沸點的低溫紀錄（圖 7-6）。昂內斯十分興奮地把消息分享給了范德瓦耳斯，實驗最終證明他的理論是十分成功的。這使得范德瓦耳斯於 1910 年獲得了諾貝爾物理學獎，物理學上也把分子之間相互作用力命名為凡得瓦力，以紀念他的傑出貢獻。

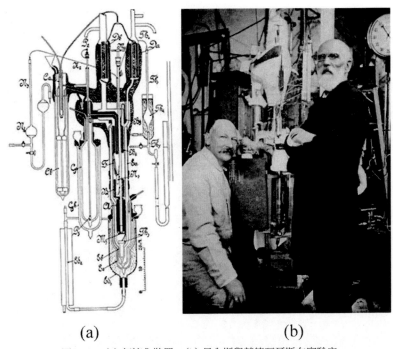

(a)　　　　　　　　(b)

圖 7-5　　(a) 氦液化裝置；(b) 昂內斯與范德瓦耳斯在實驗室

(a)　　　　　　　　(b)

圖 7-6　　(a) 昂內斯和同行在實驗室討論；(b) 萊頓大學的液氦紀念碑

　　液氦的發明讓低溫物理學進入了新篇章。液氦在常壓下 4.2K 沸騰，如果進一步節流製冷，可以達到 1.5K 左右的低溫。在如此低的溫度下，液氦還會展現出一種非常神奇的現象 —— 超流。這時氦雖然處於液態，但其中的氦原子之間幾乎不存在凡得瓦力，於是液氦就完全失去了黏性，它會借助容器壁的吸附力自行往上爬，再從容器外表面慢慢流到容器的底部，變成液滴，然後像眼淚那樣一滴一滴地落下（圖 7-7）[11]。低溫的世界，就是如此有趣！

　　低溫物理的研究，激發了人們對未知現象的強烈好奇。為此，科學家們先後努力嘗試各種辦法獲得更低的溫度。把 He-3 和 He-4 同位素混在一起，改變 He-3 的濃度，可以做到所謂「稀釋製冷」技術，將實現 10 mK（1 mK 等於千分之一克耳文）的低溫。利用六束雷射把原子束縛在「陷阱」裡，就像用無數個乒乓球從四面八方去轟擊振動的鉛球一樣，熱運動中的原子會逐漸「冷靜」下來，最終達到相當於 nK（十億分之一克耳文）的極低溫。實驗室創造的低溫紀錄由核絕熱去磁的技術所實現，即把原子核磁化，然後在絕熱環境下再退磁，原子核都要被「凍住」，這時原子核的溫度只有 0.1nK（百億分之一克耳文）左右 [12]（圖 7-8）。

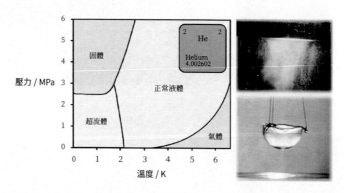

圖 7-7 He-4 的溫度 - 壓力相圖，常壓下液氦在 4.2K 沸騰，低溫下超流的液氦

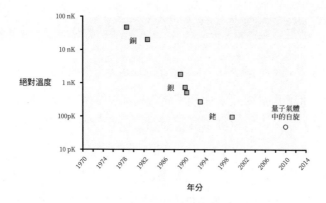

圖 7-8 實驗室創造的低溫紀錄 [12]

（孫靜繪製）

在不斷逼近絕對零度的過程中，人們除了發現超流這類神奇的物理現象外，還發現了許多新物質態。比如玻色 - 愛因斯坦凝聚態和分數量子霍爾效應等。前者指的是一些原子在極低溫下會「集體凍僵」到低能組態[13]，後者指的是電子在極低溫強磁場下會「人格分裂」成分數化的量子態[14]。可見，極度低溫下「凍一凍」會讓原本熱衷於東奔西跑的微觀粒子恢複本來的「健康」面目 —— 展現出極其複雜的量子行為（圖 7-9）。

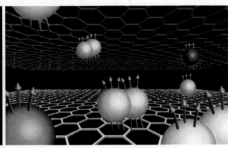

圖 7-9　（左）超冷原子的玻色 - 愛因斯坦凝聚圖；（右）分數量子霍爾效應
（來自布朗大學）

參考文獻

[1]　Lyons W A. The Handy Weather Answer Book[M]. Michigan, 1997.

[2]　Fahrenheit D G. Experimenta circa gradum caloris liquorum non-nullorum ebullientium instituta[J]. Phi. Trans. Roy. Soc., 1724, 33: 1-3.

[3]　Bolton H C. Evolution of the Thermometer[M]. Pennsylvania, 1900.

[4]　Lord Kelvin W. On an Absolute Thermometric Scale[M]. Phil. Mag, 1848.

[5]　Resolutions of the 10th CGPM[M]. Bureau International des Poids et Mesures, 1954.

[6]　https://en.wikipedia.org/wiki/Temperature.

[7]　Chaplin M. Water Phase Diagram[D]. London South Bank Universi-

ty, 2015.

[8] Reif-Acherman S. Liquefaction of gases and discovery of supercon-
     ductivity: two veryclosely scientific achievements in low temperature
     physics[J]. Rev. Bras. Ensino Fís., 2011, 33(2): 2601.

[9] van der Waals. Over de Continuiteit van den Gas-en Vloeistoftoe-
     stand[D]. Leiden, The Netherlands, 1873.

[10] Onnes H K. The liquefaction of helium[J]. Commun. Phys. Lab.
     Univ. Leiden, 1908, 108: 3-23.

[11] Grimm R. A quantum revolution[J]. Nature, 2005, 435: 1035-1036.

[12] Tuoriniemi J. Physics at its coolest[J]. Nat. Phys. 2016, 12: 11-14.

[13] Glanz J. 3 Researchers Based in U. S. Win Nobel Prize in Physics[N].
     The New York Times, 2001.

[14] Tsukazaki A, Akasaka S, Nakahara K et al. Observation of the frac-
     tional quantum Hall effect in an oxide[J]. Nat. Mat. 2010, 9: 889-893.

8 暢行無阻：超導零電阻效應的發現

在都市開車出門，最不想遇到的情況是什麼？肯定是塞車！

在微觀世界裡，電子穿梭在週期有序排列的原子「八卦陣」裡面，也會遇到碰撞甚至「塞車」的情況，用物理語言來說就是電子受到了散射。電子被不斷散射，能量就會發生損失，在宏觀上表現為存在電阻。微觀上電子把部分能量傳遞給了原子實，電子公路上的塞車，造成了原子們的躁動不安，微觀熱振動變得更加激烈了 —— 於是材料整體溫度上升開始「發燒」，這就是因電阻產生的焦耳熱 [1]。在某些情況下，焦耳熱有著重要的用途，比如白熾燈的工作原理就是電能轉化成熱能，讓燈絲在高溫下「白熱化」後發光的。但在更多情況下，焦耳熱會讓電能無辜損失掉。從發電廠到變電站，即便採用目前最高效的高壓交流輸電，電能的損失也約占 15%。可別小看這個百分比，這意味著，有相當一部分能源還沒真正用上就已經被浪費掉，且不說因此增加的種種環境汙染等問題。

如何讓電子在材料內部暢行無阻呢？或者說，是否有那麼一些「特殊情況」，電子公路可以一路暢通呢？物理學家一直在思考這個問題。

20 世紀初，經過百餘年的電磁學研究，人們已經非常清楚地了解到金屬材料的電阻隨溫度下降將會減小。理由很簡單：將材料整體降溫，讓原子們冷靜下來，這樣電子在不太變幻的「八卦陣」裡也許就可以迅速找到高速通道，儘量不損失能量全身而退 [2]。理想看似豐滿，現實卻總是比較骨感。不同的人看問題的角度不同，於是在預測更低溫度下金屬電阻的走向時，有了多種不同的觀點。大家普遍知道，金屬中電阻主要來源於兩部分，原子實熱振動對電子的散射和雜質／缺陷等對電子的散射。降溫只是讓原子振動變弱，但無法改變雜質／缺陷的存在。因此，1864 年，馬修森（Augustus Matthiessen）預言金屬電阻隨溫度下降到一定程度之後，將保持不變，即存在一個有限大小的「剩餘電阻」[3]。克耳文勛爵不太同意這個觀點，他認為在

足夠低的溫度下，電流中的電子也有可能被「凍住」而不能前進，導致金屬的電阻會迅速增加。我們在此姑且定義馬修森預言的材料叫「正常金屬」，而克耳文預言的叫「反常金屬」。低溫物理的先驅杜瓦和昂內斯則有另一種觀點，金屬的電阻隨溫度下降會持續穩定地減小，最終在零溫極限下變成零，成為一個沒有電阻的「完美導體」（圖 8-1）[4]。

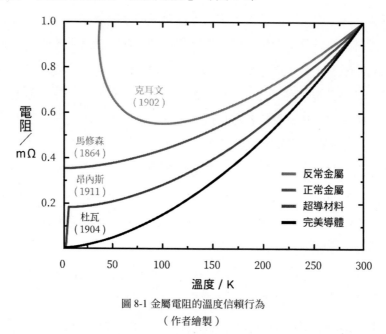

圖 8-1 金屬電阻的溫度信賴行為
（作者繪製）

　　理論這種東西，誰也說服不了誰，畢竟，實驗才是檢驗真理的唯一標準。只有實際測一測金屬電阻在低溫下的行為，才能知道理論有沒有問題。這個實驗的關鍵所在，就是低溫技術。

　　荷蘭萊頓大學的昂內斯，一直苦心經營著他的萊頓低溫物理實驗室，在 1908 年成功獲得液氦之後，他成為世界上第一個掌握 4K 以下低溫技術的科學家，奠定了下一個偉大科學發現的基礎（圖 8-2）。所謂近水樓臺先得月，昂內斯利用低溫物理技術這個祕密武器，緊鑼密鼓地開始驗證他和杜瓦關於金屬電阻的預言。由於金屬電阻本身就比較小，要精確測量其大小不能簡單採用我們現在在課本常出現的兩電極法，而是採用所謂四電極法：在材料

兩端用兩個電極通恆定電流，在材料中間再用兩個電極測電壓，電壓的大小
即正比於其電阻值。這種測量方式有效避免了電極和材料接觸電阻的影響，
至今仍然是小電阻的常用測量方法。實驗必須在低溫環境下進行，因此昂內
斯設計了一整套複雜的杜瓦瓶，帶有各種複雜的低溫液體（液氫或液氦）通
道來控制溫度[5]。起初，昂內斯採用了室溫下電阻率比較小的金和鉑作為實
驗材料，在測到 5K 以下低溫的時候，它們的電阻仍然沒有降低到零，而且
似乎保持到了一個有限的剩餘電阻，和馬修森的預言一致。三種觀點裡，初
步否定了克耳文關於低溫下金屬電阻會反而增加的預言（圖 8-2）[6]。

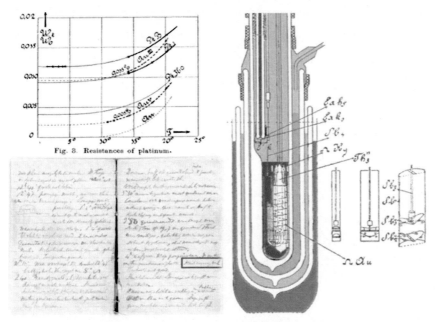

圖 8-2 昂內斯的實驗裝置與實驗筆記，圖中紅框即荷蘭語「金屬汞電阻幾乎為零」
（來自荷蘭布爾哈夫博物館）[8]

　　昂內斯的初步實驗結果並非與他和杜瓦的預言一致，他沒有停止實驗的
腳步，繼續思考「剩餘電阻」的來源。如果它完全是由材料內部的雜質或缺
陷造成，那麼在純度極高的金屬材料裡，剩餘電阻為零，低溫下電阻就有希
望持續降到零。問題是，上哪兒找這麼一個高純度金屬呢？

　　昂內斯想到了金屬汞，也就是我們俗稱的水銀。因為在室溫下，汞是液態金屬，就像熔化的銀子水一樣亮晶晶的。古人為水銀展現的奇特性質而著迷，相傳在秦始皇陵裡「以水銀為百川江河大海，機相灌輸，上具天文，以人魚膏為燭，度不滅者久之」。無數煉丹術士也把水銀當作重要材料之一，在中世紀煉金術中，水銀與硫磺、鹽合稱神聖三元素。實際情況是，汞屬於重金屬的一種，對人體有劇毒，是金丹裡致命的因素之一。汞在當今生活中最常見的用途就是體溫計，主要利用了它熱脹冷縮效應非常敏感且易於觀測。但是我們知道，水銀體溫計一旦打破存在很大危險。因為汞在室溫下就會蒸發，蒸發出的汞蒸氣吸入人體，會造成汞中毒。汞容易蒸發的物理性質使得汞燈得以發明，這類照明燈更加節能有效（圖 8-3）。也正是由於汞極易揮發，因此可以非常簡單地透過蒸餾的方法獲得純度極高的金屬汞，其汞含量高達 99.999999%，從化學上可認為是幾乎不含雜質的完美金屬。儘管汞在室溫下是液態，但只要冷卻到 -38.8℃就會凝成固態 [7]。這也讓實驗過程更加方便：在液態下把汞蒸餾進入布好電極的容器，冷卻到低溫後變成固體，同時又和電極形成了良好的電接觸，降低了測量的背景噪音等干擾因素。

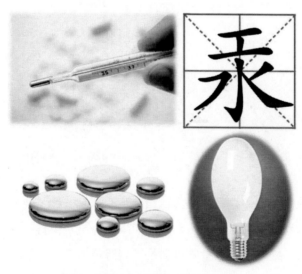

圖 8-3 金屬汞（水銀）、體溫計、汞燈
（作者繪製）

　　1911 年 4 月 8 日，荷蘭萊頓實驗室的工程師弗林（Gerrit Flim）、實驗員霍爾斯特（Gilles Holst）和多斯曼（Cornelius Dorsman），如往常一樣早上 7 點就來到實驗室準備測試汞在低溫下的電阻，同時用之前測量過的金作為參照樣品。11 點 20 分的時候，實驗室主任昂內斯過來察看液氦製冷情況。在中午時分，他們已經獲得了足夠的液氦並測量了它的電容率，確認低溫液氦並不導電 [8]。霍爾斯特和多斯曼在實驗室的另一個房間記錄汞和金的電阻值，在 4.3K 的時候，這兩個材料的電阻都是一個有限的數值（0.1Ω 左右）。隨著進一步蒸發液氦製冷到了 3K，下午 4 點 10 分，他們再一次測量汞和金的電阻值，發現汞的電阻幾乎測不到了，而金的電阻則仍然存在。昂內斯並沒有因為他的預言可能被驗證而欣喜若狂，他十分冷靜地分析了實驗結果。因為汞和金的結果相反，是不是測量過程出了問題？他們首先懷疑測量電路是否短路了，於是把 U 形管容器換成 W 形容器再一次重複了實驗，依然發現汞的電阻幾乎為零。接著他們又懷疑溫度控制是否不太穩定，實驗一直持續到深夜。並在隨後的數天裡霍爾斯特等人詳細測了汞的電阻隨溫度的變化，一個偉大的發現在不經意間出現：在液氦沸點 4.2K 以下的時候，汞的電阻確實突然降到了零，也即超出了儀器的測量精度範圍 [5]。1911 年 4 月底，昂內斯在一次學術會議上初步報導了他們團隊的實驗結果，隨後在 1911 年 5 月和 1911 年 10 月他們再次以更高精度的測量儀器重複了實驗，確認汞的電阻在 4.2K 以下降到了 $10^{-5}\Omega$ 以下。1911 年 11 月，昂內斯發表了題為〈汞的電阻突然迅速消失〉的論文，對物理學界報導了這一重大發現，並將該現象命名為「超導」，意指「超級導電」之意（圖 8-4 和圖 8-2）（注：昂內斯起初用德語命名為 supraconduction，後改為 supraconductivité，英文表述為 superconductivity）。隨後他們對金屬鉛和錫也進行了測量，發現他們各自在 6K 和 4K 也存在超導現象。發生超導現象時對應的溫度又叫做超導臨界溫度，簡稱超導溫度 [9]。

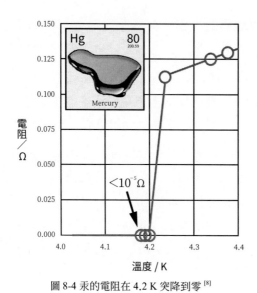

圖 8-4 汞的電阻在 4.2 K 突降到零 [8]
（作者繪製）

超導的發現震驚了當時的物理學界，因為大自然顯然不那麼喜歡按照人們推測來出牌。克耳文、馬修森、杜瓦、昂內斯對於「正常金屬」、「反常金屬」、「完美導體」的預言似乎都不完全正確，某些金屬的電阻在特定溫度以下就會突然降為零，而不需要一直到零溫極限下才會緩降為零。後來研究發現在略微有雜質的某些金屬裡面，超導現象依然存在，只是超導溫度有所變化，也就是說，超導與否和雜質散射沒有太大的關係。這為超導現象又蒙上一層神祕的面紗，吸引了眾多物理學家的關注。值得一提的是，後來更多的實驗證明，關於低溫下材料電阻的克耳文和馬修森預言其實都存在於現實中。一些材料如金、銀、銅、鈷、鎳等確實在低溫下不超導，它們的電阻趨於零溫極限時存在一個「剩餘電阻」。對某些金屬材料，如果摻入少量的磁性雜質，那麼在低溫下電子的運動除了受到電荷相互作用外，還會有磁性相互作用，其電阻會隨溫度下降反而上升，這些材料被稱為「近藤金屬」（注：近藤是人名）[10]。對於那些存在複雜磁性排列結構的材料而言，電子的運動將更加複雜多變，電阻隨溫度的變化也是千奇百怪，至今仍讓物理學家們頭痛。

關於超導時電阻是否真的為零，起初是一個極其有爭議的話題。因為昂內斯等只是發現汞的電阻在超導前後下降了 400 多倍，即超出了儀器的測量精確度範圍。從一個「測不到」的結果，到證實「它是零」，任務是非常困難的，畢竟任何儀器都存在一個有限的測量精確度。昂內斯本人一開始也傾向於認為超導態下的電阻其實是一個極小的「微剩餘電阻」。為了證明這

個「剩餘電阻」到底有多小，昂內斯和工程師弗林設計了一個閉合的超導環流線圈。他們採用了一個很簡單的物理原理──電磁感應現象：透過外磁場變化，在超導線圈裡感應出一個電流，然後撤掉外磁場並測量線圈內感應電流磁場的大小隨時間的衰減，對應電流大小的衰減，就可以推算出超導線圈裡的電阻有多大了。為了讓實驗現象更加直接，他們同時對稱放置了一個相同尺寸的外接穩定電流的銅線圈（不超導），兩個線圈中間放置一個小磁針（圖 8-5）。在初始時刻，調整銅線圈電流大小和超導線圈內感應電流大小一致，小磁針會嚴格地指向東西方向，接下來只需要觀測磁針什麼時候會發生偏轉，就知道超導線圈內電流有沒有衰減了。1914 年 4 月 24 日，昂內斯報導了他們的實驗結論，超導線圈內感應出 0.6A 的電流，一小時後，也沒有觀察到任何衰減現象[11]。一直到 18 年後的 1932 年（此時昂內斯已去世 6 年了），弗林還在倫敦努力重複這個實驗，他把電流加到了 200A，也沒有觀測到衰減現象。經過多年的實驗論證，人們最終確認超導體的電阻率要小於 $10^{-18}\Omega \cdot m$。這是什麼意思？目前已知室溫下導電性最好的金屬排名依次是：銀、銅、金、鋁、鎢、鐵、鉑，它們的電阻率在 $10^{-8}\Omega \cdot m$ 量級（圖 8-6），這也是通常採用銅或鋁作為金屬導線主要材料的原因（金銀太貴）。超導態下的電阻率還要比它們低了整整 10 個數量級！這意味著，在橫截面積 $1cm^2$、周長 1m 的超導線圈感應出 1A 的電流，至少需要一千億年才能衰減掉，這時間竟然比我們宇宙的年齡（138 億年）還要長[12]！因此，從物理角度來看，我們有充分的理由認為超導態下電阻的確為零。

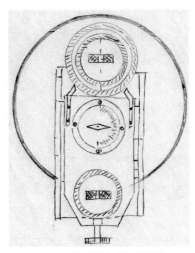

圖 8-5 超導環流實驗設計圖稿
（來自荷蘭布爾哈夫博物館）[8]

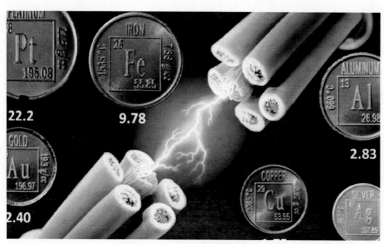

圖 8-6 幾種常見金屬的電阻率
（作者繪製）

荷蘭的理論物理學家保羅・埃倫費斯特（Paul Ehrenfest）對昂內斯等的實驗結果十分欣賞，讚譽超導環路裡的電流是「永不消逝的電流」，並提出一個新的實驗方案 [4]。萊頓實驗室最終在 3.0 mm×3.5 mm 的方形鋁導線裡實現了 320A 的大電流。需要特別注意的是，儘管超導體電阻為零，但並非透過的電流可以無限大，而是存在一個電流密度的上限，稱為臨界電流密度。一旦超導材料內電流密度超過臨界電流密度，那麼超導態將被徹底破壞，恢復到有電阻的常規導體態，同時伴隨焦耳熱的產生 [13]。不同材料的臨界電流密度不同，一般超導金屬或合金的臨界電流密度為 1,000 ～ 5,000 A/mm^2。尋找具有更高臨界電流密度的超導材料，是超導應用研究的重要課題之一 [14]。

昂內斯於 1913 年獲得諾貝爾物理學獎，獲獎理由是：「在液氦環境下開創性的低溫物理性質研究」，其中包括金屬超導和液氦超流這兩項重大發現。荷蘭萊頓大學的物理實驗室，也一度成為世界低溫物理研究中心。1926 年 2 月 21 日，昂內斯在萊頓去世，享壽 73 歲。1932 年，萊頓大學的物理實驗室更名為「卡末林・昂內斯實驗室」，以紀念他的卓越貢獻。在昂內斯的墓碑上刻有：「海克・卡末林・昂內斯教授／博士，1913 年諾貝爾物理學獎獲得者」以及他的生卒年月（圖 8-7）[15]。

　　超導的零電阻性質具有巨大的應用潛力，只要用電的地方，就可以用得上超導材料。超導電纜將提高電力傳輸容量並大大降低傳輸損耗，阻燃的超導變壓器將能夠確保電能輸送的安全，超導發電機將能提供高效的電力供應，超導限流器以及超導儲能系統將實現電網暫態故障的抑制並提高電能質量，輕量化超導電動機將能夠大大提高電動機運行效率（圖 8-8）。這些超導電力設備，為我們的生活帶來了多種便利。隨著超導技術的進步，全球超導電力技術大規模應用的時代即將到來。未來社會，超導材料必定是耀眼的材料之星！

圖 8-7 昂內斯獲得 1913 年諾貝爾物理學獎，右圖為他的墓碑

超導電纜　　　　　超導變壓器　　　　　超導發電機

超導限流器　　　　超導儲能　　　　　超導電動機

圖 8-8 超導材料的電學應用舉例

參考文獻

[1] Prokhorov A M et al. Great Soviet Encyclopedia (in Russian) 8[R].
     Moscow, 1972.

[2] Matthiessen A, von Bose M. On the influence of temperature on the
     electric conducting power of metals[J]. Phil. Trans. Roy. Soc. Lon.
     1862, 152: 1-27.

[3] Matthiessen A, Vogt C. On the Influence of Temperature on the Elec-
     tric Conducting-Power of Alloys[J]. Phil. Trans. Roy. Soc. Lon.
     1864, 154: 167-200.

[4] van Delft D, Kes P. The discovery of superconductivity[J]. Physics
     Today 2010, 63(9): 38-43.

[5] Onnes H K. Further experiments with liquid helium[J]. Commun.
     Phys. Lab. Univ. Laiden 1911, 119b-123a.

[6] Reif-Acherman S. Liquefaction of gases and discovery of supercon-
     ductivity: two veryclosely scientific achievements in low temperature
     physics[J]. Rev. Bras. Ensino Fís., 2011, 33(2): 2601.

[7] https://en.wikipedia.org/wiki/Mercury(element).

[8] de B. Ouboter R. Heike Kamerlingh Onnes's Discovery of Supercon-
     ductivity[J]. Scientific American, 1997, 03: 98-103.

[9] Onnes H K. Further experiments with liquid helium: the resistance of
     pure mercury at helium temperature[J]. Commun. Phys. Lab. Univ.
     Laiden, 1913, 133d.

[10] Kondo J. Resistance minimum in dilute magnetic alloys[J]. Prog.
     Theo. Phys. 1964, 32: 37.

[11] Onnes H K. Further experiments with liquid helium: the appearance
     of resistance in superconductors, which are brought into a magnetic
     field, at a threshold value of the field[J]. Commun. Phys. Lab. Univ.

Laiden 1914, 139f.

[12]　Planck C. Planck 2015 results. ⅩⅢ. Cosmological parameters[J]. Astronomy and Astrophysics, 2016, 594: A13.

[13]　London F, London H. The electromagnetic equations of the supraconductor[J]. Proc. R. Soc. London, Ser. 1935, A149: 71.

[14]　肖立業，韓朔，林良真·高溫超導磁體導體尺寸的優化選擇 [J]·低溫與超導，1994，22（2）：9·

[15]　https://en.wikipedia.org/wiki/Heike_Kamerlingh_Onnes.

9 金鐘罩、鐵布衫：超導完全抗磁性的發現

在武俠世界裡，「金鐘罩、鐵布衫」似乎可以鑄就銅身鐵臂，足以抵禦一切外力[1]。這些人體之間的攻防，對應到我們的物理世界裡，就展現為物體對外界干擾的一種響應。也就是說，一個物體置於某個外界干擾（稱之為「外力場」）下，它會根據內部結構的不同，而做出截然不同的響應方式。一個最簡單的例子，就是靜電感應現象，在靜電場裡的金屬材料，因為內部電荷的重新分布，會在表面感應出正電荷或負電荷，使得內部的電場變為零。那麼，如果將一個材料置於靜磁場之下，它會做出什麼樣的「攻防」呢？

最早研究這個問題的，就是我們在〈秩序的力量〉一節提到的法國物理學家皮埃爾・居禮。居禮的聰明勤奮眾人皆知，18 歲獲得碩士學位，23 歲就當上了巴黎市立理化學校的實驗室主任，隨後 12 年的漫長攻讀博士學位期間，他主要就是在研究物質的磁性問題。居禮發現物質對外磁場的相對反應 —— 磁化率和溫度成反比關係，由此被命名為「居禮定律」。後來另一位物理學家皮埃爾・外斯發現大部分材料裡面，這個反比關係應該在某個特定溫度以上才會出現，於是在分母上減去了一個居禮溫度項，這個定律便改名為居禮 - 外斯定律。居禮和外斯的研究告訴我們，對於大部分材料而言，它的磁性對外磁場的反應是「低眉順眼」型的，溫度越低表現越順從，物理上把這類典型磁現象叫做「順磁性」[2]。頗像武功裡的北冥神功，將外力吸收化為己有。

遺憾的是，皮埃爾・居禮 46 歲（1906 年）那年飛來橫禍，被馬車撞死，留下了瑪里・居禮和兩個年幼的女兒。瑪里・居禮一時難以抑制內心的悲痛，後來在皮埃爾一位學生的悉心照料下才慢慢緩過來。這位學生叫保羅・朗之萬（Paul Langevin），比導師皮埃爾・居禮小 13 歲，比師母瑪麗・居禮小 5 歲。朗之萬於 1902 年在皮埃爾・居禮指導下獲得博士學位，並於 1905 年嘗試發展導師關於物質磁性的微觀解釋。在無外磁場時，物質中原子的磁

矩是雜亂無章的，所以整體不顯磁性；有外磁場時，原子的磁矩會在磁場作用下傾向於和磁場方向一致排列，從而出現順磁性，外磁場越強，順磁強度就越大。然而，細心的朗之萬發現除了順磁性之外，幾乎所有的材料還應該同時具有「防禦」外磁場的能力 —— 稱之為「抗磁性」。這是因為外磁場會讓原子內部電子發生額外的進動，電子因運動產生的軌道磁矩會被削弱，原子整體產生一個和外

圖 9-1 （從左到右）愛因斯坦、埃倫費斯特、朗之萬、昂內斯、外斯在昂內斯位於荷蘭萊頓的家中（來自維基百科）

磁場相反的磁矩變化，即每個原子本身就會「抗拒」外磁場，而且這個原子的抗磁性是與外部磁場和溫度無關的 [3]。朗之萬的研究奠定了他在物理學界的地位，博士畢業後不久就成為法蘭西學院的物理學教授，與當時的大物理學家愛因斯坦、埃倫費斯特、昂內斯、外斯等交往甚密（圖 9-1）。而與美麗又孤獨的瑪里·居禮師母走得越來越近，也為朗之萬帶來不少緋聞。在當時最著名的國際物理學會議 —— 索爾維會議上，經常可見瑪里·居禮和朗之萬的身影。例如著名的 1927 年第五屆索爾維會議，集齊了創立量子力學和相對論的人類頂級智慧大腦，位於合影人群中心的愛因斯坦右二為瑪里·居禮，左一就是朗之萬（圖 9-2）。儘管朗之萬有心不懼世俗的目光，但卻難免被他的妻子在報紙上當眾羞辱，最後整個家不歡而散，緋聞也止步於傳言。有意思的是，瑪里·居禮的女兒伊雷娜·約里奧 - 居禮（Irène Joliot-Curie）再度勇敢選擇了朗之萬作為導師，並為居禮一家捧來第三個諾貝爾獎。時隔多年後，瑪里·居禮的外孫女伊蓮娜終於和米歇爾·朗之萬結為連理，後者正是保羅·朗之萬的嫡孫。一段大科學家之間的情感糾葛，就像情節跌宕起伏的武俠故事一樣，前後跨越 50 年，終成圓滿結局 [4]。

圖 9-2　1927 年第五屆索爾維會議「電子與光子」參會科學家合影，
愛因斯坦右二為瑪里・居禮，左一為朗之萬

　　不過，原子的抗磁性是材料中「防」外磁場的低級功夫，輕鬆可破。因為從微觀上來說，原子的順磁性主要來自電子自旋磁矩的貢獻，抗磁性則主要來自電子軌道磁矩的貢獻，前者一般要比後者大得多，所以許多材料中抗磁性難以展現。不過，在惰性氣體和金、銀、銅等金屬單質中都具有抗磁性，而食鹽、水以及絕大多數有機化合物呈現出很強的抗磁性 [5]。為了驗證水和有機化合物的抗磁性究竟有多強，充滿好奇心的荷蘭物理學家安德烈・蓋姆（Andre Geim）在他的強磁場實驗室進行研究。他把一隻活的青蛙放進了 20 特斯拉的強磁場中，然後神奇魔法出現了 —— 青蛙因為抗磁性而被磁懸浮起來 [6]。蓋姆因為他的神奇實驗獲得了 2000 年的「搞笑諾貝爾物理學獎」，這卻不是他最後一次拿「諾貝爾獎」。2010 年，正宗諾貝爾物理學獎被授予給蓋姆，獲獎理由是他的另一傑作 —— 用膠帶「手撕」石墨獲得

了單原子層的「石墨烯」。無獨有偶，中國的「瘋狂」科學家利用超音波技術，也研究起各種懸浮現象，實驗對象包括各種小昆蟲、蝌蚪、小魚[7]。美國太空總署的科學家更是超級瘋癲地把一隻 10 克重的活白鼠用磁力懸浮起來[7]！或許科學就是要靠這種「玩」的心態，才能解開思維樊籠的束縛，得到重大的發明或發現（圖 9-3）。如今，人造磁鐵材料釹鐵硼合金的磁場強度足以達到 1 特斯拉，許多五金行都有賣。或許你可以試試，用磁鐵是否可以隔空推動一小塊黃瓜或番茄。

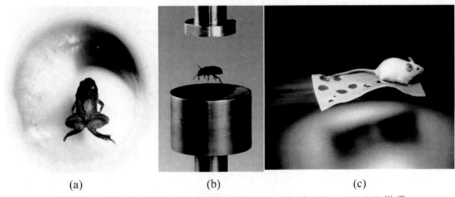

(a)　　　　　　　　　　(b)　　　　　　　　　　(c)

圖 9-3　　(a) 青蛙磁懸浮；(b) 昆蟲超音波懸浮；(c)「飛毯」上的白鼠[6],[7]
（來自 Wikicars 及 Live Science）

在金屬材料中，存在著大量可以自由奔跑的電子，因此，金屬中的傳導電子順磁性和抗磁性有著許多特殊的地方。一般來說，金屬中順磁性要比抗磁性強 3 倍，磁化率和溫度無關。要理解清楚其物理根源，光用朗之萬基於經典物理框架的圖像是不夠的，必須用到高一層次的「武學造詣」——量子力學。兩位偉大且絕頂聰明的理論量子物理學家——包立和朗道（Lev Landau）給出了非常直觀的解釋。按照包立的理解，材料內部的電子本來是對稱分布的：自旋向上和自旋向下的電子數目相等，所以在沒有外磁場情況下不顯磁性；但是一旦引入外磁場，這種平衡就被打破了，自旋沿著磁場方向的電子數目將增加，而自旋和磁場方向相反的電子數目將減少，導致整體沿著磁場存在一個順磁的磁矩，這被稱為金屬的「包立順磁性」（圖 9-4）[8]。朗道

從電子運動方式分析，在磁場影響下電子的迴旋運動會出現能量量子化——朗道能階，從而金屬導體整體能量會隨著外磁場強度週期性規律變化，相應出現抗磁性的特徵，這被稱為金屬的「朗道抗磁性」[2]。在量子化的朗道能階影響下，隨著外磁場的增加，金屬的磁矩、電阻、比熱等物理性質會出現「量子振盪」行為[9]，又按照發現者名字被命名為德哈斯 - 范阿爾芬效應（De Haas-van Alphen effect）和舒勃尼科夫 - 德哈斯效應（Shubnikov–de Haas effect）等[10]。在量子振盪行為中，隱藏著許多尚待發現的物理原理，至今仍有諸多物理學家為揭謎而努力（圖 9-5）。

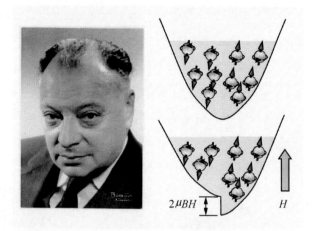

圖 9-4 包立與金屬順磁性
（孫靜繪製）

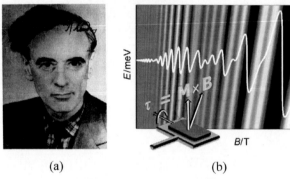

(a)　　　　　　　　　(b)

圖 9-5 朗道與量子振盪效應[9]
（來自 PSSB）

正如武學中功夫層層遞進、上不封頂一樣，關於金屬磁性的物理起源深入探索遠遠沒有結束。隨著許多新的物理現象不斷被發現，理論的概念也在不斷更新，人們對材料中電和磁現象的認知也越來越豐富。武林派別，只會越來越多，越來越怪。

1911 年，與朗之萬、包立等齊名的實驗物理學家昂內斯發現了超導的零電阻現象。任何人只要稍微翻閱電磁學發展史，就可以從奧斯特、安培、法拉第、馬克士威、赫茲等的研究發現，凡是存在某些電現象，必然同時伴隨著特定磁現象。電和磁，如同雞蛋同源一樣，密不可分。遺憾的是，當時許多物理學家或忙於尋找更多具有零電阻特性的超導材料，或忙於證明零電阻確實是零電阻，或仍然在搜尋可能的「理想導體」（如杜瓦和昂內斯預言的純淨金屬電阻會緩慢連續地在低溫下降為零）。關於超導體的磁效應實驗，遲遲未能開展。

11 年後的 1922 年，著名量子力學奠基人馬克斯・普朗克（Max Planck）的弟子瓦爾特・邁斯納（Walther Meissner）跟隨昂內斯等人的腳步，在德國著手建立當時世界第三大氦氣液化器，並於 3 年後完成。掌握了基於液氦的低溫物理技術，邁斯納也投入了當時剛剛風行起來的超導研究。又過了 11 年，於 1933 年終於實現了突破。邁斯納和他的學生羅伯特・奧克森菲爾德（Robert Ochsenfeld）在對金屬球體做磁場分布測量時發現，在磁場中把錫或鉛金屬球冷卻進入超導態時，磁力線似乎一下子從球內部被「清空」（圖 9-6）。由於他們無法直接測量超導內部磁場的變化，只間接從內外磁場相反變化行為推斷，超導體內部的磁感應強度為零，磁力線會繞開超導體跑（圖 9-7）[11]。

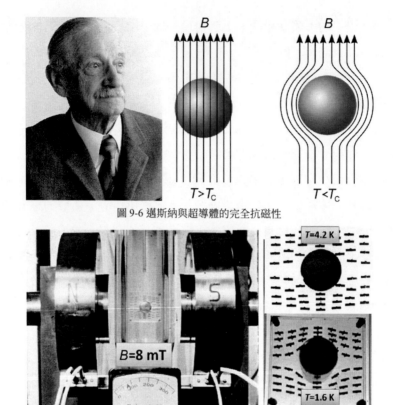

圖 9-6 邁斯納與超導體的完全抗磁性

圖 9-7 實驗觀測金屬錫的邁斯納效應

　　於是，和零電阻效應相媲美，超導材料的電磁效應又多了一個零——內部的磁感應強度也為零！超導體的完全抗磁性又被命名為邁斯納效應。讓邁斯納青史留名的是一篇極短的半頁紙論文，裡面沒有公式，沒有圖標，只有簡短的一些描述他們觀測到實驗現象的文字，以及最後邁斯納和奧克森菲爾德的署名。由此可見，優秀的研究有時並不需要長篇累牘來解釋，短小精悍地解決關鍵問題最重要！邁斯納的研究發表之後，後人對超導體的磁性進行了進一步的研究。他們發現無論是先降溫到超導態再加磁場，還是先加磁場再降溫到超導態，都無法改變最終的事實——磁感應強度在超導體內部為零，低溫下撤掉磁場後仍為零，即超導體的完全抗磁性是和超導緊密連繫在一起的。這需要與所謂「理想導體」特別區分，因為理想導體還是具有普

通金屬特徵，儘管先冷卻再加磁場會使得內部磁感應強度為零，但是若先加磁場後冷卻的話，磁力線則會穿透材料內部，最後撤掉磁場時，材料會發生磁化效應而產生磁性（圖 9-8）[12]。正因為如此，邁斯納效應告訴我們，超導體並不簡單地等於「理想」導體，它具有特殊的電磁性質。

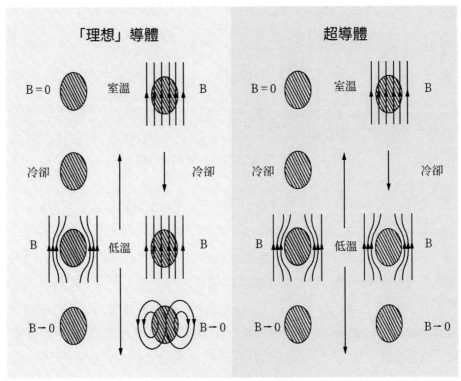

圖 9-8 「理想」導體與超導體的磁性的區別 [12]
（來自張裕恆著《超導物理》）

因此，同時具有零電阻效應和完全抗磁性兩個獨立的物理性質的材料，才可以被嚴格地稱為超導體。正如前面所提及的，食鹽、水甚至青蛙等都存在一定的抗磁性，但它們絕對不是超導體！超導體的完全抗磁性，要遠比電子軌道磁矩變化引起的抗磁性大得多，是目前發現的最強抗磁性現象 [13]。就像少林絕技「金鐘罩、鐵布衫」一樣，超導材料一旦降溫進入超導態，就能完全抵禦外磁場的入侵做到全身而退，可謂是頂級功夫！

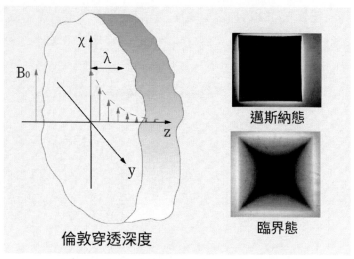

圖 9-9 倫敦穿透深度與磁場進入超導體內部情況
（孫靜繪製）

　　不過，話說回來，「天下武功、無堅不摧」，再厲害的武器，也頂不住
金剛鑽。超導體對磁場並非是百分百「免疫」的，即使在邁斯納態，磁場也
可以進入超導體表面和邊緣處。隨著外磁場強度的增加，磁場穿透的深度也
會越來越大，最終奪占整個超導體，超導性能完全消失。這一現象於 1935
年由倫敦兄弟（Fritz and Heinz London）提出，因為超導體內部磁感應強度
為零，對馬克士威方程組稍加修改就可以得到新的描述超導電磁特性的方程
式，稱為倫敦方程式[14]。由倫敦方程式可知，磁感應強度在進入超導體之後
指數衰減，其穿透深度又稱為倫敦穿透深度，至今仍是描述超導材料的一個
重要物理參數。完全破掉超導體的「金鐘罩、鐵布衫」武功，只需要足夠強
的磁場，就能讓其抵達臨界態，最終完全崩潰成正常態（圖 9-9）[15]。

　　那麼，超導體的完全抗磁性有多強大呢？超導體在不同強度磁場下會有
什麼具體表現？超導體受限於哪些臨界參數？不急，下節將為您詳細分解。

參考文獻

[1]　金庸・金庸小說全集［M］・北京：三聯書店，1994・

[2]　Kittel C. Introduction to Solid State Physics[M]. 8th Edition, Hoboken: Wiley, 2005.

[3]　Mehra J, Rechenberg H. The Historical Development of Quantum Theory[M]. Springer, 2001.

[4]　邢志忠・朗之萬的師生情［J］・科學世界，2014，7・

[5]　Jackson R. John Tyndall and the Early History of Diamagnetism[J]. Annals of Science, 2015, 72(4): 435-489.

[6]　Geim A. Everyone's Magnetism[J]. Physics Today, 1998, 9: 36-39.

[7]　Charles Q. Choi. Mice Levitated in Lab[N]. Live Science, 2006-11-29 (http://www.livescience.com/5688-mice-levitated-lab.html); Scientists Levitate Small Animals[N]. Live Science, 2009-09-09 (https://www.livescience.com/1165-scientists-levitate-small-animals.html).

[8]　Nave C L. Magnetic Properties of Solids[J]. HyperPhysics, 2008 (http://hyperphysics.phy-astr.gsu.edu/hbase/Solids/magpr.html).

[9]　Wilde M A et al., Spin-orbit interaction in the magnetization of two-dimensional electron systems[J]. Phys. Status Solidi B, 2014, 251(9): 1710-1724.

[10]　Shubnikov L V, de Haas W J. A new phenomenon in the change of resistance in a magnetic field of single crystals of bismuth[J], Nature, 1930, 126: 500.

[11]　Meissner W, Ochsenfeld R. Ein neuer Effekt bei eintritt der Supraleitfähigkeit[J]. Naturwissenschaften, 1933, 21: 787.

[12]　張裕恆・超導物理［M］・合肥：中國科學技術大學出版社，1997・

[13]　章立源・超越自由：神奇的超導體［M］・北京：科學出版社，2005・

[14]　London F, London H. The Electromagnetic Equations of the Supra-conductor[J]. Proc. Roy. Soc., (London), 1935, A155: 71.

[15]　http://www.mn.uio.no/fysikk/english/research/groups/amks/super-conductivity/mo/.

10　四兩撥千斤：超導磁浮的基本原理

　　有句話說：「溫飽思哲學，哲學生物理」，古希臘繁榮的物質文明不僅催生了「科學和哲學之祖」泰利斯，還湧現出如蘇格拉底、柏拉圖、亞里斯多德、德謨克利特等多名哲學家。哲學（philosophy）在希臘語裡是Φιλοσοφία，意指「愛好智慧」，和探索萬物之理的物理學頗有淵源。實際上，物理學一詞（physics）就起源自亞里斯多德的一本同名著作（希臘語Φυσική），是哲學一詞的變體[1]。古希臘最有名的物理學家，當屬「力學之父」——阿基米德，他在幾何學、力學、天文學都做出了非常偉大的貢獻。有關阿基米德的科學故事，總是充滿濃濃的哲思。比如他在泡澡時頓悟了浮力原理，然後大喊「ερηκα」（英文 eureka，即「找到了」）裸奔上街，簡直是哲學家一般的行為藝術[2]。阿基米德對他從事的力學研究充滿自信，曾豪言壯語道：「給我一個支點，我可以撐起整個地球！」這句話從物理原理上來說看似沒有錯誤，但要真正實現卻純屬痴人說夢。阿基米德顯然沒搞清楚地球到底有多大——它可是一個平均直徑 12,742 公里、總重量約 $6×10^{24}$ 公斤的大傢伙！假設阿基米德是個體重 100 公斤的胖子，而且他還能不知從何處找到一根無比堅韌、無比纖長、無比輕巧的槓桿，加上一個無比堅實的支點。阿基米德在桿這頭，地球在桿那頭，都屬於同一平直時空。那麼，阿基米德要把地球移動 1 毫米，需要跑多遠？$6×10^{19}$ 公尺，折合天文單位約為 6,300 光年[3]！可憐的阿基米德，如果要從實驗上驗證他的理論，至少要以光速奔跑 6,000 餘年，天曉得要穿越到未來什麼時代，更別提誰還能注意到把地球移動 1 毫米前後的區別。何況就是他想這麼做，老天爺也不忍心折磨他。西元前 212 年，古羅馬軍隊攻陷敘拉古城，工作中的阿基米德被某無名士兵捅了一劍，時年 75 歲，卒。難不成，阿基米德的槓桿宣言，就這樣終結在哲學層面？細觀阿基米德撐起地球的姿勢，你或許還能領悟到另一層面的「哲學意義」。阿基米德握拳揚起的左手和斜斜下壓的

右手，神似太極拳中的一招「白鶴晾翅」（圖 10-1）。太極拳術講究借力使力和「四兩撥千斤」，這或許就是阿基米德的槓桿原理的精髓 —— 不怕力小，只要原理恰當，用巧了可有大智慧。

圖 10-1 阿基米德「四兩撥千斤」之術
（孫靜繪製）

哲學歸哲學，武俠歸武俠，我們自己的現實生活中，有沒有那麼一種可能，實現「四兩撥千斤」呢？有，肯定有！

2011 年年初，日本女孩林奈津美在東京各個角落拍了一組名為「今天的浮游」照片。照片中的她不借助任何支撐，整個懸浮在空中，彷彿具有自我漂浮的力量。「東京漂浮少女」的名號，從此紅遍網路 [4]。女孩的祕訣在於單眼相機的縮時攝影和不斷地奔跑跳躍騰空，其實和印度街頭僧人或魔術師們表演的「人體懸浮術」如出一轍，都是視錯覺，僅此而已。

不過，別灰心，懸浮並不是不可能。

如上一節裡講到，超音波可以讓小昆蟲甚至小魚懸浮起來，強磁場可以讓青蛙懸浮起來。借助科技的力量，就可以創造奇蹟！我們知道，電場和磁場的存在，可以讓物體在不發生直接接觸的情形下，就產生相互作用。磁鐵

的南極和北極相吸，同極則相斥。如果精細設計磁鐵的形狀，讓磁性底座產生足夠強的斥力，使另一個帶有磁性的物體穩定地懸浮起來，就實現了「磁浮」。早在 1922 年，德國工程師赫爾曼‧肯佩爾（Hermann Kemper）就提出了電磁懸浮原理。如今，這種磁懸浮早已不稀奇，在各大網路電商平臺都可以輕鬆找到諸如「磁浮地球儀」、「磁浮音響」等產品，而且價格不貴。俄羅斯的 Kibardin Design 工作室甚至異想天開發明

圖 10-2 磁浮地球儀、音響和滑鼠
（來自網路和 Kibardin Design）

了一種「磁浮滑鼠」，它不僅無線，而且可以浮在半空中，電腦又多了一種酷炫玩法（圖 10-2）[5]。磁浮的力量是很強大的，利用磁鐵線圈，可以產生幾個特斯拉的磁場，足以把整個列車懸浮起來，有效克服了軌道摩擦帶來的阻力，讓列車可以跑得更快。2003 年 1 月，開往上海浦東機場的高速磁浮列車正式運營，跑完全程 30 公里只需 8 分鐘。2016 年 5 月 6 日，世界上最長的中低速磁浮運營線在中國長沙開通。2017 年 12 月 30 日，北京門頭溝的磁浮 S1 線開通 [6]。磁浮列車技術，正在不斷蓬勃發展。也許您注意到了，現有的大多數磁浮列車速度都還不算快，頂多和高鐵差不多（300 公里／時）。這主要是因為採用常規導體電磁鐵的磁浮軌道造價昂貴，穩定性、可靠性、能動性都尚待改進，開快了容易失控，弄不好就要釀出車毀人亡的慘劇。這也是在發展高速鐵路運輸時首選電動車組的高鐵，而沒有大力推廣常規磁浮列車的主要原因之一。

　　常規導體做成的電磁鐵還具有電阻，耗電量大且存在嚴重的發熱效應，能產生的磁場強度也十分有限，這都極大地限制了其應用。然而，倘若換成超導體，那效果將大有不同。超導體電阻為零，根本不存在任何電損耗和熱效應，一旦在超導線圈通電並閉合，電流將持續穩定地存在於線圈內，節約了大量能源。超導體具有完全抗磁性，一旦進入超導態，外磁場的磁通線將通通排出體外，從而對外磁場存在最強大的斥力。如果外磁場因超導抗磁性對其產生的作用力足以平衡超導體的自身重力，那麼就可以實現超導磁浮 [7]。超導磁浮有多強？一塊不到一平方公尺見方的超導小板可以輕鬆懸浮起一個十幾歲的小孩！這，才是名副其實的「四兩撥千斤」頂級武功！超導的力量，不容小覷（圖 10-3）。

圖 10-3 超導磁浮
（來自 phys.org 及 supraconductivite.fr）

　　可是，為什麼現有的磁浮列車不都採用強大的超導技術呢？原因有多個方面。其一是超導往往需要很低的溫度才能實現，比如金屬汞，臨界溫度僅有 4.2K，如此低的溫度只能依賴液氦來維持。氦氣作為稀有氣體，目前只能從天然氣或鈾礦石裡提取。物以稀為貴，用於維持低溫環境的液氦消耗遠遠大於超導節約下來的電能消耗，這種賠本買賣不好做。其二是超導體雖然電阻為零，但其能夠承載的電流並非可以無限大，電流密度存在一定上限。一旦超過這個閾值，超導體會瞬間恢復到有電阻的正常態，然後迅速發熱，導致周圍液氦急遽沸騰，設備即刻失效，且存在安全風險。其三是超導體雖

然具有完全抗磁性，也並非是「金剛不壞之身」，其承受的磁場強度也同樣存在一定上限。超過磁場上限，超導體同樣會恢復到有電阻的正常態，危險依然存在。這意味著，要想超導體為我們安全穩定地服務，必須在足夠低的溫度、不太大的電流、不太強的磁場下才可以，這三個方面的閾值分別稱為超導體的臨界溫度（T_c）、臨界電流密度（J_c）、臨界磁場（H_c）。三者共同構成了超導體的三維「臨界曲面」，只有在臨界曲面內，超導態才可以穩定地存在，這就是制約超導應用的關鍵因素（圖 10-4）[8]。

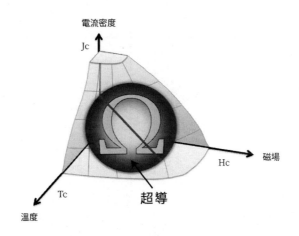

圖 10-4 超導的臨界參數和臨界曲面
（作者繪製）

　　磁場攻破超導體的「金鐘罩、鐵布衫」之功的方式多種多樣。整體來說，可以根據不同磁場／溫度下材料的行為，將超導體分成兩大類：第 I 類超導體和第 II 類超導體（注：I 和 II 為羅馬數字）。第 I 類超導體只有一個臨界磁場 H_c，H_c 隨溫度升高而減小，當外磁場大於 H_c 時，無電阻且完全抗磁的超導態就會恢復到有電阻且磁場全穿透的正常態。第 II 類超導體存在兩個臨界磁場：下臨界磁場 H_{c1} 和上臨界磁場 H_{c2}，兩者之間是混合態。混合態中，外磁場可以進入到超導體內部，完全抗磁性被破壞。但是外磁場並不是全部穿透，而是以一個個量子化的磁通進入的，磁通量子之外仍然存在許多超導電流通道，零電阻態仍然存在。混合態是超導材料特有的狀態，只有

外磁場超過上臨界磁場 H_{c2}，零電阻態才會徹底被破壞，恢復到有電阻且磁全穿透的正常態（圖 10-5）。常見的第Ⅰ類超導體有汞、鉛、錫、鋁等單質金屬。目前發現的大部分超導材料都是第Ⅱ類超導體，包括部分單質如鈮、釩等，部分金屬合金、金屬化合物、氧化物等。從超導材料對外磁場的響應，也即磁化曲線的行為就可以判斷出屬於哪類超導體。理論上，可以透過超導相和正常相之間表面能來嚴格區分，第Ⅰ類超導體表面能為正，第Ⅱ類超導體表面能為負 [9]。

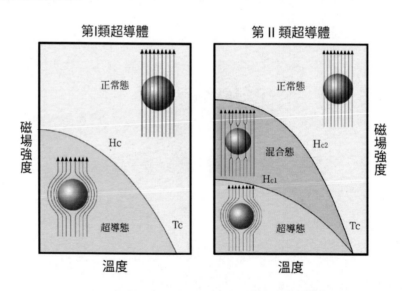

圖 10-5 超導體的分類：第Ⅰ類超導體和第Ⅱ類超導體
（作者繪製）

　　利用磁光效應，可以直接觀察到磁通線是如何進入超導材料內部的。注意對於Ⅰ類超導體而言，儘管沒有混合態，但是由於邊界效應，磁場在足夠強的情況下也是可以滲入體內的。不同的是，它將在內部形成分層的正常相＋超導相結構，內部磁通線就像樹枝一樣逐漸生長出來，這種狀態又稱為「中間態」（圖 10-6），和Ⅱ類超導體中的混合態有著本質的不同。對於Ⅱ類超導體而言，磁場在混合態下的分布形式必須是一個個磁通量子。就像一個電子攜帶一個基本電荷一樣，一個磁通量子具有的磁通量為 $\Phi_0 = h/2e$（約

2×10^{-15}Wb），是磁通量的最小單位，僅受量子力學基本原理的限制。在磁光技術或掃描穿隧顯微鏡下，可以直接「看」到磁通量子在超導體內的分布（圖 10-6）。大部分情況下，它們的分布並不是雜亂無章的，而是形成一個個四方或三角形排列的格子。在某些溫度／磁場區間，量子磁通格子也會發生融化，磁通量子會出現釘扎、跳躍、蠕動、流動等多種行為，這些統稱為超導體的磁通動力學。理解磁通動力學的行為對 II 類超導體的應用研究極其重要，畢竟絕大多數情形下都是有外磁場存在的 [10]。

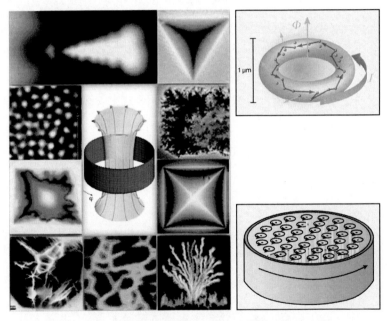

圖 10-6 （左）超導體內的磁場穿透；（右）磁通量子與磁通格子
（來自賓州州立大學）

　　一般來說，I 類超導體的 H_c 不高，儘管它們具有完全抗磁性，原則上也可以用於實現超導磁浮，卻和常規導體磁浮具有同樣的缺點 —— 穩定性和可靠性較差。況且 I 類超導體的 T_c 也很低，實際應用成本要高不少。因此，超導磁浮實際上都是採用 II 類超導體來實現，它們的下臨界磁場 H_{c1} 比較小，基本上都是混合態下用於懸浮技術。超導體在不均勻的磁場背景下降

溫進入混合態，磁場的分布狀態被超導體牢牢鎖定，以不均勻密度的磁通形式分布在內部，超導體就記憶住了它和磁體軌道之間的初始距離，不想靠近或者遠離，因此能夠及時 hold 住重力，實現穩定可靠的磁浮 [11] —— 這才是超導磁浮的不可替代優勢！確實，演示實驗中的超導磁浮小車既能夠在磁鐵軌道上方懸浮運動，也能在軌道側面、甚至下面「懸掛」運動，發生脫軌的風險大大降低。日本從 1970 年代開始從常導型轉向對超導型磁浮列車的研究。1972 年 12 月就達到實驗時速 204 公里／時，1982 年 11 月成功進行載人實驗，1995 年時速高達 411 公里／時。2015 年 4 月，日本 JR 超導磁浮列車測試速度進一步提升到 603 公里／時，並計畫在不久的將來正式投入營運 [12]。1994 年 10 月，西南交通大學建成了首條磁浮鐵路實驗線，並於 2000 年進行了載人實驗，2014 年 5 月開展了首個真空管道的高速磁浮實驗，並於 2020 年建成了首臺高速超導磁浮樣車。理論上，真空管道裡的超導磁浮列車速度有可能達到 3,600 公里／時，是民航客機速度的 3 ～ 4 倍，但在實驗上還有很長的一段路要摸索（圖 10-7）[13]。在如今日新月異的科技時代，超高速的超導磁浮，也許並不只是夢想。

圖 10-7 高速行駛的超導磁浮列車
（來自 phys.org）

　　以超導線圈為基礎的超導磁體是超導電磁應用的另一個重要方面。如前面提到，超導體電阻為零，迴路中通入電流後沒有電能和熱能損耗，其承載的電流密度比常規超導要大得多。因此，超導線圈有體積輕小、消耗低、磁場穩定度和均勻度高等優點，已經在醫療衛生、科學研究、工業生產等多方面有重要應用。比如，高解析核磁共振造影儀的關鍵在於磁場的強度和均勻度，如今各大醫院核磁共振儀很多都採用超導磁體，大大提高影像清晰度和解析度。如果實現 14 特斯拉以上的超強超導磁體核磁共振造像技術，能夠把人腦中的 860 億根神經細胞全部清晰地測量出來，做成令人驚嘆不已的「人腦神經地圖」（圖 10-8）[14]。在科學實驗中往往需要強磁場的環境，在普通實驗室裡，超導磁體就可以提供高達 18 特斯拉的強磁場；在質譜儀中，高精確度的元素甚至同位素解析能力需要依賴於高強度的超導磁體；對於大型粒子加速器，超導磁體是加速粒子和探測粒子的有效工具，歐洲大型強子對撞機 LHC 之所以能發現希格斯玻色子，其上 9,300 餘個超導磁體功不可沒；對於人工可控核融合裝置，超導磁體提供的強磁場是用於約束核融合反應使其持續進行的神兵利器，這個叫做超導托卡馬克的裝置還有個名號，稱為「人造小太陽」，是未來能源危機的有效解決途徑之一（圖 10-9）[15]。

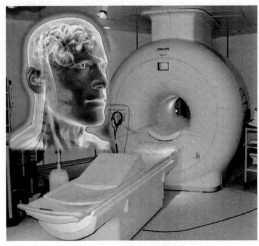

圖 10-8 核磁共振造像儀

（來自 phys.org）

PNNL 質譜儀　　　牛津儀器超導磁體　　　LHC 粒子探測器 ATLAS

合肥先進實驗超導托克馬克　　　　　　LHC 的粒子加速器

圖 10-9 超導磁體在科學研究中的應用
（來自中科院等離子所、歐洲核子中心、牛津儀器等）

　　超導電力、超導磁浮、超導磁體等都是在承載大電流或強磁場情況下的超導應用，又統稱為超導強電應用。對應的，還有超導的弱電應用，主要利用了超導材料內部電子的量子特性，下節為您詳細介紹。

參考文獻

[1]　亞里斯多德．物理學 [M]．張竹明，譯．北京：商務印書館，1982．

[2]　David B. Fact or Fiction? Archimedes Coined the Term "Eureka!" in the Bath[N]. Scientific American, 2006-12-08.

[3]　林革．阿基米德能撬動地球嗎 [J]．學與玩，2015，1：40．

[4]　http://yowayowacamera.com/.

[5]　http://www.kibardindesign.com/products/in-progress/the-bat-levitat-ing-kibardin/.

[6]　黃文豔 · 磁懸浮時代的到來 [N] · 中華鐵道網，2016-03-15 ·

[7]　Moon F C. Superconducting Levitation: Applications to Bearing and Magnetic Transportation[M]. Wiley-VCH, 2004.

[8]　Poole Jr. C P, Farach H A, Creswick R J, et al. Superconductivi-ty[M]. 3rd edition, Elsevier, 2014.

[9]　Tinkham M. Introduction to superconductivity[M]. 2nd edition, New York: Dover Publications Inc., 2004.

[10]　聞海虎 · 高溫超導體磁通動力學和混合態相圖 [J] · 物理，2006，35（1）：16 和 35（2）：111 ·

[11]　http://www.quantumlevitation.com/.

[12]　Justin M. Japan's Maglev Train Breaks World Speed Record with 600 km/h Test Run[N]. The Guardian (U.S. ed.) (New York) 2015-04-21.

[13]　丁峰 · 真空管道超高速磁懸浮列車相關技術尚處於試驗階段 [N] · 新華網，2014-05-13 ·

[14]　Smith K. Brain imaging: fMRI 2.0[J]. Nature, 2012, 484: 24-26.

[15]　http://www.hfcas.ac.cn/xwzx/tpxw/201305/t20130508_3834306.html.

11　鬥毆的藝術：超導量子干涉的原理和應用

　　戰爭是人類歷史上有組織有紀律的鬥毆，縱觀世界歷史上大大小小的戰爭，基本上以少勝多或弱者戰勝強者的例子極少，只要有即可列入史上著名戰爭之一。換而言之，基本上臨時拼湊的雜牌軍很難在規模宏大的正規軍面前取得勝利[1]。這背後其實蘊含著一個非常簡單的物理原理：正規軍所處能量狀態和無序度要比雜牌軍低。陣法分明、訓練有素的正規軍在戰鬥中展現的是排列有致、整齊劃一，不僅在氣勢上壓倒敵人，在實戰中還可以根據形勢實施具效率且有力的打擊或防禦。相比之下，雜亂無章、不聽指揮、效率低下的雜牌軍就很可能一觸即潰。總之，處於低能有序穩定態的正規軍，在大部分情況下完全可以無情地碾壓雜牌軍，因為相對而言敵人處於高能無序準穩態，戰爭消耗必然要大得多。戰場前線從正規軍衝到雜牌軍，就是一個熵增加的過程（圖 11-1）。

圖 11-1 熵增加與無序度

（來自 popphysics）

等等，熵？是個什麼玩意兒？

大多數人應該聽說過智商和情商，是衡量一個人的智力和情緒的重要指數。智商的定義為：智力年齡除以生理年齡然後乘以 100，是個商數值。智商為 200 分制，一般人約落在 100 至 110 之間。物理學上的熵，是熱力學中的一個極其重要且基本的概念，甚至比溫度等概念更為重要，堪稱熱力學之魂。熵的概念是由熱力學祖師爺之一 —— 克勞修斯（Rudolf Clausius）於 1854 年引入的，意為簡單描述熱力學第二定律的態函數。該自然基本定律的其中一種描述是：「熱量從低溫物體向高溫物體傳遞而不產生任何其他影響是不可能的。」[2] 對可逆熱力學過程，可以用流入系統熱量與溫度之商來定義一個和循環路徑無關的態函數，克勞修斯結合德語中的能量（die Energie）和轉變（trope）兩個詞命名這個態函數為 Entropy。據說後來中國物理學家胡剛復於 1923 年仿克勞修斯造新詞的模式，將其翻譯為「熵」，也是取其商的形式定義及熱力學屬性結合而成。因此，和智商的定義類比，物理學中的熵，可謂是「熱商」[3]。

然而，熵並不僅僅是一個簡單熱力學商值，這個概念蘊含著極其重要的物理思想。在馬克士威、波茲曼（Ludwig Boltzmann）、普朗克等著名理論家的步步深入挖掘下，熵的定量表達式最終得以給出。這一系列研究構築了宏觀世界和微觀世界之間的重要橋梁 —— 統計物理學。馬克士威成名於他的電磁學統一理論，即著名的馬克士威方程組。1871 年，馬克士威出任劍橋大學物理學教授，負責籌建卡文迪許實驗室，並對更多的物理問題產生了濃厚興趣。其中一項重要貢獻就是他提出的氣體分子動力學假說，他認為氣體是由一個個獨立的微小分子組成，它們的集體運動規律決定了氣體的宏觀性質。1872 至 1875 年，來自奧地利的天才物理學家路德維希・波茲曼進一步發展了馬克士威分子運動論，他用機率統計的方法，引入能量均分理論，用於描述大量氣體分子的運動狀態。波茲曼給出一個極其重要的結論：一切自發過程，總是從機率小的有序態向機率大的無序態變化。而我們熟知的熱力學中的熵，其實是刻劃系統無序度的物理量。1900 年，普朗克將波茲曼

圖 11-2 波茲曼和刻在他墓碑上的熵公式
（來自維基百科）

的研究寫成一個極其簡潔的表達式：$S=k.log\,W$。其中 W 就是系統的宏觀狀態數或稱宏觀態出現機率，S 即系統的熵，k 是物理學常數，後命名為波茲曼常數。可以說，波茲曼的熵公式，其優美程度和馬克士威方程組不相上下，甚至比其更加深刻地揭示了微觀物理世界的基本規律，影響整個物理學至今（例如著名的薛丁格方程式就可能是借鑑該公式而來）[3]。不幸的是，天才往往超越他所處的時代，波茲曼做出這些研究的時候，量子論尚未建立，關於原子的概念是否存在仍然有極大的爭議。

波茲曼與奧斯特瓦爾德（Friedrich Ostwald）之間發生了激烈的「原子論」和「唯能論」之爭，後者背後是理論物理「教父」級人物 —— 恩斯特·馬赫（Ernst Mach）。儘管當時資歷尚淺的普朗克（時為波茲曼助手）站在了波茲曼這邊，但於事無補，面對大人物們的激烈質疑，波茲曼對當時的物理界充滿了厭惡和憤懣。1906 年，痛苦壓抑絕望之極的波茲曼，選擇了飲彈自殺，一代物理天才隕落在無謂的人身攻擊和紛爭之中。如果波茲曼能在黑暗年代堅持下去的話，或許他將見證甚至親自推動物理學史上前所未有的新革命。1900 年，普朗克在黑體輻射研究中首次提出量子論；1905 年，愛因斯坦借鑑量子論提出了光量子假說；隨後十幾年間，量子力學在波耳、海森堡、德布羅意（Louis de Broglie）、薛丁格（Erwin Schrödinger）、玻恩（Max Born）等的努力下迅速建立；數十年後，人們已經可以從實驗上直接觀察甚至操縱單個原子。原子的客觀存在毋庸置疑，波茲曼理論也得到了遲來的肯定，奈何天意弄人，空留慨嘆。波茲曼被葬在了維也納中央公墓，他的墓碑上刻有他的名字、生卒年月，和著名的波茲曼熵表達公式（圖 11-2）[4]。

　　根據熱力學，對於一個孤立系統，體系的熵是恆增加的，也就是說，系統的狀態數總是在增加，趨於無序狀態。需要注意的是，嚴格意義上來說，這裡的狀態數是在相空間，表現的是系統個體步調一致程度，和我們實空間直觀上的無序度有一定區別。波茲曼的熵公式明確告訴我們，系統的宏觀狀態數和微觀運動存在必然相關，因此，理論上，研究一個系統熵的變化，就可以從熱力學上給出它的微觀集體行為。只是，實驗上並非如此輕而易行，因為直接測量熵本身存在許多困難。在實驗研究物體熱力學性質時，人們通常採用的是測量系統的比熱容量、熱傳導率等比較直接的方法，透過對比熱和溫度之商的積分，可以得到系統熵的相對變化，進一步推斷系統是否發生了熱力學意義上的宏觀行為。就像一群人吃起司火鍋一樣，完整的熱力學實驗包括熱源（爐子）、量熱器（鍋）、樣品（起司）、溫度計（餐具）、觀測者（人）等重要因素，才可以給出熱力學參數的變化資訊（圖 11-3）。

圖 11-3 熱力學的實驗研究方法

（孫靜繪製）

　　當一個系統的熱力學參數發生突變的時候，物理上往往就稱其發生了熱力學「相變」，系統從一個狀態相轉換成了另一個狀態相，水變冰就是一種典型的物理相變[5]。（注：關於熱力學相變的具體分類和理論描述，我們將在下一篇詳述。）類似地，超導現象發生前後，材料的電阻突降為零，體內磁感應強度也變為零，這是否意味著，超導會是一種熱力學相變呢？

　　答案是肯定的！

　　實驗測量超導材料的比熱就會發現，超導現象的出現，伴隨著比熱容量的突變發生 —— 超導態的比熱會突然增加。詳細的研究顯示，這個比熱容量突變來源於材料內部的電子體系，即電子的比熱發生了突變，而材料的晶體結構和晶格比熱容量並未發生突變。因此，超導現象的發生實際上是材料內部電子體系的一種相變過程，對應著電、磁、熱等多種「異常」物理現象。零電阻、完全抗磁性、比熱容量突變是完整描述一個超導相變的三個典型特徵，其中零電阻和完全抗磁性各自獨立，而比熱突變則揭示了超導作為熱力學相變的重要屬性[6]（圖 11-4）。

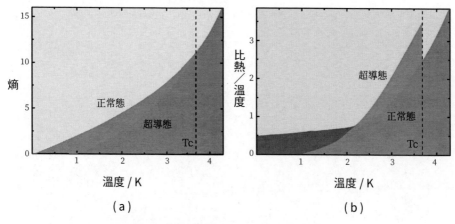

（a）　　　　　　　　　　　　　　　（b）

圖 11-4 超導相變過程比熱容量和熵的變化
（作者繪製）

在一般金屬材料中，其比熱容量係數主要來源於與溫度成正比的電子運動比熱容量，以及和溫度成三次方關係的晶格振動比熱。倘若不存在超導相變，比熱容量／溫度比值將和溫度本身成二次方關係，我們可以定義其為「正常態比熱」。發生超導相變後，電子體系的比熱將發生變化，而晶格比熱容量規律不變，我們稱之為「超導態比熱」。將正常態和超導態下的比熱容量／溫度比值對溫度進行積分，就可以得到系統熵對溫度的依賴關係。一個非常明顯的事實是，超導態的熵要低於正常態，且越到低溫差距越大（圖11-4）。這說明，超導相變是電子體系熵減小的過程，電子系統從相對無序態進入到了有序態。進一步把熵對溫度進行積分，就可以得到材料體系的自由能。因為超導態的熵要低，對應系統的自由能也就減少了。這意味著，超導態是材料中電子體系的一種低能凝聚現象，其減少的自由能又被稱為「超導凝聚能」。由於固體材料中電子體系相變根源於微觀量子相互作用，超導可以被認為是電子體系有序化的一種「宏觀量子凝聚態」，這是超導熱力學給我們的重要啟示！[7]

正是因為認識到超導屬於電子體系的宏觀量子態，物理學家才得以從微觀上揭示超導的物理本質 —— 材料中近自由運動的電子兩兩配對並集體凝聚到低能組態（詳見第 13 節雙結生翅成超導）。物理上描述微觀粒子集體行為有一個非常簡單的量 —— 位相，相當於每個粒子運動的「步調」。由於電子超導是集體凝聚行為，同一個超導體內電子將步調一致，即共享一個位相。也就是說，所有的超導電子可以看作一個和諧的整體，它們按照共同的旋律來運動 [8]。

一個有趣的問題隨之產生：如果讓兩個不同超導體中的電子相遇，會發生什麼事情？顯然，超導體 A 中的電子有 A 型位相，超導體 B 中的電子有 B 型位相，相遇後誰跟著誰的步調呢？就像兩支訓練有素的正規軍相遇，一言不合，大戰就爆發。何解？

1962 年，劍橋大學一名 22 歲的二年級研究生仔細思考了這個問題，並從理論上給出了自己的答案。兩個中間隔著薄薄一層絕緣體的超導體，在不

加外界電壓的情況下，就會因為相位差異而形成「量子穿隧電流」，超導電子可以量子穿隧到另一個超導體中去；在加上外界電壓之後，最大透過電流會隨磁場呈週期振盪。這種奇異的量子效應稱為「量子穿隧效應」，後以發現人名字命名為「約瑟夫森效應」[9]。據說，當年剛剛跨入研究門檻的布萊恩・約瑟夫森（Brian Josephson）苦於尋找研究課題，偶然機會拜訪凝聚態物理專家菲利普・安德森（Philip Anderson）後，向其請教可能的研究方向，安德森便建議理論研究超導穿隧效應。約瑟夫森用簡單的數學方法很快就得到了上述結果，但預言的現象實在太奇特，即使論文發表後他自己都還忐忑不安。幸運的是，實驗技術走在了理論前面，1958 年，江崎玲於奈實現了半導體材料的隧道二極體，1960 年賈埃弗（Ivar Giæver）就已在鋁／氧化鋁／鉛複合薄膜中觀測到了超導穿隧電流[10]。約瑟夫森理論出來 3 個月後，安德森的研究團隊就成功在錫／氧化錫／錫薄膜中全面驗證了他的理論[11]。因為半導體和超導體中量子穿隧效應的成功實驗和理論，江崎、賈埃弗、約瑟夫森分享了 1973 年的諾貝爾物理學獎，其中約瑟夫森時年 33 歲（圖 11-5）。遺憾的是，直到如今，約瑟夫森的下半生精力都貢獻給了包括特異功能在內的超能力研究當中，逐漸走向邊緣化了。

　　約瑟夫森效應開啟了超導應用的新天地 —— 超導電子學，其基本單元就是超導體／絕緣體／超導體構成的約瑟夫森結。超導應用不再局限於輸電、強磁場、磁浮等強電領域，利用超導穿隧效應或超導材料本身製作的電子學組件，是超導弱電應用的重要代表，具有非常廣泛的用途。如果您已了解到超導是一種宏觀量子凝聚態，那麼理解超導穿隧效應其實也非常簡單。量子力學告訴我們，微觀粒子具有不費吹灰之力的「穿牆術」 —— 透過量子穿隧效應越過勢壘到另一側，超導體中的電子也不例外。由於超導態下電阻為零，即使零電壓也可以維持超導穿隧電流的存在。當超導體 A 中的一群電子量子穿隧到超導體 B 中遇到另一群電子時，他們將因為相位的不同而「鬥毆」。只要稍微改變兩個超導體的相位差（如施加外磁場），就可以實現不同的「鬥毆模式」 —— 超導隧道電流會出現強度調變。這就像光學

中的夫朗和斐繞射一樣，平行光透過小孔會在遠處屏障上出現明暗相間的條紋，這恰恰說明了光的波動性和量子本質，也告訴我們超導穿隧效應必然是一種量子力學現象（圖 11-6）[12]。

圖 11-5 1973 年諾貝爾物理學獎獲得者：約瑟夫森、賈埃弗、江崎玲於奈
（來自諾貝爾獎官網）

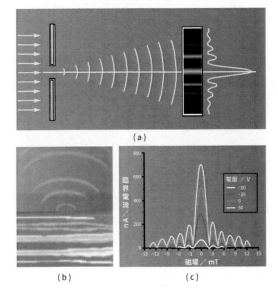

圖 11-6　（a) 光的繞射；(b) 水波繞射；(c) 約瑟夫森結電流
（孫靜繪製）

超導隧道電流對外磁場極其敏感，因為即使發生最小的磁通量變化——單位磁通量子（$\Phi_0=h/2e \approx 2\times10^{-15}$Wb），也會引起超導體相位差的變化，從而形成對超導穿隧電流的調變。正是由於超導材料的神奇量子特性，利用約瑟夫森效應，可以做成極其精密的超導量子干涉儀（superconducting quantum interference device, SQUID）[13]。具有並聯雙約瑟夫森結的直流 SQUID，可以探測 10^{-13}T 的微弱磁場，相當於地磁場（5×10^{-5}T）的幾億分之一（圖 11-7）。在交

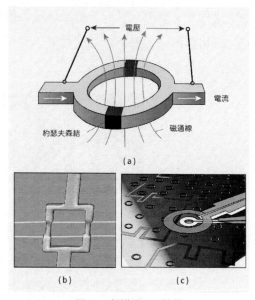

圖 11-7 超導量子干涉儀
(a) 原理示意圖；(b) 實物；(c) 掃描功能組件
（孫靜繪製）

流條件下工作的單結射頻 SQUID，甚至可以探測 10^{-15}T 的微弱磁場。可以說，SQUID 是目前世界上最精密的磁測量組件，僅受到了量子力學基本原理的限制[14]！如今 SQUID 已廣泛應用於商業化儀器，在微弱磁訊號測量中大有用武之地。將 SQUID 安裝在微尺度掃描探頭上，能夠清晰地測量材料中的磁場分布，可輕鬆用於檢測諸如 CPU 之類大規模積體電路中的缺陷〔圖 11-7（c）〕。基於 SQUID 技術，還能夠探測 $10^{-9} \sim 10^{-6}$T 的生物磁場，有可能在未來實現腦磁圖和心磁圖的掃描，或為生物醫學帶來新的技術手段，揭開候鳥和海洋生物遠距離遷徙的祕密。

超導電子學另一個極其重要的應用就是基於超導約瑟夫森結的超導量子位元，根據其利用超導電子的不同性質（自旋、電荷、位相），又分為超導磁通比特、電荷比特、位相位元三類（圖 11-8）[15]、[16]。打開你的電腦主機。在主機板核心位置就會發現電腦的 CPU，它是電腦的「神經中樞」，其中大

量的「神經元」就是由半導體電子學組件 ── 經典位元構成。摩爾定律告訴我們，電腦每秒的運行次數隨著年代在持續增長，但是總有一天會遇到盡頭 ── 因為經典位元裡的電路寬度不能無限小，終將觸碰到量子極限。當積體電路單元越來越小的時候，量子效應的突顯會讓所有經典的電路失效，最後電腦裡只能用越來越多個核來克服無法集成更多電路的困境，即便如此，該困境預計會在未來 10 年內走到絕境。看來逃避量子效應並不是一個好辦法！既然躲不起，那不如主動利用量子效應，把半導體電子學組件「進化」為超導電子學組件，大膽運用超導量子位元，把現在的經典電腦量子化，實現高速並行的量子計算 [17]。當然，量子電腦並非一定要採用超導量子位元。不過由於超導的零電阻效應，超導電子學組件運行耗能相對較低，雖然因為量子糾纏的原因需要在極低溫度下運行，卻再也不用擔心 CPU 溫度過高的問題了。量子計算的效率有多高？由於量子疊加效應，僅僅需要 32 個量子位元就能儲存 4GB 的資訊量！現今用大型伺服器做一部 IMAX 高解析度動畫需要花費數年，換量子電腦來也許就是分分鐘搞定的事，未來的美好簡直不敢想像！

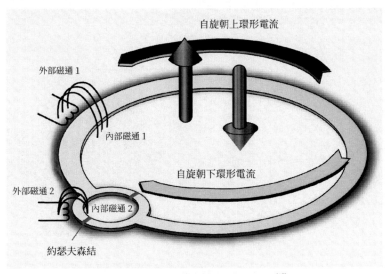

圖 11-8 一個典型的超導磁通量子位元 [17]

（孫靜繪製）

　　除了利用超導材料中的奇異量子效應之外，單純利用超導的零電阻優勢製作微波組件也是超導弱電應用的重要領域。普通金屬材料存在電阻，因此作為微波組件必然存在損耗，無法達到理想的電子學性能。如今社會離不開通訊和資料傳輸，保證通訊品質和效率的辦法就是盡可能提高訊號辨識度和降低組件的損耗率，超導材料做成的微波系統是唯一有效的方案（圖 11-9）。超導體濾波器具有極小的插入損耗，極高的邊帶陡度和極深的帶外抑制等多重優勢，在行動通訊、國防軍事、太空航天等多個方面已有重要應用 [18]。如今，超導濾波器已經走向了產業化道路，未來正是蓬勃發展的黃金期。

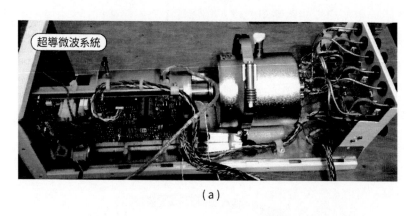

（a）

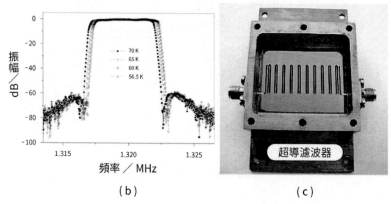

（b）　　　　　　　　　（c）

圖 11-9 超導微波組件
（由中國科學院物理研究所孫亮提供）

不僅是微波，對介於無線電波和光波頻段之間的太赫茲波段，超導材料組件也大有可為。由於太赫茲在非金屬斷層探測成像、基因和細胞水平成像、化學和生物檢查、寬頻通訊和微波定向等多個方面具有難以替代的優勢，其技術發展有著巨大的應用價值[19]。目前，研發太赫茲發射器、接收器、雷達、造像儀和通訊系統都是處於起步階段，部分組件也利用了超導材料的優異性能（圖 11-10）[20]。

圖 11-10 一個典型的超導太赫茲系統
（來自 Scientific Reports）[19]

無論是簡單利用超導材料的零電阻和抗磁性優勢，還是較為複雜地利用其宏觀量子特性，超導材料的弱電應用都已經悄然改變了我們的生活。在值得期待的未來，超導的各種應用將會帶來更多的驚喜！

參考文獻

[1] 黃於·世界是部戰爭史 [M]·杭州：浙江人民出版社，2011·

[2] 馮端，馮少彤·熵的世界 [M]·北京：科學出版社，2005·

[3] 曹則賢·物理學咬文嚼字之二十七熵非商 —— the Myth of Entropy [J]·物理·2009·38（9）：675-680·

[4] Jaynes E T. Gibbs vs Boltzmann Entropies[J]. American Journal of Physics, 1965, 33: 391.

[5]　于淥，郝柏林·相變和臨界現象 [M]·北京：科學出版社，1980·

[6]　劉兵，章立源·超導物理學發展簡史 [M]·西安：陝西科學技術出版社，1988·

[7]　張裕恆·超導物理 [M]·合肥：中國科學技術大學出版社，1997·

[8]　陳式剛，等·高溫超導研究 [M]·成都：四川教育出版社，1991·

[9]　Josephson B D. Possible new effects in superconductive tunnelling[J]. Phys. Lett. 1962, 1: 251-253.

[10]　Giaever I. Electron Tunneling Between Two Superconductors[J]. Phys. Rev. Lett. 1960, 5: 464-466.

[11]　Anderson P W, Rowell J M. Probable Observation of the Josephson Superconducting Tunneling Effect[J]. Phys. Rev. Lett. 1963, 10: 230-232.

[12]　Cho S. Symmetry protected Josephson supercurrents in three-dimensional topological insulators[J]. Nature Commun. 2013, 4: 1689.

[13]　Jaklevic R C, Lambe J, Silver A H and Mercereau J E. Quantum Interference Effects in Josephson Tunneling[J]. Phys. Rev. Lett. 1964, 12: 159-160.

[14]　Clarke J. SQUIDS: Theory and Practice. In: Weinstock H., Ralston R. W. (eds) The New Superconducting Electronics. NATO ASI Series (Series E: Applied Sciences), vol 251. Springer, Dordrecht, 1993.

[15]　Yu Y. et al. Coherent Temporal Oscillations of Macroscopic Quantum States in a Josephson Junction[J]. Science, 2002, 296: 889-892.

[16]　Yamamoto T et al. Demonstration of conditional gate operation using superconducting charge qubits[J]. Nature, 2003, 425: 941-944.

[17] Johnson M W et al. Quantum annealing with manufactured spins[J]. Nature, 2011, 473: 194-198.

[18] Li C G et al. A high-performance ultra-narrow bandpass HTS filter and its application in a wind-profiler radar system[J]. Supercond. Sci. Technol. 2006, 19: S398.

[19] Nakade K et al. Applications using high-T_c superconducting terahertz emitters[J]. Sci. Rep., 2016, 6: 23178.

[20] Welp U et al. Superconducting emitters of THz radiation[J]. Nature Photonics, 2013, 7: 702-710.

12 形不似神似：超導唯象理論

儘管物理學是一門以實驗為基礎的科學，但實驗現象往往要回歸到理論框架中去，以形成系統性的科學描述。如果面對比較直觀可見的物理現象，理論的建立也就同樣直觀明瞭，達到「形似」。然而，如果面對暫時令人覺得「奇異」的物理現象，其過程完全不甚清楚的時候，理論家們往往覺得如同面對空白畫布而無從下手。幸運的是，這並沒有難倒所有的科學家們。聰明的理論物理學家探索了一條脫離「形似」而求「神似」的道路，只要抓住物理現象的背後本質，而不管其具體過程是如何發生的，也能建立描述這個現象的物理理論 —— 稱為「唯象理論」，或理解為「看起來像的理論」。

在尋求常規金屬超導理論的征程上，物理學家最初走出來的，正是這麼一條「形不似神似」的道路。

超導體所展現出的零電阻、完全抗磁性等奇特行為充滿了迷人之處，不僅在應用上蘊含著巨大的潛力，在物理機制研究上也富有挑戰性。為了解釋超導現象，許多頂尖的物理學家都前仆後繼發明了各種自己的「語言」，真可謂「長江後浪推前浪，前浪死在沙灘上」。令人驚訝的是，死在超導理論沙灘上的物理學家，包括鼎鼎大名的愛因斯坦（Albert Einstein）、湯姆森（Joseph John Thomson）、波耳（Niels Bohr）、布里淵（Léon Brillouin）、布洛赫（Felix Bloch）、海森堡（Werner Heisenberg）、玻恩（Max Born）、費曼（Richard Feynman）等（圖 12-1）。這些人裡面，愛因斯坦的成就自不待說，湯姆森以發現電子而聞名，波耳、海森堡、玻恩、費曼都是量子論的創始人物，布里淵和布洛赫作為「老布家」建立了電子在固體中運動的基礎理論（見第 5 節神奇八卦陣），這些人顯然對微觀電子是如何運動的都已「瞭如指掌」，可謂代表了同時期固體物理的頂級理論水準。出乎意料的是，這些差不多個個都拿過諾貝爾物理學獎的「最強大腦」在挑戰超導問題的時候，都無一例外遭遇了共同結局 —— 失敗！愛因斯坦曾因超導理論的失敗十分

懊悔地說道：「自然界總對理論家冷酷無情，對一個新理論，它從來不肯定，最多說可能是對的，絕大多數情況下是直接否定。最終，幾乎每個新理論都會被否決掉。」面對超導問題，使盡了洪荒之力的「科學頑童」費曼，也不無鬱悶地說道：「天知道這些年（指 1950 至 1966 年）我都經歷了些什麼，好像我在努力解決超導問題，然而最終我還是失敗了……」[1]

愛因斯坦　　　　　湯姆森　　　　　　波耳　　　　　　布里淵
1879 — 1955　　　1856 — 1940　　　1885 — 1962　　　1889 — 1969

布洛赫　　　　　　海森堡　　　　　　玻恩　　　　　　費曼
1905 — 1983　　　1901 — 1976　　　1882 — 1970　　　1918 — 1988

圖 12-1 超導理論探索中失敗的物理學家 [1]

　　早期的超導理論往往都非常粗糙，因為當時實驗和理論都遠遠落後，理論物理學家們唯一能做的，就是相信自己，同時鄙視別人。超導零電阻現象於 1911 年發現，直到 1933 年才發現邁斯納效應，期間人們對超導電子態性質了解甚少，對低溫下正常態和超導態的電阻、比熱等幾乎一無所知。儘管量子論早在 1900 年就開始出現，然而真正走向成熟是 1926 年海森堡和薛丁格建立矩陣力學和波動力學之後，而量子論應用於固體物理研究則在 1928

年布洛赫定理提出之後 [2]。在這種情形下，提出超導理論模型大都靠憑空猜想，難有成功希望。例如：愛因斯坦提出超導電流可能在一個個閉合的「分子導電鏈」上形成 [3]，湯姆森提出「電偶極鏈漲落模型」[4]，超導發現者昂內斯也試圖提出過「超導細絲模型」[5]，後期的實驗很快證明這些理論模型錯得一塌糊塗，因為不考慮固體中電子 - 電子間相互作用是完全行不通的。隨著量子理論工具的不斷完善，布洛赫、玻耳、海森堡、玻恩等再度提出了各種五花八門的超導理論，然而在解釋新發現的邁斯納效應時都或多或少遇到了困難 [1]。究其原因，很可能是因為物理學家們都執著地在尋找超導的「微觀理論」，而忽略了超導的宏觀量子現象本質，且絕大多數人的思維都沒有跳出當時理論的樊籠。值得深思的是，愛因斯坦在熱力學統計物理方面做出的工作足以傲視物理群雄，而超導就是一種量子體系中的熱力學相變，愛因斯坦卻沒有真正領會它的本質。

　　為了進一步理解超導相變是如何發生的，我們不妨先認識一下什麼是熱力學相變。

　　熱力學相變實際上就是物質中無序態和有序態相互競爭的表現，系統從一種狀態過渡到另一種狀態，其無序度發生了改變，就稱為相變。一般來說，相互作用是有序的起因，而熱運動則是無序的來源 [6]。冰融化成水，水蒸發成氣，這對應著固體變成液體、液體變成氣體的相變過程，水分子的無序度在不斷增加。類似地，液晶是由棒狀分子組成，在低溫下形成規則有序的固態晶相（近晶相），溫度升高會變成膽甾相、向列相等只有某些特定取向的排列，再升高就變成無序化的液相（圖 12-2）[6]。液晶的不同相對透射或吸收的光線有著不同的選擇，正是由於這種獨特性質才被廣泛應用於電子顯示器。

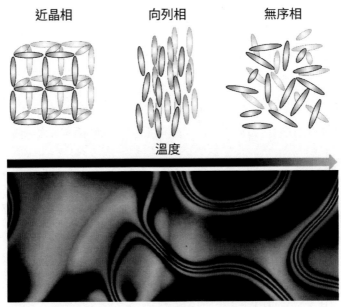

近晶相　　　向列相　　　無序相

溫度

圖 12-2　（上）液晶中的相變；（下）液晶的向列相
（孫靜繪製）

　　要理解相變的物理起源，首先就要對各種各樣的相變做一個明確的分類，這個由奧地利物理學家埃倫費斯特（Paul Ehrenfest）首先完成。埃倫費斯特是波茲曼的學生，和愛因斯坦、昂內斯、普朗克、索末菲等也都是好友（見第 8 節暢行無阻）。1906 年 9 月，在波茲曼自殺之後的幾天，埃倫費斯特回到德國哥廷根負責整理波茲曼生前的研究工作，於 1911 年終完成這部熱力學統計物理開山之作。1912 年，埃倫費斯特接替勞侖茲在荷蘭萊頓大學的教授職位，開始了關於絕熱不變數的理論研究，並提出了相變分類方法。不幸的是，在法西斯猖獗的年代，作為猶太人的埃倫費斯特在家庭和社會的雙重壓力下，患上了嚴重的憂鬱症，最終於 1933 年步其導師後塵自殺。埃倫費斯特關於相變的思想一直沿用至今。這個方法其實非常簡單，根據熱力學理論，把各種熱力學函數（如自由能、體積、焓、熵、比熱容量等）在相變過程的變化進行分類。其中體積、焓和熵是自由能（與熱力位能相關）的一階導數，比熱容量、磁化率、膨脹率等是自由能的二階導數。如果所有熱

135

力學函數都是連續變化的，就無相變存在；如果自由能連續，但體積和熵等一階導數有突變，那麼就是一級相變；如果自由能、體積、熵等都連續變化，但比熱容等二級導數有突變，那麼就是二級相變（圖 12-3）[7]。一級相變過程存在明顯體積變化或熱量的吸收／放出，又稱為存在相變潛熱，蒸氣凝結成水珠就是一級相變。二級相變沒有體積變化或潛熱，但是比熱容量、磁化率等隨溫度有變化，固體中的大部分電子態相變屬於二級相變。

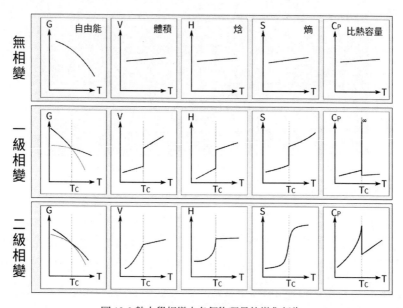

圖 12-3 熱力學相變中各個物理量的變化行為

由此可見，零外磁場情況下超導體相變過程伴隨著比熱變化，超導相變其實是一種二級相變（見第 11 節鬥毆的藝術）。超導的二級相變特徵說明，超導相變前後並沒有吸放熱或者發現體積改變，就實現了零電阻導電現象。精細的實驗觀測確實驗證了這點 —— 超導相變前後原子晶格並沒有發生變化。這意味著，超導現象，必然是材料中電子體系的一種集體量子行為。

為了解釋超導體中電子為何能實現無阻礙導電，理論家本著「形不似神似」的物理精神，先不著急尋找微觀理論，而是提出了若干唯象理論。刨除前面提到的幾位理論大咖的不成功理論，殘存的幾個較為成功的理論有：二

流體模型、倫敦方程式、皮帕爾德理論和金茲堡－朗道理論等，以下逐一簡略介紹。

　　1933 年春天，著名的固體理論物理學家布里淵提出了他的「非平衡態超導理論」，金屬中電子體系會在局域範圍內產生能量較高非平衡態電子，可以克服運動障礙，形成準穩態的超導電流[8]。次年，戈特（Cornelius Gorter）和卡西米爾（Hendrik Casimir）發現布里淵思路是錯的，超導必須是一種穩定態，因為實驗上確實可以觀測到持續穩定的超導電流，理論上也可以證明超導相變是熵減小的二級相變，是有序化的低能凝聚態。戈特和卡西米爾由此提出了第一個可以較準確描述超導現象的二流體模型[9]。就像涇渭分明的河水一樣，導體進入超導態時，自由運動電子也將分成兩部分：一部分電子仍然會受到原子晶格的散射並會貢獻熵，稱之為正常電子；另一部分是無阻礙運動的超流電子，熵等於零。正常電子和超流電子在空間上互相滲透，同時又獨立運動。進入超導態後，電流將完全由超流電子承載，實現零電阻效應，而系統整體的熵也會因超流電子出現而消失一部分，形成能量較低的穩定凝聚態。其中超流電子占據整體電子的比例 ω，就可以定義為超導有序化的一個量度，稱為「超導序參數」。隨溫度的降低，ω 從超導臨界溫度 T_c 處開始出現，到絕對零度 $T=0$ 時，$\omega=1$，全部電子變成超流電子而凝聚。二流體模型非常簡潔明瞭地概括了超導的相變特徵，就像一幅素描，輪廓和線條有了，色彩尚且不清楚。

　　根據二流體模型，結合歐姆定律和馬克士威方程組，就可以推斷出電阻為零的導體內部電磁場分布。假設該導體是非磁性金屬且有零電阻的「理想」導體，那麼磁感應強度將在進入導體表面後以指數形式衰減，最終在內部保持為一個常數恆定不變。然而，1933 年邁斯納和奧克森菲爾德的實驗證明，超導體不等於「理想」導體，磁感應強度在超導體內部不僅是常數，而且恆等於零（見第 9 節金鐘罩、鐵布衫）。英國的倫敦兄弟（Heinz London 和 Fritz London）發現了這個矛盾的根源，從邁斯納實驗現象結果反推回去，在基於馬克士威方程式做了適當的限定假設之後，得到了一組唯象方程式，

命名為「倫敦方程式」[10]。倫敦方程式可以很好地描述超導體的完全抗磁性，即磁感應強度 B 在進入超導體表面之後迅速指數衰減到零（圖 12-4）。描述磁場衰減的特徵距離稱為「倫敦穿透深度」λ，其平方與超導電流密度（超流密度）成反比，是描述超導體的一個重要物理參數。實驗上可以利用磁化率、微波諧振、電感等手段直接測量倫敦穿透深度，事實證明倫敦方程式在描述表面能為負的第 II 類超導體方面還是非常成功的 [11]。

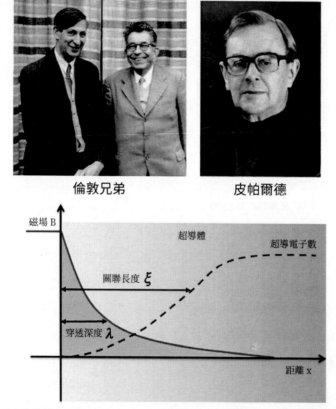

圖 12-4　（上）倫敦兄弟與皮帕爾德；（下）超導體中倫敦穿透深度 λ 與皮帕爾德關聯長度 ξ
（作者繪製）

考慮到倫敦方程式無法完全解釋表面能為正的超導體中電磁學現象，劍橋大學的皮帕爾德（Brian Pippard）提出了一個修正理論。他假設超導序參數 ω 在特定空間範圍是逐漸變化的，描述序參數空間分布的特徵長度稱

為超導關聯長度 ζ，超導電子數將在關聯長度範圍之上才能達到飽和（圖12-4）[12]。皮帕爾德的理論順利解決了倫敦方程式的缺陷，使超導體的表面能可正可負，並揭示了超導態的非局域性，顯然與布里淵等人的錯誤理論迥然不同。皮帕爾德因為在固體物理理論的成功，於 1971 年接替莫特（Nevill Mott）成為劍橋大學卡文迪許講席教授，與馬克士威（James Maxwell）、湯姆森（Joseph Thomson）、拉塞福（Ernest Rutherford）、布拉格（William Bragg）等著名物理學家享受同等聲譽，是約瑟夫森（Brian Josephson）的博士論文指導教授（見第 11 節鬥毆的藝術）。超導體的非局域性導致電磁波在金屬表面會存在一個恆定厚度的穿透層，即所謂反常集膚效應[13]。可以說，倫敦方程式和皮帕爾德理論就是在二流體模型的素描上，增加了一抹色彩，讓超導圖像變得更鮮活起來。

　　倫敦兄弟和皮帕爾德的理論局限性在於無法解釋穿透深度與外磁場的關係，特別是強磁場情況下超導體的電磁學性質。真正取得完全成功的超導唯象理論，是由蘇聯科學家金茲堡（Vitaly Ginzburg）和朗道（Lev Landau）於1950 年左右建立的，稱為金茲堡 - 朗道理論，簡稱 GL 理論[14]。朗道作為世界上頂級理論物理學家，自然對神祕的超導現象充滿了興趣。早期時候，也朝著電導率（注：等於電阻率的倒數）無窮大的「理想」導體的錯誤方向做了些嘗試，並於 1933 年提出相關理論模型[15]。隨後邁斯納的實驗否定了「理想」導體的猜想，一併否定了一大堆早期的超導唯象理論。朗道何其聰明，他並沒有放棄希望，轉而從超導相變的本質屬性抓起，重新探索可能的超導唯象理論。首先，朗道和利夫希茨（Evgeny Lifshitz）發展了一般意義上的二級相變理論，獲得了基本的理論工具[16]。當然，這個理論，也是唯象的。定義一個在相變點為零的序參數，而系統自由能就是關於序參數的多項式函數（不含奇次項），其中係數是溫度的函數。由此出發，就可以發現系統的相變序參數在相變溫度之上只有一個穩定態，就是序參數為零處；在相變溫度之下，序參數為零處反而變得不穩定，而在兩側各出現一個穩定的平衡態，即系統的某些熱力學勢二階導數物理量發生了突變（圖 12-5）。可以

證明，朗道和利夫希茨的二級相變理論完全可以等價於范德瓦耳斯方程式、外斯的「分子場論」和合金有序化理論等多種相變理論描述，但是前者的語言更具有普遍性，這些理論又被統稱為「平均場論」。該理論在凝聚態物理研究中具有重要地位，形成的深遠影響直到今天。

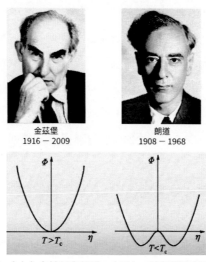

圖 12-5　（上）金茲堡與朗道；（下）二級相變唯象理論模型

　　金茲堡－朗道理論是在二級相變唯象理論基礎上，結合倫敦和皮帕爾德等從實驗出發提出的一些合理假設，針對超導現象，賦予相變序參數新的物理意義為：序參數的平方定義為超導電子密度。如此，只要引入合適的邊界條件，就可以得出超導體中磁場和電場的分布關係式，得到兩個方程式，分別命名為第一 GL 方程式和第二 GL 方程式[14]。加上馬克士威方程組，原則上可以解出磁場環境下超導體內部所有的電磁場分布，但實際情況遠遠比這個複雜，僅有在諸如零磁場、序參數緩變或趨於零以及在臨界磁場附近等特殊情況下才有解析解。1952 至 1957 年，另一位蘇聯科學家阿布里科索夫（Alexei Abrikosov）成功解出了強磁場環境下的 GL 方程式，發現超導體在接近臨界磁場附近時，磁場實際上可以穿透材料內部，而且是以磁通渦旋點陣的形式存在，並最終被實驗觀測證實（圖 12-6）[17]。阿布里科索夫透過解 GL 方程式還發現：根據表面能是正是負可以把超導體劃分成兩類，其中

第 II 類超導體介於下臨界場 H_{c1} 和上臨界場 H_{c2} 之間會存在點陣排列的磁通渦旋（見第 10 節四兩撥千斤）。金茲堡、朗道、阿布里科索夫三位科學家關於超導的唯象理論，在描述超導相變許多臨界現象中取得了巨大的成功，是超導理論研究畫作上濃墨重彩的一筆，從此超導唯象理論圖像變得栩栩如生，許多定量化的物理已經有規律可循。朗道因其在液氦超流方面的理論研究工作（也是二級相變理論的一個實際應用）獲得 1962 年諾貝爾物理學獎，金茲堡和阿布里科索夫則於 2003 年獲諾貝爾物理學獎，距離他們做出相關研究已經過去了差不多 50 年。朗道獲獎的另一個原因是他 1962 年遭遇了嚴重車禍，諾貝爾獎委員會擔心錯失頒獎給這位天才物理學家的機會，趕緊把當年的諾貝爾獎給了他。令人扼腕的是，重傷的朗道最終沒有挨過 60 歲，於 1968 年去世。無獨有偶，金茲堡也在獲獎之後的第六年（2009 年）去世，享耆壽 93 歲。而年近九旬的阿布里科索夫自從 1991 年離開俄羅斯之後，一直在美國的阿貢國家實驗室工作，直到 2017 年去世（享壽 89 歲）。看來，要拿諾貝爾獎，除了本身工作必須足夠優秀之外，保持一個健康的體魄和良好的心態也同等重要！

圖 12-6 （上）阿布里科索夫與他預言的量子化磁通格子；（下）諾貝爾獎紀念冊
（來自美國阿貢國家實驗室主頁和諾貝爾獎官網）

參考文獻

[1]　Schmalian J et al. Failed theories of superconductivity[J]. Mod. Phys Lett B, 2010, 24: 2679.

[2]　Sauer T. Einstein and the Early Theory of Superconductivity, 1919-1922[J]. Archive for History of Exact Science, 2007, 61: 159.

[3]　Cardona M. Albert Einstein as the father of solid state physics, in 100 anys d'herència Einsteiniana[M]. Universitat de València, 2006.

[4]　Thomson J J. Cathode Rays[J]. Phil. Mag. 1897, 44: 293; ibid 1915, 30, 192.

[5]　Onnes H K. The Superconductivity of Mercury[J]. Commun. Phys. Lab. Univ. Laiden. 1921, Supplement 44a, 30.

[6]　于淥，郝柏林，陳曉松·邊緣奇蹟：相變和臨界現象 [M]·北京：科學出版社，2005·

[7]　Jaeger G. The Ehrenfest Classification of Phase Transitions: Introduction and Evolution[J]. History of Exact Sciences 1998, 53: 51-81.

[8]　Brillouin L. Les électrons libres dans les métaux et le role des réflexions de Bragg[J]. J. Phys. Radium, 1930, 1(11): 377-400.

[9]　Gorter C S, Casimir H. The thermodynamics of the superconducting state[J]. Z. Tech. Phys., 1934, 15: 539.

[10]　London H, London F. The Electromagnetic Equations of the Supraconductor[J]. Proc. Roy. Soc. A, 1935, 149: 71-88.

[11]　https://www.phy.duke.edu/fritz-london.

[12]　Pippard A B. Field variation of the superconducting penetration depth[J]. Proc. Roy. Soc. 1950, A203, 210; ibid 1953, A216, 765.

[13]　管唯炎，李宏成，蔡建華，等·超導電性·物理基礎 [M]·北京：科學出版社，1981·

[14]　Ginzburg V L, Landau L D. On the Theory of Superconductivity[J].

Sov. Phys. JETP, 1950, 20: 1064.

[15] Landau L D. Possible explanation of the dependence on the field of the susceptibility at low temperatures[J]. Phys. Zeit. Sow., 1933, 4, 675.

[16] Landau L D, Lifshitz E M. Statistical Physics[M]. London: Pergamon Press, 1958.

[17] Abrikosov A A. Magnetic properties of superconductors of the second group[J]. J. Exp. Theor. Phys., 1957, 32: 1442.

13 雙結生翅成超導：超導微觀理論

　　從生物學來看，很多事物都和兩兩成對有關。比如從生理結構上往往有兩隻腳、兩隻手、兩個耳朵、兩隻眼睛、兩片翅膀……行為上有「一山不容二虎、除非一公一母」，生活用品上有一雙筷子、一副對聯、一對鈸……成雙成對的世界，就是這麼有趣。

　　在物理學中，「二」這個數字，並不奇怪。我們生活的世界，就是一個充滿二元性的世界。正如老子在《道德經》中言道：「太極生兩儀、兩儀生四象、四象生八卦」，古人樸素哲學思想裡認為「萬物負陰而抱陽，沖氣以為和」，從二出發，才衍生出我們紛繁複雜的世界。自然界的電荷分正負兩種，粒子分正反兩類，磁極也分南北兩極，量子有波粒二象性，電子自旋分上下兩種狀態……似乎很多物理研究對象只需要兩兩成對的數字就可以了。非常有趣的是，一些著名的物理定律也和二有關，比如庫侖定律和萬有引力定律都遵循平方反比的形式，氫原子光譜展現出平方倒數差的規律，狹義相對論表徵距離公式是微分二次型[1]。

　　誠然，對於單體系統，物理學往往可以給出精確的描述。自從有了二，物理世界就變得極其複雜多變起來。若是到了「三體世界」，很多時候更讓物理學理論和物理學家們感到困惑難解。如要描述固體世界裡的電子運動狀態，那我們必須面臨的是 10 的 23 次方數量級的對象，可以肯定的是，沒有誰能夠給出精確的數學理論。好在布里淵、布洛赫、費米、朗道等的固體量子論研究給了我們方便，微觀世界的原子是週期排列的，因此可以大大簡化理論模型。相對原子來說，電子的尺寸要小得多得多，電子在原子間隙中穿梭空間非常巨大，倘若電子濃度足夠低，電子 - 電子之間相互作用非常弱，就可以把電子獨立開來研究。只要理解了其中一個電子的運動行為，就可以推而廣之描述其他一群電子的行為。於是，又回到了數量為一的物理學問題，處理起來似乎輕鬆多了。這種既簡單又顯懶惰的方法一方面為固體物

理學家帶來了許多方便，另一方面卻也帶來了不少麻煩，甚至引人進入了死路、牛角尖裡出不來。從一跨越到二的物理學，看似容易，實則艱難。

在尋找常規超導微觀機理的漫漫征程上，一部分物理學家用「神似」的唯象理論成功解釋了超導是二級熱力學相變，另一部分物理學家則在不斷尋找導致電子在固體材料中「暢行無阻」的微觀相互作用。如上篇提及，不少著名的物理學家都折戟沉沙，他們距離正確的超導微觀理論，恰似十萬八千里之遙 [2]。也有少數幾個幸運的物理學家，離最後的微觀理論，只隔著不到一毫米的窗戶紙。例如赫伯特・弗勒利希（Herbert Fröhlich）、戴維・派因斯（David Pines）、李政道、約翰・巴丁（John Bardeen）等（圖 13-1），始終堅持如一並最終捅破窗戶紙的是巴丁，常規超導微觀理論於 1957 年終於被建立。為什麼獨有巴丁能獲得成功？回顧並思考這段有趣的歷史，不禁令人感慨唏噓。

赫伯特・弗勒利希　　　戴維・派因斯　　　　李政道
1905 － 1991　　　　　1924 － 2018　　　　1926 －

圖 13-1 距超導微觀理論最近的幾位物理學家
（來自維基百科）

1908 年 5 月 23 日，約翰・巴丁出生於美國威斯康辛州麥迪遜的一個科學與藝術之家。父親是威斯康辛大學醫學院第一任院長，母親是一位藝術家。巴丁從小就聰明過人，小學連跳三級，15 歲高中畢業，20 歲從威斯康辛大學電機工程系畢業，隨後一年內拿到了碩士學位。畢業後的巴丁曾從事

三年的地球磁場及重力場勘測方法研究，可能是他覺得這類研究距離前沿物理太遠，於是決定「回爐重造」，於 1933 年到普林斯頓大學跟著名物理學家維格納 (E. P. Wigner) 學習固體物理學。恰恰是這一年，超導理論研究形成了分水嶺，因為邁斯納效應的發現，之前忙於解釋零電阻的科學家，又得焦頭爛額地去解釋完全抗磁性，一大批所謂超導理論就此宣告失敗。巴丁前後在哈佛大學、明尼蘇達大學、美國海軍實驗室、貝爾實驗室、伊利諾大學香檳分校等地工作，在最後一個單位工作長達 20 餘年。從博士生、博士後到助教的歲月裡，年輕的巴丁就對超導問題躍躍欲試，奈何當時能力有限而無所建樹。第二次世界大戰的來臨也影響了巴丁的學術生涯，他於 1941 至 1945 年在美國海軍實驗室從事軍械研究，戰後加入了著名的科學家搖籃 —— 貝爾實驗室，在那裡，他做出了一生中第一個重要的科學貢獻。1945 年 7 月，貝爾實驗室成立半導體物理小組，目標是「研製具有三端電極的半導體電子放大組件」。巴丁和同事布拉頓 (W. H. Brattain) 的主要任務，就是驗證團隊組長肖克利 (W. B. Shockley) 提出的場效應思想，也就是利用電場來控制半導體組件中的載流子濃度。巴丁從理論上探討了組件的原理，並於 1947 年 11 月 21 日設計了第一個半導體放大器，心靈手巧的布拉頓克服了實驗困難，終於製作成功了世界上第一個點接觸半導體晶體三極管，肖克利在此基礎上又成功發明了第一個 pn 半導體（圖 13-2）[3]。半導體的廣闊應用，從此拉開帷幕。儘管世界上基於電晶體的第一個電腦 ENIAC 重達 30 噸，但半導體工業的發展速度是十分驚人的，如今筆記型電腦、ipad、智慧型手機已是身輕如燕，走入到人們生活的每一個角落之中。電晶體的發明讓肖克利、巴丁、布拉頓三人摘得 1956 年的諾貝爾物理學獎，巴丁也因此當選為美國科學院院士，但這只是巴丁精彩科學生涯的一幕而已。

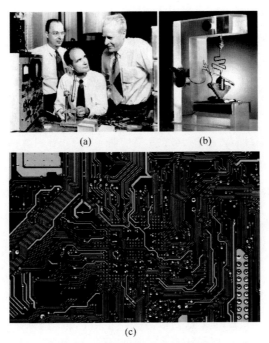

圖 13-2 電晶體的發明與積體電路

（a）電晶體發明者巴丁、布拉頓、肖克利；（b）世界上第一個電晶體；（c）現代積體電路

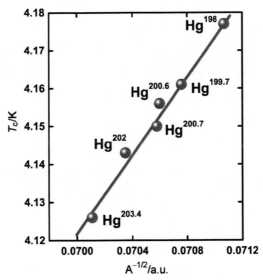

圖 13-3 金屬汞中超導臨界溫度的同位素效應 [4]

（作者繪製）

　　剛剛在半導體方面做出突破的巴丁，目光早就轉移到他一直鍾情的超導問題上了。1950 年 5 月美國國家標準暨技術研究院的科學家塞林（B. Serrin）等人透過精確測量金屬汞的各個同位素超導溫度，發現超導臨界溫度實際上和同位素質量平方根成反比（圖 13-3）[4]。塞林打電話告訴了貝爾實驗室的巴丁，巴丁顯得異常興奮，他敏銳地意識到超導同位素效應的物理本質 —— 原子質量的平方根正好與原子振動能量相關，這意味著超導電性和原子晶格的振動有必然連繫。加上當時的超導唯象理論和實驗均已表明超導電性是材料內部電子體系的二級相變，幾乎可以斷定，超導的「幕後推手」極有可能來自電子和原子晶格之間的相互作用。1951 年 5 月 24 日，巴丁毅然從高薪的貝爾實驗室轉到伊利諾大學教書，新的目標直接瞄準超導問題。

　　1950 年 6 月，巴丁將關於超導電性可能起源於電子和晶格振動量子（聲子）相互作用的學術思想寫成一篇論文並發表。接下來為全面解決超導機理問題，他做了非常細緻的文獻回顧，記錄了數百頁的筆記，並積極尋找理論家開展探索。巴丁和弗勒利希首先從理論上證明了電子透過交換聲子相互作用，可以產生一種淨吸引作用 [5]。這是十分大膽的推測，因為常識認為電子都帶負電，庫侖相互作用的結果是兩兩相斥，何來吸引？實際上，這種吸引相互作用是間接產生的，就像冰面上的兩位舞者互相拋接球一樣，原子晶格振動就是那個球，讓兩個電子間形成了微弱的吸引作用。弗勒利希簡化理論模型到一維電子晶格系統，預言了一種新型的電荷密度波並被實驗驗證，他在核物理和固體物理方向均做出了重要貢獻，只是在超導微觀理論領域差了臨門一腳就離開了 [6]。理論物理學家費曼聽說巴丁的研究後，馬上明白他們理論的關鍵在於要給出合適的方程解，但在他饒有興致地用傳統的量子力學處理方法 —— 微擾論來解巴丁的方程式時則碰到困難，成功似乎遙遙無期 [2]。1952 年，派因斯剛剛完成關於金屬中等離激元的博士學位論文，就和李政道等合作，借鑑了核物理理論中間接相互作用的相關模型，提出了一個基於「極化子模型」的金屬導電理論 [7]。巴丁隨即和派因斯寫出了一個比較完整的電子 - 聲子相互作用下的理論模型，同樣由於模型過於複雜而沒能得到

合適的方程解[8]，不過這距離真正的超導微觀理論，已經非常之近了！

巴丁沒有放棄理想，他總結失敗的教訓有如下幾點：電子 - 聲子相互作用應該是對的，現有理論方程是錯的或不準確的，要解出合適的答案還需要借助新的理論工具 —— 如費曼發明的量子場論而不是傳統的量子微擾論，無電阻的超導態相對有電阻的正常金屬態應該是一個能量較低的穩定態 —— 即兩者之間存在能隙。明確了問題所在，巴丁更加堅定地朝著勝利的曙光走去[3]。

為了贏下超導這場攻堅戰，巴丁決定組建一支具有生命力的年輕隊伍，形成導師 - 博士後 - 研究生梯隊。他讓年輕的李政道和楊振寧從哥倫比亞大學推薦了一位得力博士後 —— 庫珀（Leon Cooper），時年 25 歲的庫珀之前主要從事生物學的研究，在 1955 年 9 月加入巴丁研究組之前幾乎對超導一無所知，這或許是他的幸運之處，因為他對無數重量級前輩的失敗嘗試將無所畏懼。巴丁故意把庫珀安排和他同一個辦公室，不斷敦促他閱讀文獻資料，並給了他第一個課題 —— 在電子體系存在弱吸引相互作用下如何才能產生一個能隙，這可是巴丁一直百思不得解的難題！就這樣過了幾個月，庫珀仍毫無收穫，非常鬱悶和煩惱，對自己這個課題一度感到迷惘。聖誕節假期回來後，庫珀重新理清思路，面對複雜得多的電子體系，他乾脆一不做二不休，把研究對象簡化到了兩體問題：一對相互作用電子同時滿足動量相反和自旋相反兩個條件。庫珀是幸運的，他這個簡化一下子抓住了物理的本質，很快就推導出能隙的存在。也就是說，一對電子之間倘若存在弱的吸引相互作用，只要滿足動量相反和自旋相反，就可以實現穩定的低能組態！那麼，巴丁關於超導起源於電子 - 聲子相互作用的設想，從理論上來說，是完全可行的[9]。下一步的關鍵，是尋找到適合的理論方程式和其合理解，任務落到了另一個更加年輕的人身上。

1955 年，巴丁從麻省理工學院招來一名有著電子工程學習經歷的研究生 —— 24 歲的施里弗（John Schrieffer）。估計是與這位同名不同姓且相似科系出身的年輕學生有惺惺相惜之情，巴丁一下子給了施里弗 10 個研究課

題任由他選擇，並把難度最大的超導問題列為第 10 個。面對眼前那麼多選項，施里弗問了派因斯和李政道的合作者法蘭西斯・勞（Francis Low），得到的回答是：既然你這麼年輕，那麼不妨浪費一兩年青春到超導這樣的難題上，說不定有所收穫呢！於是施里弗捲起袖子就和超導槓上了。同樣的，年輕，且無所畏懼，結果卻也是難有進展！ 1956 年，巴丁在高高興興跑去斯德哥爾摩領關於三極管發明的諾貝爾物理學獎之前，特別叮囑學生施里弗趕緊加快腳步研究，期待回來討論一下。施里弗因而緊張了好一段時間，估計也沒少找庫珀訴苦過，或找派因斯和李政道等聊天。偶然一次在粒子物理學家的學術報告中，他發現粒子物理裡面的朝永變分法可以借鑑過來，在回程就寫出了關於超導電子系統的波函數。第二天施里弗勢如破竹地成功解出了超導的方程式，在機場和庫珀碰面並告訴他這個突破，回到學校兩人便跟巴丁彙報了進展 [10]。

　　巴丁對施里弗完成的小目標非常滿意，也迅速意識到其重要性。接下來他給施里弗和庫珀兩人定下來一個大目標 —— 徹底解決常規超導微觀理論！為此，三個人閉關多月，各自分工，用他們尚未成型的理論去計算解釋目前超導實驗觀測到的各種現象。結果非常完美，他們完全從理論上解釋零電阻、比熱容量躍變等奇異的超導性質。於是他們趕緊發表了關於超導微觀理論的第一篇論文 [11]，並在 1957 年的美國物理學會年會上進行報告。隨後，他們也完成了邁斯納效應的理論解釋，並發表了第二篇超導理論論文 [12]。系統化的常規金屬超導微觀理論，從此宣告誕生，後以三人的名字抬頭字母命名為 BCS 理論（圖 13-4）[10]。特別是超導的載體 —— 配成對的超導電子對，又被命名為庫珀對。巴丁的執著，終於換來了成功的這一天！

　　BCS 理論的核心思想在於：兩個動量相反、自旋相反的電子，可以透過交換原子晶格振動量子 —— 聲子而產生間接吸引相互作用，從而組成具有能隙的低能穩定態 —— 超導態。電子為何能產生間接吸引作用？可以直觀理解如下：由於電子帶負電，失去外層電子的原子晶格帶正電，所以當一個電子路過時，會因局域的庫侖相互作用而導致周圍帶正電的原子晶格形成微

小畸變，相當於電子把能量傳遞給了原子晶格體系，等下一個動量相反的電子路過時，將產生相反的效應，即原子晶格畸變恢復過程中把能量傳遞給了另一個電子（圖 13-5）。配成庫珀對的電子為何能實現零電阻效應？可以簡單理解為，因為配對電子動量是相反的，當其中一個電子得到能量，另一個電子必然失去同等能量（注：實際上就是和原子晶體發生能量交換），所以電子對中心能量並不因此發生改變，或者說，電子對可以實現無能量損失的運動──也即零阻礙。至於邁斯納效應的 BCS 理論解釋要更為複雜，這裡就不做介紹了。BCS 理論是一個典型的「從一到二」的物理學模型，即不再糾結單個電子在原子晶格中的運動模式，而是探索一對電子的運動。嚴格來說，BCS 理論描述的也不僅僅是一對電子的行為，而是一群電子的集體行為，因為實際上庫珀電子對的空間大小在 100 奈米左右，是原子間距的 1,000 倍。電子發生配對後，要形成超導電性，還必須經歷另一個步驟──步調一致地集體運動，用物理語言來說，就是電子對的位相要一致，然後所有電子對才能凝聚成低能組態。就像舞池裡跳交際舞的男女一樣，音樂響起的時候，大家按照相同的旋律和步調舞動起來，看似人多，卻也互不干擾。總結來說，實現超導必須有：配對、相干、凝聚這三個步驟，理解這一點非常重要 [13]。

巴丁
1908 － 1991

庫珀
1930 －

施里弗
1931 － 2019

圖 13-4 建立常規超導微觀理論的三位科學家
（來自諾貝爾獎官網）

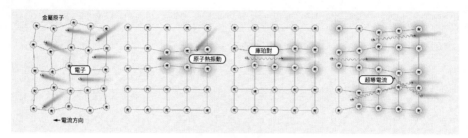

圖 13-5 常規超導微觀理論「BCS」理論
（孫靜繪製）

　　原本紛繁複雜的物理現象，在巴丁、庫珀、施里弗三人的神來之筆下，變得非常簡潔優美。李政道為此授意著名畫家華君武做了一副關於 BCS 超導理論的漫畫，在 C_{60} 組成蜂巢上，蜜蜂只有單邊翅膀，只有左翅膀蜜蜂抱住右翅膀蜜蜂，成雙成對後，才可以暢行紛飛。正所謂「雙結生翅成超導，單行苦奔遇阻力」（圖 13-6）。一個成雙入對的思想，解決了困擾物理學家 40 餘年的難題，這就是 BCS 理論魅力所在 [10]。

圖 13-6 華君武漫畫「雙結生翅成超導、單行苦奔遇阻力」
（孫靜重繪）

　　派因斯和李政道等因錯失發現超導微觀理論的機會，難免有些後悔。不過，派因斯後來在固體物理學（主要是超導理論的發展）和理論天體物理學等方面做出了許多重要貢獻。而李政道和楊振寧共同做出的關於弱相互作用中宇稱不守恆的工作，恰恰是在 1956 年左右，那一年李政道也才 29 歲。因為這個工作，次年（1957 年）在 BCS 理論誕生之際，李政道和楊振寧同樣獲得了一枚諾貝爾物理學獎章。

　　然而，關於 BCS 理論，諾貝爾獎卻姍姍來遲，直到 15 年後的 1972 年，才被授予諾貝爾物理學獎。可見物理學界接受關於電子配對這個新思想，也是費了一段時間。要證明 BCS 理論的正確性，除了解釋已有的超導性質外，還需要驗證它所預言的一些效應，特別是庫珀電子對的觀測。1962 年，雷托（William A. Little）和帕克斯（Roland D. Parks）在平行磁場下的通電超導圓筒中觀測到了超導臨界溫度的週期振盪，由此證明單個磁通量子確實需要兩個電子來維持，即存在庫珀電子對 [14]。蘇聯科學家博戈柳博夫（Nikolay Bogoli-ubov）利用量子場論，分析了超導電子對在激發態下的行為。他認為超導電子配對之後，和液氦發生超流具有相似的物理過程，都是因為它們狀態可以等效為新的玻色子，從而發生凝聚形成穩定基態，其激發態表現為費米能上下存在對稱的準粒子 [15]。所謂準粒子，指的並不是真實可以獨立存在的粒子，而是固體材料中某些相互作用的量子化形式。例如，晶格振動的能量量子就是聲子，而超導電子對在激發態的準粒子則被稱為博戈柳博夫準粒子。實驗上，可以直接觀測到博戈柳博夫準粒子，也同樣證實了 BCS 理論 [16]。

　　值得一提的是，庫珀和施里弗做出諾貝爾獎等級的研究時都還很年輕（24 ～ 25 歲），另一位因超導穿隧效應獲諾貝爾獎的約瑟夫森，也是在年僅22 歲時做出的研究。年輕人開放的思想和勇於挑戰的精神，或許是他們取得成功的原因之一。約翰‧巴丁分別於 1956 年和 1972 年獲得兩次諾貝爾物理學獎，是歷史上目前唯一獲得兩次諾貝爾物理學獎的科學家（圖 13-7）。而諾貝爾獎歷史上也僅有 4 位科學家獲得兩次獎項，除巴丁外，還包括瑪里‧居禮（1903 年物理學獎、1911 年化學獎）、萊納斯‧鮑林（Linus Paul-

圖 13-7 巴丁的諾貝爾獎證書和獎章
（由威廉‧巴丁和劉真提供）

ing）（1954 年化學獎、1962 年和平獎）、弗雷德里克‧桑格（Frederick Sanger）（1958 年和 1980 年化學獎）。一個非常有趣的插曲是，巴丁在 1956 年領取諾獎的時候，把他的兩個兒子威廉‧巴丁（William A. Bardeen）和詹姆斯‧巴丁（James M. Bardeen）丟在旅館。主持人問他孩子哪裡去了，巴丁說他不知道還可以帶親屬來頒獎現場，主持人只好說，那下次別忘了！沒想到，還真的有下一次！那就是 1972 年的超導理論獲獎！約翰‧巴丁的兩個兒子都是成名的物理學家，其中威廉是粒子物理學家，後來被選為大型強子對撞機 SSC 的理論組長，只是不幸該專案因預算超支等問題而中途夭折；詹姆斯是理論天體物理學家，在黑洞物理方面做出了傑出貢獻，找到了愛因斯坦場方程式的一個嚴格解——命名為巴丁真空。巴丁的女兒也嫁給了一位物理學家，稱他們家為「物理世家」，一點都不為過。1975 年 9 月和 1980 年 4 月，約翰‧巴丁曾兩次到訪中國，訪問了北京大學、清華大學、復旦大學、中國科學院等多處科學研究單位，黃昆、謝希德、周培源、盧鶴紱、章立源等多名國內物理學家與之討論 [3]。其中訪問中國科學院物理研究所時，在場的研究生問巴丁獲得兩次諾貝爾物理學獎殊榮的「訣竅」是什麼？巴丁笑答：「三個條件：努力、機遇、合作精神，缺一不可。」的確，對科學真諦乃至應用前景的孜孜不倦追求，在恰當的時機進入一個重要的領域，尋找合適且可信賴的合作夥伴，這三點鑄就了巴丁一生輝煌的科學成就 [17]。約翰‧巴丁一生獲獎無數，被評為「20 世紀最具有影響力的 100 位美國人」之一，於 1991 年因心臟衰竭在美國去世，享壽 82 歲。

　　BCS 理論的物理思想深深影響了一代代物理學家。例如「兩兩配對」的機制被廣泛應用於核子交互作用、He-3 超流體、脈衝中子雙星等 [18]，[19]，只是配對對象和相互作用力不同而已。關於自發對稱破缺的思想更是直接被許多粒子物理學家借鑑，提出了湯川相互作用、希格斯機制等（圖 13-8）[20]，對揭示我們世界的起源造成了重要作用。物理的精髓，就是彼此相通的！

圖 13-8 希格斯玻色子理論借鑑了 BCS 理論思想
（來自 beyinsizler）

參考文獻

[1]　曹則賢．物理學咬文嚼字之八十：特別二的物理學 [J]．物理，2016，45（10）：679-684．

[2]　Schmalian J et al. Failed theories of superconductivity[J]. Mod. Phys Lett B, 2010, 24: 2679.

[3]　盧森鎧，趙詩華．著名物理學家約翰・巴丁及其兩次中國之行 [J]．大學物理，2008，27（9）：37-42．

[4]　Maxwell E. Isotope Effect in the Superconductivity of Mercury[J]. Phys. Rev., 1950, 78(4): 477 & Reynolds C A et al. Superconductivity of Isotopes of Mercury[J]. Phys. Rev., 1950, 78(4): 487.

[5]　Tinkham M. Introduction to Superconductivity[M]. Dover Publications, 1996.

[6]　https://en.wikipedia.org/wiki/Herbert_Fröhlich.

[7]　Lee T D, Pines D. The Motion of Slow Electrons in Polar Crystals[J]. Phy. Rev., 1952, 88(4): 960.

[8]　Bardeen J, Pines D. Electron-Phonon Interaction in Metals[J]. Phy. Rev., 1955, 99(4): 1140.

[9]　Cooper L N. Bound Electron Pairs in a Degenerate Fermi Gas[J]. Phys. Rev., 1956, 104(4): 1189-1190.

[10]　Cooper L N, Feldman D. BCS: 50 Years[M]. World Scientific Publishing, 2010.

[11]　Bardeen J, Cooper L N, Schrieffer J R. Microscopic Theory of Superconductivity[J]. Phys. Rev., 1957, 106(1): 162-164.

[12]　Bardeen J, Cooper LN, Schrieffer J R. Theory of Superconductivity[J]. Phys. Rev., 1957, 108(5): 1175-1204.

[13]　Schrieffer J R. Theory of Superconductivity[M]. Perseus Books, 1999.

[14]　Little W A, Parks R D. Observation of Quantum Periodicity in the Transition Temperature of a Superconducting Cylinder[J]. Phys. Rev. Lett., 1962, 9: 9.

[15]　Bogoliubov N N, Tolmachev V V, Shirkov D V. A New Method in the Theory of Superconductivity[M]. New York: Consultants Bureau, 1959.

[16]　Shirkov D V. 60 years of Broken Symmetries in Quantum Physics (From the Bogoliubov Theory of Superfluidity to the Standard Model)[J]. Phys. Usp. 2009, 52: 549-557.

[17]　Pines D. Biographical Memoirs: John Bardeen[J]. Proc. Ame. Philo. Soc., 2009, 153(3): 287-321.

[18]　Peskin M E., Schroeder D V., An Introduction to Quantum Field Theory[M]. Addison-Wesley, 1995.

[19]　Haensel P., Potekhin A Y., Yakovlev D G., Neutron Stars[M]. Springer, 2007.

[20]　Higgs P W. Broken Symmetries and the Masses of Gauge Bosons[J]. Phys. Rev. Lett., 1964, 13(16): 508-509.

14 煉金術士的喜與悲：超導材料的早期探索

　　道教三清中的道德天尊 —— 俗稱「太上老君」，在古代人心目中就是一個精於煉丹的神仙[1]。歷朝歷代，不少道士名家沉迷於煉製金丹，也有不少皇帝追求仙丹妙藥。

　　煉丹的主要原料是鉛砂、硫磺、水銀等天然礦物，放到爐火中燒煉而成丹。實際上，就是高溫下這些原料發生了化學反應，生成了新的化合物。正如雍正皇帝在〈燒丹〉一詩中道：「鉛砂和藥物，松柏繞雲壇。爐運陰陽火，功兼內外丹。」煉丹其實是化學研究的雛形，中國古代「四大發明」之一 —— 火藥，就是用硝石、硫磺、木炭等煉丹時發生爆炸而偶然發現的。話說，用木炭和銅爐搭設的煉丹設備，其溫度頂多能達到 1,200℃，一般只能煉化一些低熔點的固體。對於石猴精 —— 孫悟空來說，他的主要成分是二氧化矽，熔點在 1,600℃，怪不得太上老君的八卦爐也無可奈何，只夠把孫悟空煉成火眼金睛，而沒把他徹底消滅。長生不老畢竟只是虛無縹緲的幻想，道士們在不斷煉丹摸索過程中，還發現了新的致富之道 —— 煉金術[2]。用玄乎的語言來說，就是「點石成金」。高溫可以讓礦石熔化或者與其他原材料發生化學反應，從而分離出裡面的金屬，包括金銀在內。

　　無獨有偶，西方世界也早早誕生了煉金術。提出原子概念的古希臘哲學家 —— 德謨克利特，就是煉金術的祖師爺之一，他認為世界上的金屬都有希望煉成金燦燦的黃金，前提是你要足夠虔誠和努力。這一號召，古埃及、古希臘、古巴比倫很多人都投身到轟轟烈烈的煉金術去，試圖把一些便宜的鉛、銅等金屬煉成貴重的黃金。甚至直到近代，我們偉大的物理祖師爺 —— 牛頓他老人家也耗費了大半輩子去研究煉金術，祕密記錄了上百萬字的手稿。和中國人煉丹求仙求富不同的是，西方人終究在煉金術中誕生了近代科學 —— 化學。他們試圖把各種各樣的原料進行分離，尋找其中最本質的成分 —— 元素。法國的安托萬 - 洛朗．德．拉瓦錫（Antoine-Laurent de

Lavoisier）就是代表性人物之一，這位仁兄有一個既貌美如花又博學手巧的夫人，兩人經常一起研究各種物質的化學成分（圖 14-1）。拉瓦錫開創了定量化學研究方法，發現了氧氣和氫氣的存在，也預測了矽的存在，首次提出了「元素」的定義，並於 1789 年發表了第一個含有 33 種「元素」的化學元素表，可謂是「近代化學之父」。

圖 14-1 拉瓦錫與夫人在做實驗
（ 雅克 - 路易‧大衛 畫作 ）

　　或許是巧合，第一個被發現的超導體 —— 金屬汞，也是煉金術士最常用的原料之一。因為汞在常溫下是銀白色液態，氧化汞又呈現出鮮豔的紅色，兩者都極具魅力，符合金丹的神祕氣質。汞和氧化汞都有劇毒，容易分解或蒸發，吸入一點點就可能頭暈目眩，頗有飄飄欲仙之感，一旦吸入過多，就一命嗚呼，真上西天去了。幸好，有了諸如拉瓦錫、門得列夫（Dmitri Mendeleev）等近代化學家的努力，人們終於清楚了解到自然界是由多種元素組成，整體構成一個元素週期表。汞，無非是其中一種普通元素而已。自從荷蘭的昂內斯發現單質汞可以超導之後，物理學家就把元素週期表翻了

個透，到處尋找可能超導的元素單質。結果是令人可喜的：汞的超導電性並不是特例，很多金屬單質在低溫下都可以超導，只要溫度夠低！例如人們生活中常用的易熔的錫，超導溫度為 3.7K；厚重的鉛，超導溫度為 7K；亮白的鋅，超導溫度為 0.85K；輕薄的鋁，超導溫度為 1.2K；熔點很高的鉬和鈮，超導溫度分別為 4.5K 和 9K。一些金屬在常壓下難以超導，還需要靠施加外界壓力才能超導，如鹼土金屬鈣、鍶、鋇等，許多非金屬如矽、硫、磷、砷、硒等也完全可以在高壓下實現超導。剩下的一些不超導的單質，要麼活性很低 —— 如惰性氣體，要麼磁性很強 —— 如錳、鈷、鎳、鑭系和錒系元素等，要麼具有很強的放射性，如 84 號釙及以上的元素等。有意思的是，導電性很好而且在生活中利用歷史最悠久的金、銀、銅三者均不超導，也有可能是超導溫度實在太低，以至於現代精密儀器都無法測量到。總而言之，如果為元素週期表中超導的元素單質上色，就會發現大部分元素都是可以超導的（圖 14-2）[3]。

　　超導，並不如想像的那樣特別！但是不同元素單質的超導臨界溫度，千差萬別！

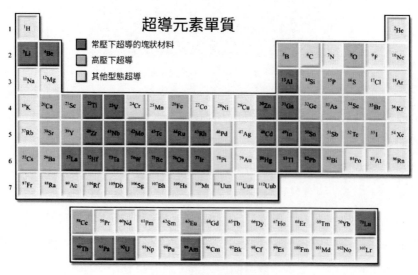

圖 14-2 超導元素週期表 [3]

（作者繪製）

　　究竟是什麼因素影響了超導的臨界溫度？理論物理學家率先展開了思考。根據巴丁、庫珀、施里弗的 BCS 理論，金屬中的超導電性來自電子間透過交換晶格振動量子 —— 聲子而配對，那麼電子和聲子、電子和電子之間的相互作用，必然會對超導電性造成重要影響。原子的熱振動就像兩個原子間連著一根彈簧一樣，彈簧的粗細長短將直接決定原子振動的能量，穿梭其中的電子也將為此受到影響（圖 14-3）[4]。愛因斯坦曾認為原子振動皆是一種頻率分布，建立了第一個聲子的理論模型，但這個模型過於簡單粗糙，無法準確解釋固體的比熱。德拜（Peter Debye）在此基礎上做了改進，考慮了多個分支的不同頻率的聲子分布，建立了聲子的德拜模型，很好地解釋了實驗數據。根據德拜的理論，原子熱振動存在一個截止頻率 —— 被稱為「德拜頻率」，也就是說，連接原子的「彈簧」也有它的極限，再強只會崩斷，原子晶格失穩，固體發生塌縮或熔化。BCS 理論預言，超導體的臨界溫度，就和原子晶格振動最大能量 —— 德拜頻率以及聲子態密度（單位體積的聲子數目）正相關[5]。

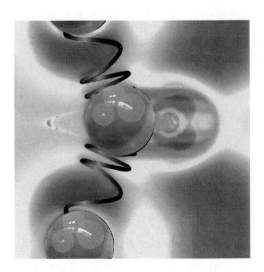

圖 14-3 固體中的原子振動 —— 聲子
（孫靜繪製）

　　然而，在理論家進行詳細計算時，發現有些金屬單質中的超導臨界溫度並不是如此簡單。特別是實驗上有了賈埃弗的超導穿隧效應數據，他發現實際穿隧效應曲線的邊緣並不像 BCS 理論預言的那麼光滑，而總是存在一些彎彎曲曲的特徵，並且隨溫度還有變化 [6]。理論和實驗的細微矛盾引發物理學家深入思考了背後原因，原來巴丁、庫珀、施里弗的 BCS 理論早期只考慮了電子和聲子之間的弱相互作用，也就是說兩者耦合很小。理論家伊利希伯格（G. M. Eliashberg）很早注意到了這個問題，他充分考慮了電子配對過程的延遲效應和聲子強耦合機制，提出了一個複雜的關於超導臨界溫度的模型 [7]。威廉‧麥克米倫（William L. McMillan，圖 14-4）在此基礎上進行了簡化近似，得到了一個更為準確的超導臨界溫度經驗公式，其中一個重要的決定性參數就是電子 - 聲子耦合參數，它和聲子的態密度成正比 [8]。麥克米倫的經驗公式非常完美地解釋了超導穿隧效應的實驗曲線 [9]，他本人也因這項重要成果而獲得 1978 年的倫敦獎（超導研究領域的理論方面大獎）。作為繼施里弗之後的巴丁的第二個得意門生，生於 1936 年的麥克米倫無疑是同時期最年輕有才的凝聚態物理理論家。他憑藉關於液氦超流理論的博士學位論文獲得了巴丁等人的賞識，從伊利諾大學畢業後轉到貝爾實驗室繼續科學研究工作。令人刮目相看的是，這位看似木訥、說話結巴、報告時超緊張的長鬍子年輕人，在液晶、層狀材料、自旋玻璃態、局域化現象等多個重要凝聚態物理方向上取得了一項項重要成果。可惜天妒英才，1984 年麥克米倫慘遇車禍，一位剛開始學車的年輕女士意外結束了這位才華橫溢的理論物理學家年僅 48 歲的年輕生命 [10]。為了紀念麥克米倫，他的朋友和同事設立了「麥克米倫獎」，用於年度獎勵一位年輕的凝聚態物理學家，不少超導領域的科學家包括數位華人在內曾獲此殊榮，他們個個在超導領域的貢獻功勛卓著，或許算是對麥克米倫在天之靈的一種慰藉吧！

　　另一方面，實驗物理學家也在不斷努力探索和嘗試。1930 年左右，大家發現常壓下最高臨界溫度的單質是金屬鈮（9K），繼而在鈮的化合物中尋找超導。後來發現氧化鈮、碳化鈮和氮化鈮都是超導體，特別是 $NbC_{0.3}N_{0.7}$

圖 14-4 威廉‧麥克米倫
（來自伊利諾大學香檳分校）[10]

的臨界溫度達到了 17.8K，幾乎是單質鈮臨界溫度的兩倍。由此啟示人們在更多合金或金屬 - 非金屬化合物中尋找超導，在一大類稱為 A15 結構的合金中找到了許多超導體：Nb_3Ge（23.2K）、Nb_3Si（19K）、Nb_3Sn（18.1K）、Nb_3Al（18K）、V_3Si（17.1K）、Ta_3Pb（17K）、V_3Ga（16.8K）、Nb_3Ga（14.5K）、V_3In（13.9K）等。這些材料超導溫度都在 10K 以上，最高的是臨界溫度為 23.2K 的 Nb_3Ge，很奇怪的是，一直到 1970 年代，超導溫度紀錄也未能突破 30K，似乎上面有一層「看不見的天花板」。理論物理學家對此並不驚訝，科恩（Walter Kohn）和安德森（Philip Anderson）根據麥克米倫的公式和 BCS 理論 [10]，做了一個簡單的估算，在原子晶格不失穩的前提下，超導臨界溫度不能超過 40K。原來，這就是禁錮超導臨界溫度的「緊箍咒」，後來人們稱之為「麥克米倫極限」。1911 至 1986 年，整整 75 年時間裡，超導材料的臨界溫度一直沒能突破麥克米倫極限（圖 14-5），加上 BCS 理論的巨大成功，讓不少人對超導「煉金術」逐漸失去了耐心和信心。畢竟，40K 的臨界溫度還是太低了，超導材料的應用仍然需要耗費昂貴的液氦或危險的液氫，前途渺茫。

應用物理學家並沒有放棄，因為金屬的良好延展性和可塑性，金屬或合金超導材料是理想的電纜材料。特別是需要提供大電流和強磁場的時候，超導電纜和普通鋁銅電纜相比還是有不少優勢的，比如

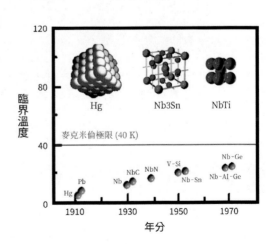

圖 14-5 典型超導單質和合金的發現年代及溫度
（作者繪製）

它的體積相對較小，沒有熱量或損耗產生，可以在環路實現持續穩定的磁場等。也正是因為如此，人們先後研製了多種超導單相纜線、多相電纜和帶材等，如今廣泛應用到了超導輸電、儲能、發電、磁體等多方面。美國政府曾經設想搭建一套全國超導電網，利用液氫來冷卻超導纜線，輸電損耗就能大大減少，液氫到家裡後又可以作為清潔能源（圖 14-6）。日本科學家甚至提出利用超導線材把世界各地的風能、太陽能、潮汐能等清潔能源產生的電力連接起來，構造一個全球化的超導供電網路，讓 70 億地球人都能受益。雖然如此宏大的設想由於種種原因，當前還沒實現，但是未來誰也說不準。畢竟，夢想還是要有的，萬一哪天實現了呢？

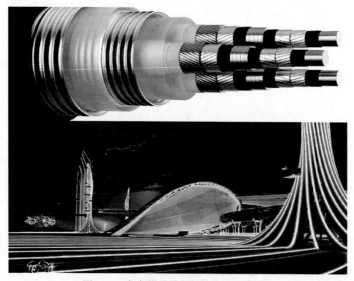

圖 14-6 三相超導電纜與超導電路網設想圖
（來自 NKT 公司網頁及 eVolo）

參考文獻

[1]　宋元時道士．太上老君歷世應化圖說，年代不詳．

[2]　何躍青．中華神祕文化：相術文化 [M] ．北京：外文出版社，2011．

[3] 羅會仟，周興江．神奇的超導［J］．現代物理知識，2012，24（02）：30-39．

[4] Jin H et al. Phonon-induced diamagnetic force and its effect on the lattice thermal conductivity[J]. Nature Materials 2015, 14, 601-606.

[5] Tinkham M. Introduction to superconductivity[M]. New York: Dover Publications Inc., 2004.

[6] Giaever I, Hart H R Jr. and Megerle K. Tunneling into Superconductors at Temperatures below 1° K[J]. Phys. Rev., 1962, 126: 941.

[7] Eliashberg G M. Interactions between electrons and lattice vibrations in a superconductor[J]. Sov. Phys. JETP, 1960, 11(13): 696.

[8] Andreev A F et al. Gerasim Matveevich Eliashberg (on his sixtieth birthday)[J]. Sov. Phys. Usp. 1990, 33(10): 874-875.

[9] McMillan W L, Rowell J M. Lead Phonon Spectrum Calculated from Superconducting Density of States[J]. Phys. Rev. Lett., 1965, 14: 108.

[10] Anderson P W. National Academy of Sciences. Biographical Memoirs V. 81[M]. Washington, D C: The National Academies Press, 2002.

第 3 章　青木時代

　　儘管在理論上有許多困難和所謂的「極限」，自 1911 年發現第一個超導體以來，人們探索超導材料的腳步就從未停止過。在繁盛的時期，每月、每週甚至每天都在發現新超導體。如今，已有成千上萬種超導材料被發現，它們廣泛存在於金屬、合金、金屬間化合物、氧化物甚至有機物等各種材料類型中，超導這棵大樹不斷萌發新芽、枝繁葉茂、碩果纍纍。

　　在本章將著重介紹除高溫超導之外的幾類典型的超導家族，包括氧化物超導體、重費米子超導體、有機超導體和輕元素超導體等，並介紹 2001 年「新發現」的二硼化鎂超導體。這些超導家族形態各異，物性千奇百怪，發現的歷程也充滿曲折和戲劇性。

15 陽關道、醉中仙：氧化物超導體

　　氧，是我們這個蔚藍地球分布最廣的重要元素，遍及岩石層、水層和大氣層，占據地殼元素含量的 48.6%。幾乎地球上的所有生命體都依賴於呼吸氧氣，氧氣占據了空氣的 21%，僅次於氮氣（占 78%）。地球上空的臭氧，如同一把巨大的遮陽傘，大幅削弱了對生物有害的紫外線。可以說，如果沒有氧的存在，也就沒有如今地球表面的繁榮生命，人類也不復存在。

圖 15-1 氧氣的製備方法
（孫靜繪製）

　　關於氧元素的認識，起源於 18 世紀初的「燃素說」。德國化學家斯塔爾（Georg Stahl）等提出一切可燃物質由灰燼和「燃素」組成，燃素在燃燒後轉化為光和熱。隨著煉金術的發展，人們分析了燃燒前後物質重量的變化，發現金屬燃燒後剩下的灰燼重量反而增加了，燃素說也就顯得不再可靠。1771 至 1774 年，瑞典的舍勒（Carl Scheele）和英國的普利斯特里（Joseph Priestley）各自從燃燒後的物質出發，在加熱氧化汞、氧化錳、硝石等時實際上制得了氧氣——當時他們稱之為「脫去燃素的空氣」或「火空氣」。1774 年，法國化學家拉瓦錫從普利斯特裡的實驗得到啟示，確認了這種支持燃燒的氣體是一種新的元素，金屬煅燒後增加的質量就來自它（圖 15-1）[1]。拉瓦錫命名該氣體為 Oxygen（氧），由希臘文 oxus- 和 geinomai 組成，即「成酸的元素」的意思，取其化學符號為 O。清末我國的徐壽把這種氣體稱為「羊氣」，後人們改為「氧氣」[2]。氧氣和古文中的陽氣諧音，正如《管子·形勢解》曰：「春者，陽氣始上，故萬物生。」氧氣就像萬物生長之氣一樣，促使這個世界生機勃勃。陽關大道意味著光明的前途和蓬勃的發展。

在探索超導材料之路上，也存在這麼一條「陽關大道」—— 氧化物超導體。其中最著名的，當屬銅氧化物高溫超導體，由於其重要性和特殊性，我們將在後續章節單獨詳細介紹。必須強調的是，在發現銅氧化物高溫超導體之前，許多氧化物超導體就已經被發現；在發現銅氧化物超導體之後，同樣也有許多氧化物超導體不斷被發現。這些氧化物超導體千奇百怪，又似乎存在某些共性，為超導材料的探索提供了廣闊且確定的思考空間[3]。此節，讓我們一起來談談陽關道上的超導體，以及與之類似或相關的其他氧族（硫、硒、碲）化物超導體。

第一個被發現的氧化物超導體是 $SrTiO_3$（鈦酸鍶），於 1964 年被發現，距離 BCS 理論的建立僅 7 年。儘管 $SrTiO_3$ 的超導臨界溫度僅有 0.35K，但它的發現意義非凡[4]。作為第一個有別於傳統金屬或合金的氧化物超導體，和大部分陶瓷材料一樣，鈦酸鍶一般是絕緣體，僅有在摻雜如金屬鈮等之後才能導電，很難想像這類材料也能超導。在結構上，鈦酸鍶屬於鈣鈦礦結構材料，其基本結構單元是以氧原子為頂點的氧八面體，這類結構的氧化物家族非常豐富，物質性質也千變萬化，是否有更多的鈣鈦礦材料具有超導電性？答案是肯定的！很快，第二個氧化物超導體 Na_xWO_3 也被發現，它的學名叫做鎢青銅，同樣含有類似的氧八面體結構，臨界溫度為 3K[6]。1975 年，又一個類鈣鈦礦結構的材料 $BaPb_{1-x}Bi_xO_3$ 被發現，臨界溫度達到了 17K[8]，隨後在 1988 年，和鉍氧化物類似結構的材料 $Ba_{1-x}K_xBiO_3$ 被發現，臨界溫度一下子提高到了 30K[9]。只是，由於 1986 年人們在銅氧化物 $La_{2-x}Ba_xCuO_4$ 中發現了 30 K 的超導電性[10]，並隨後迅速突破了 77 K 的液氮沸點[11]，鉍氧化物中的超導電性研究反而被冷落。仔細對比銅氧化物超導體的結構就會發現，其實銅氧化物超導體也同樣屬於含氧八面體的鈣鈦礦這一大類材料，只是它們的超導電性比較特殊罷了。和 La_2CuO_4 類似的材料還有釕氧化物 Sr_2RuO_4，它的超導溫度僅有 1.2K，但和傳統的金屬材料超導具有很大的區別，其物理起源至今仍不清楚[12]。釕氧化物有不少含有氧八面體的家族成員，除了 214 型外，還有 327 型的 $Sr_3Ru_2O_7$ 等[13]，只是它們不一定超導（圖 15-2）。

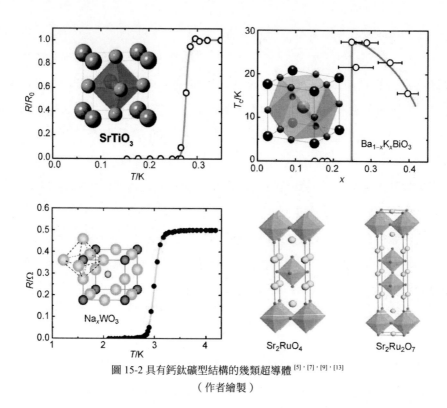

圖 15-2 具有鈣鈦礦型結構的幾類超導體 [5]、[7]、[9]、[13]

（作者繪製）

　　除了鉍氧化物和釕氧化物外，還存在大量的具有類似氧八面體或四面體結構的氧化物材料，這些材料整體形貌是立方體或長方體，人們多年以來也在其中不斷探索和尋找可能的超導體。典型的體系有，銥氧化物：$SrIrO_3$、Sr_2IrO_4、$Nd_2Ir_2O_7$ 等 [14]、[15]，鈦氧化物：$Dy_2Ti_2O_7$、$LiTi_2O_4$、$BaTi_2Sb_2O$ 等 [16]、[17]，鈮氧化物：$LiNbO_2$、$BaNbO_3$、$Sr_{1-x}La_xNb_2O_6$ 等 [18]、[19]，鋨氧化物 $BaOsO_3$ 等 [20]（圖 15-3）。按照元素配比的劃分，這些材料結構可以歸類為 113、214、227、124 等，它們中間有的材料發現了確切的超導電性，如尖晶石結構的 $LiTi_2O_4$（T_c=12.4K）、六角結構的 $LiNbO_2$（T_c=5.5K）等，也有些材料在特殊情況下出現了可疑超導電性，甚至有少量報導聲稱鈮氧化物 $Sr_{1-x}La_xNb_2O_6$ 具有 100K 以上的超導，後來證實是實驗假象 [21]。氧化物材料的複雜結構，同樣意味著複雜的微觀電子態行為和多變的宏觀物性，多年以來不僅是超導領域的研究熱點和難點，也是整個凝聚態物理研究的一大塊重

要領域。例如，在一些具有 227 型燒綠石結構的材料如 $Dy_2Ti_2O_7$ 中，電子的自旋被凍結在固定的位置，人們甚至可以在其自旋動力學行為中尋找「磁單極子」、「希格斯相變」等奇異物態或物性的存在 [22]、[23]。

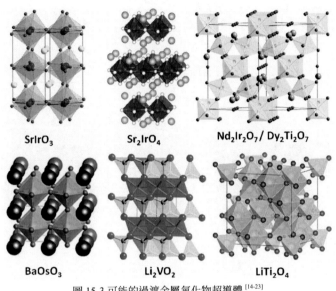

SrIrO$_3$　　　　　Sr$_2$IrO$_4$　　　　　Nd$_2$Ir$_2$O$_7$/ Dy$_2$Ti$_2$O$_7$

BaOsO$_3$　　　　　Li$_2$VO$_2$　　　　　LiTi$_2$O$_4$

圖 15-3 可能的過渡金屬氧化物超導體 [14-23]

（作者繪製）

　　鈷氧化物中的超導材料目前發現的相對較少。具有 CoO_2 層狀的材料 Na_xCoO_2，僅有在特殊情況下超導，Na 的含量要少，而且晶體材料還得「喝水」。就像蒸包子一樣，包子喝水以後會發麵造成體積膨脹，Na_xCoO_2「喝水」之後，CoO_2 層的間距將被水分子撐開，最終出現 5K 左右的超導電性 [24]。無獨有偶，在鐵基超導材料中，一類鐵硒／鐵碲／鐵硫化合物在「喝酒」情況下也會出現超導或者改善超導性能。日本科學家饒有興致地把 $FeTe_{0.8}S_{0.2}$ 材料浸泡在不同酒裡面，發現它對酒類「獨具品味」——單純泡在乙醇水溶液裡面超導體積比在 10% 以下，但是在葡萄酒裡面泡過則達到了 50% 以上！其最愛的酒是來自法國中部保羅波德酒莊（Paul Beaudet）在 2009 年生產的薄酒萊紅葡萄酒（Beajoulais）[25]（圖 15-4）。真可謂是「醉翁之意不在酒，在乎超導之間也。超導之樂，得之理而寓之酒也。」

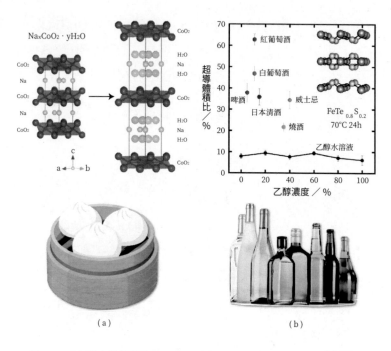

圖 15-4　(a) 喝水的超導體 Na_xCoO_2；(b) 喝酒的超導體 $FeTe_{0.8}S_{0.2}$ [24]、[25]
（作者繪製）

對於大部分氧化物超導體來說，其內部都基本具有面內正方結構，並且呈現層狀堆疊。層狀效應（二維性）越強的材料，其超導臨界溫度往往越高。出於此規律總結，人們逐漸拓展視野到了低維材料中，特別是一些層狀的二維材料甚至一些準一維材料。這類材料在氧化物、硫化物、硒化物等中廣泛存在，也確實在不少材料中發現了超導電性 —— 只不過還需要借助特殊方法來實現。例如一維氧化物材料 $Sr_{14-x}Ca_xCu_{24}O_{41}$ 和一維硫化物材料 $BaFe_2S_3$，這類材料的原子排列成一串一串的，就像一把梯子一樣，而且梯子腿上還有特定的自旋結構，又稱為「自旋梯」材料 [26-28]。在常壓下它們是不超導的，甚至是絕緣體，然而，施加 10 萬個大氣壓左右的外界壓力後，就會出現 12～24K 的超導，而且臨界溫度會隨壓力的變化而變化。對於另一類準一維材料如 MoS_2，則需要透過電壓門控技術將足夠多的電子「注入」到材料內部，才會出現 11K 左右的超導 [29]（圖 15-5）。

172

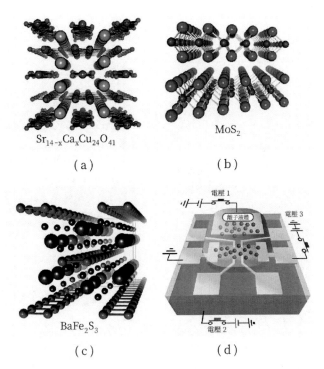

圖 15-5 幾類準一維梯子形結構超導體 [26-29]

（來自 APS/ 作者繪製）

　　在其他一些準二維的硫化物、硒化物、碲化物材料中，只要進行合適的化學摻雜或者外界壓力調控，也會出現超導。不過這個時候，超導電性往往和其他物理現象相伴相生，比如電荷密度波、自旋密度波、反鐵磁性等。Cu_xTiSe_2、Na_xTaS_2、$NbSe_2$ 等材料中就是電荷密度波和超導相互競爭，切開晶體的側面，可以清晰地看到層狀的解理結構，超導就發生在這些二維平面上（圖 15-6）[30-34]。鉍硫化物 $LaO_{1-x}F_xBiS$ 和 $Sr_{1-x}La_xFBiS_2$ 同樣具有類似結構，它們的超導溫度不高，卻可能因為摻雜的變化導致體系從絕緣體轉變為超導體 [35]，[36]。WTe_2 材料則非常有趣，它具有巨大的磁電阻效應，即磁場可以很輕易地改變電阻率大小，但是在高壓下它也能出現 6K 左右的超導 [37]。Bi_2Se_3 材料屬於具有拓撲性質的絕緣體，透過 Cu 離子的摻雜，能夠出現 4K 左右的超導 [38]（圖 15-7）。

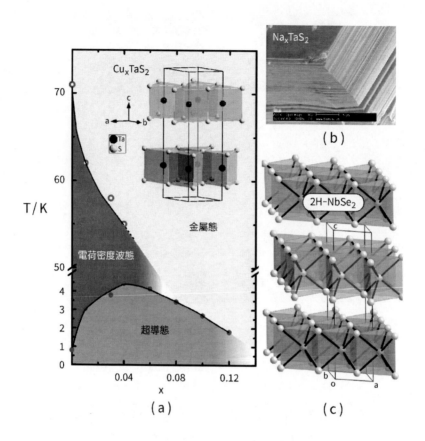

圖 15-6 準二維硫化物／硒化物超導體 [30-34]

（來自 APS）

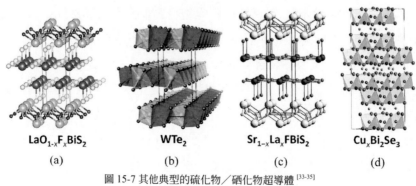

圖 15-7 其他典型的硫化物／硒化物超導體 [33-35]

（來自 APS/JPS/ACS 等）

總結來說，氧八面體和四方結構是氧化物超導體的典型特徵，二維性和易調控是硫化物／硒化物等超導體的共同特徵，化學摻雜、載流子注入、外部高壓是誘導超導的有效武器。因此，尋找新的超導體，往往從這些方面入手，希望的曙光就會多一縷。

正所謂「條條大路通超導」，關鍵是你要能想得到，而且要能做得到！

參考文獻

[1] Cook G A, Lauer C M. Oxygen[M]. New York: Reinhold Book Corporation, 1968.

[2] 王東生 · 氧的發現 [J] · 科學與文化，2007，08 ·

[3] Cava R J. Oxide Superconductors[J]. J. Am. Ceram. Soc., 2000, 83(1): 5-28.

[4] Koonce C S, Cohen M L. Superconducting Transition Temperatures of Semiconducting $SrTiO_3$[J]. Phys. Rev., 1967,163(2):380.

[5] http://satori.ims.uconn.edu/phonon-dispersion-srtio3/.

[6] Aliev A E. High-T_c superconductivity in nanostructured Na_xWO_{3-y}: sol-gel route[J]. Supercond. Sci. Technol., 2008, 21:115022.

[7] http://som.web.cmu.edu/structures2/S056-BKBO.html.

[8] Sleight A W, Gillson J L, Bierstedt P E. High-temperature superconductivity in the $BaPb_{1-x}Bi_xO_3$ systems[J]. Solid State Commun., 1975, 17: 27-28.

[9] Cava R J et al. Superconductivity near 30 K without copper: the $Ba4K_{0.4}BiO_3$ perovskite[J]. Nature, 1988, 332: 814.

[10] Bednorz J G, Müller K A. Possible high T_c superconductivity in the Ba-La-Cu-O system[J]. Z. Phys. B., 1986, 64(1): 189-193.

[11] 趙忠賢等 · Ba-Y-Cu 氧化物液氮溫區的超導電性 [J] · 科學通報，1987，32：412-414 ·

[12] Maeno Y et al. Superconductivity in a layered perovskite without copper[J]. Nature, 1994, 372: 532-534.

[13] Matzdorf R et al. Ferromagnetism stabilized by lattice distortion at the surface of the p-wave superconductor Sr_2RuO_4[J]. Science: 2000: 289: 746-748.

[14] Cai Y, Li Y, Cheng J. Perovskite Materials-Synthesis, Characterisation, Properties, and Applications, InTech, 2016.

[15] He J et al. Fermi Arcs vs. Fermi Pockets in Electron-doped Perovskite Iridates[J]. Scientific Reports, 2015, 5: 8533.

[16] Johnston D C et al. High temperature superconductivity in the Li-Ti-O ternary system[J]. Mater. Res. Bull., 1973, 8: 777-784.

[17] Ozawa T C, Kauzlarich S M. Chemistry of layered d-metal pnictide oxides and their potential as candidates for new superconductors[J]. Sci. Technol. Adv. Mater., 2008, 9: 033003.

[18] Geselbracht M J et al. Superconductivity in the layered compound Li_xNbO_2[J]. Nature, 1990, 345: 324.

[19] Ōgushi T et al. Observation of large diamagnetism in La-Sr-Nb-O films up to room temperature[J]. J. Low Temp. Phys., 1988, 73: 305.

[20] Shi Y G et al. A ferroelectric-like structural transition in a metal[J]. Nat. Mater., 2013, 12: 1024.

[21] Solodovnikov S F et al. Search for Superconductors with the Tetragonal Tungsten Bronze Structure in the Sr-La-Nb-O System[J]. Zh. Neorg. Khim., 1995, 40: 179-183.

[22] Bramwell S T et al. Measurement of the charge and current of magnetic monopoles in spin ice[J]. Nature, 2009, 461: 956-959.

[23] Chang L J et al. Higgs transition from a magnetic Coulomb liquid to a ferromagnet in $Yb_2Ti_2O_7$[J]. Nature Commun., 2012, 3: 992.

[24] Takada K et al. Superconductivity in two-dimensional CoO_2 layers[J].

Nature, 2003, 422: 53-55.

[25] Deguchi K et al. Alcoholic beverages induce superconductivity in FeTe$_{1-x}$S$_x$[J]. Supercond. Sci. Technol., 2011, 24: 055008, ibid, Clarification as to why alcoholic beverages have the ability to induce superconductivity in Fe$_{1+d}$Te$_{1-x}$S$_x$[J]. Supercond. Sci. Technol., 2012, 25: 084025.

[26] Dagotto E, Rice T M. Surprises on the Way from One-to Two-Dimensional Quantum Magnets: The Ladder Materials[J]. Science, 1996, 271: 618-623.

[27] Deng G C et al. Structural evolution of one-dimensional spin-ladder compounds Sr$_{14-x}$Ca$_x$Cu$_{24}$O$_{41}$ with Ca doping and related evidence of hole redistribution[J]. Phys. Rev. B, 2011, 84: 144111.

[28] Roh S et al. Magnetic-order-driven metal-insulator transitions in the quasi-one-dimensional spin-ladder compounds BaFe$_2$S$_3$ and BaFe$_2$Se$_3$[J]. Phys. Rev. B 2020, 101: 115118.

[29] Ye J T et al. Superconducting dome in a gate-tuned band insulator[J]. Science, 2012, 338: 1193.

[30] Morosan E et al. Superconductivity in Cu$_x$TiSe$_2$[J]. Nat. Phys., 2006, 2: 544.

[31] Wagner K E et al. Tuning the charge density wave and superconductivity in Cu$_x$TaS$_2$[J]. Phys. Rev. B, 2008, 78: 104520.

[32] Fang L et al. Fabrication and superconductivity of Na$_x$TaS$_2$ crystals[J]. Phys. Rev. B, 2005, 72: 014534.

[33] Noat Y et al. Quasiparticle spectra of 2H-NbSe$_2$: Two-band superconductivity and the role of tunneling selectivity[J]. Phys. Rev. B, 2015, 92: 134510.

[34] Ugeda M M et al. Characterization of collective ground states in single-layer NbSe$_2$[J]. Nature Phys. 2016, 12: 92-97.

[35] Mizuguchi Y et al. Superconductivity in Novel BiS_2-Based Layered Superconductor $LaO_{1-x}F_xBiS_2$[J]. J. Phys. Soc. Jpn., 2012, 81: 114725.

[36] Lei H C et al. New Layered Fluorosulfide $SrFBiS_2$[J]. Inorg. Chem., 2013, 52, 10685-10689.

[37] Kang D F et al. Superconductivity emerging from a suppressed large magnetoresistant state in tungsten ditelluride[J]. Nat. commun., 2015, 6: 7804.

[38] Hor Y S et al. Superconductivity in $Cu_xBi_2Se_3$ and its Implications for Pairing in the Undoped Topological Insulator[J]. Phys. Rev. Lett., 2010, 104: 057001.

16　胖子的靈活與惆悵：重費米子超導體

人類歷史上關於美的評判標準是「與時俱進」的。別看現代女性以瘦為美，在唐朝可是以豐腴為美。而早在春秋戰國時期的詩經，就可以找到「碩人」一詞，所謂「有美一人，碩大且卷」就是 —— 美麗豐滿的女子[1]！所以呢，胖有胖的缺點，胖有胖的優勢，關鍵是 —— 要豐滿到點子上啊！

在超導材料中，有一類材料被稱為重費米子超導體，這就是超導界的「胖子」[2]。胖從何方來？還得回頭從金屬導電性說起。

在絕大部分金屬材料裡面，原子的內層電子被束縛在了帶正電的原子核周圍，而外層電子往往距離原子核很遠，加上內層電子的封鎖效應，金屬中的外層電子大都是「自在奔跑」的，稱之為「巡游電子」。正是由於大量巡游電子的存在，金屬才具有良好的導電能力。而在這種正常情況下，金屬中的巡游電子應該是一個體型勻稱的傢伙，它的「有效質量」（考慮到相互作用之後的理論質量）和金屬外面完全獨立自由的電子質量差異不大。但是，不要忘了，電子還帶有 1/2 的自旋，故而劃分為費米子。電子的自旋導致電子除了可以產生電荷（庫侖）相互作用外，還可以產生磁相互作用。假設把材料中一個個帶正電的原子實換成一個個的局域磁矩，那麼電子的自旋同樣可以與之產生相互作用，造成的物理現象遠要比常規金屬導電複雜（圖 16-1）。

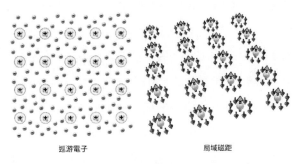

巡游電子　　　　　　　　　局域磁距

圖 16-1 金屬中的巡游電子與局域磁矩

（孫靜繪製）

　　以金屬中的電阻為例。一般來說，隨著溫度的下降，電子受到原子熱振動的干擾就變小，電阻也隨之下降。如果發生超導，電阻會在臨界溫度處突降為零；如果沒有超導，電阻會最終趨於一個有限大小的「剩餘電阻」。有沒有可能金屬的（注意，不是半導體！）電阻會在低溫下反而上升？克耳文猜測電子在低溫下會被「凍結」而導致運動遲緩，使得電阻上升（見第 8 節暢行無阻）。量子力學告訴我們，該理論當然是錯誤的，因為電子是費米子的緣故，在低溫下它無法被「籠絡」在一起，也就很難真正凍住。但是實驗物理學家總是不聽話，偏偏要作出理論家不喜歡的實驗結果 —— 只要在足夠純淨的金屬樣品（比如金）裡摻一點點的磁性雜質如鐵、錳等，在低溫下金屬電阻就隨溫度降低達到極小值後反而指數式地上升 [3], [4]。這個結果讓理論家很抓狂，包括解決常規金屬超導理論的大物理學家巴丁，也百思不得解。終於，在某次小型學術研討會上，一個精瘦的日本年輕人在巴丁和派因斯等面前展示了他的理論解釋。茅塞頓開的巴丁高度讚賞這位叫近藤淳的日本青年，並以他的名字命名這個物理現象為「近藤效應」，其物理實質在於金屬中的巡游電子自旋會與摻雜磁性原子的局域磁矩發生耦合，低溫下的自旋相互作用導致電子受到的散射增強 [5]。這意味著，金屬中的磁性雜質周圍，總是會聚集一堆「愛看熱鬧的」電子，以至於忘了去趕路導電了。而成堆的巡游電子也對磁性雜質形成了封鎖效應，遠處路過的電子就可能「視而不見」並參與導電，電阻在足夠低溫下也會趨於一個飽和值（圖 16-2）。

　　當金屬中的磁性「雜質」濃度越來越大，以至於不再是雜質，而晶體內部局域磁矩就像圖 16-1 那樣有序排列起來 ——「近藤晶格」也就形成了。此情此景下，金屬中的巡游電子就無法繼續自由自在奔跑了，和局域磁矩的近藤相互作用必然導致電子奔跑過程中「拖泥帶水」。最終的結果，就是電子的有效質量迅速增加，原本體態勻稱的傢伙，變成了一個「大胖子」[6]。這個胖子有多胖呢？說出來嚇死人！費米子系統的有效質量與其比熱容係數成正比，常規金屬如銅中電子比熱容係數約為 $1mJ/(mol \cdot K^2)$，但是近藤晶格中的「胖電子」導致的比熱容係數為 $100 \sim 1600mJ/(mol \cdot K^2)$，相當

於有效質量是常規金屬中的 1,000 倍左右 [7]！設想一下，體重 50 公斤的正常人，放到某個地方去，瞬間變成體重 50 噸的巨人，這該如何是好？由於近藤晶格中的電子是如此之重，該類材料又被統稱為「重費米子」材料（圖 16-3）[8-11]。胖子的世界你不懂，重費米子材料的物理性質也變化多端，難以理解，至今仍然是讓物理學家頭痛的大問題之一。

近藤淳（1930－2022）

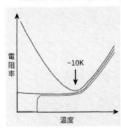

電阻率

~10K

溫度

圖 16-2 近藤淳與近藤效應 [7]
（孫靜繪製）

1975 年，第一個重費米子材料 $CeAl_3$ 被安德列斯（K. Andres）、格拉布納（J. E. Graebner）、奧特（H. R. Ott）等發現，它的比熱容係數達到了 1,620 mJ/(mol·K^2)。首個大胖電子就是重量級的！然而，即使胖子如此之重，它的電阻依然與溫度的平方成正比，這被認為是費米液體的特性（注：作為費米子的電子群體存在弱相互作用後，類比於宏觀材料的液體，稱為費米液

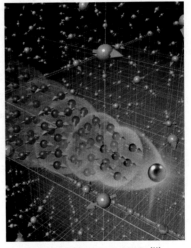

圖 16-3 重費米子形成過程 [11]
（來自普林斯頓大學 Yazdani 研究組）

體）[12]。也就是說，胖歸胖，人家還是像個常規金屬那樣地導電。

　　時間到了 1979 年，「胖子世界」的奇蹟出現了，德國科學家史帝格利茲（Frank Steglich）在重費米子材料 $CeCu_2Si_2$ 中發現了超導現象！儘管超導臨界溫度可憐僅有 0.5K 左右，但邁斯納效應證明是千真萬確的超導體。Ce-Cu_2Si_2 的電子比熱容係數至少為 $1{,}100mJ/(mol \cdot K^2)$，是第一個重費米子超導體[13]。緊接著在 1983 年，重費米子材料發現者之一奧特與費斯克（Zachary Fisk）、史密斯（J. L. Smith）等合作發現第二個重費米子超導體 UBe_{13}，臨界溫度為 $0.9K^{[14]}$。1984 年，費斯克和史密斯再接再厲，和史都華（Gregory Stewart）一起發現第三個重費米子超導體 UPt_3，臨界溫度為 0.5 K（圖 16-4）[15]。重費米子超導的發現，徹底打破了理論物理學家關於磁性和超導「一山不容二虎」的論斷，因為這些材料在低溫都具有一定的磁有序結構。即使在有磁性原子且電子如此之胖的情況下，超導在極寒之下（小於 1K）「依舊笑春風」，令人不得不驚嘆大自然的神奇。

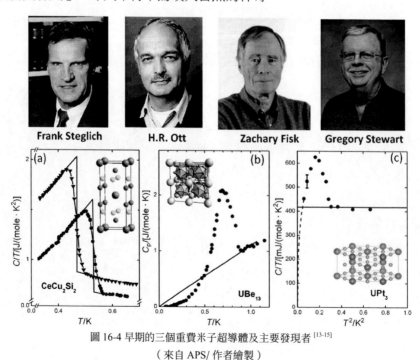

圖 16-4 早期的三個重費米子超導體及主要發現者[13-15]

（來自 APS/ 作者繪製）

　　許多新超導體的發現都伴隨著偶然因素，也有必然努力的結果，還有不少擦肩而過的遺憾。其實，早在 1975 年，布策（E. Bucher）等人就研究了 17 個 MBe_{13} 型的化合物，其中包括 UBe_{13} 在內。而且，他們還發現了 0.97K 的超導電性，但卻錯誤地認為可能來自樣品中殘存的 U 雜質，因為超導電性太容易被磁場壓制了 [16]。更大的遺憾是，他們的比熱僅測到了 1.8K，距離 0.9K 的超導一步之遙。否則一旦比熱容量數據證明是塊體超導體，而且具有重費米子物性，那麼意味著第一個發現的重費米子材料就是超導體！因為：他們的論文發表於 1975 年 1 月 1 日，而 $CeAl_3$ 的論文發表於 1975 年 12 月 29 日，相差整整一年！有趣的是，史帝格利茲等人在 1978 年就研究了 $CeCu_2Si_2$ 和 $LaCu_2Si_2$ 中的超導現象，受到布策等人的影響，他們也對 0.6K 左右的超導電性產生了懷疑，起初同樣發現超導含量極低（小於 0.1%）[17]。但是他們堅持不斷改進樣品品質，並測量到了 30mK 的比熱容，最終在 1979 年實現了塊體超導，宣告第一個重費米子超導體被發現 [13]！或許，科學研究過程就需要這樣一份堅持和執著的韌性，才更有可能取得成功。

　　從此以後，越來越多的重費米子超導體如雨後春筍般湧現出來。這些材料幾乎都含有磁性稀土重離子，如 Ce、Pr、Yb、U、Np、Pu、Am 等。結構上也多種多樣，按照原子比例有 122、115、218、113、127、235、123、111 等。具體舉例如：$CeCu_2Si_2$、$CeCoIn_5$、$CeIn_3$、Ce_2RhIn_8、$PrOs_4Sb_{12}$、$YbAlB_4$、UBe_{13}、UPt_3、UCoGe、$NpPd_5Al_2$、$PuCoGa_5$ 等 [2][10]。絕大部分重費米子材料的超導臨界溫度都在 5K 甚至 1K 以下，只有 Pu 系的材料具有較高的臨界溫度，其中 $PuInGa_5$ 為 8.7K，$PuCoGa_5$ 臨界溫度是目前最高的，為 18.5K[18]。然而元素 Pu（鈽）作為原子彈重要原料之一，具有非常強的放射性和毒性，目前世界上關於 Pu 系的重費米子超導研究還非常困難和稀少 [19]。隨著時間的累積，重費米子超導體的數量也在加速遞增，截至 2010 年，已經達到了 40 種左右（圖 16-5）。如此之多的重費米子材料都具有超導電性，說明該現象並不十分少見 [10]。如同氧化物超導體一樣，重費米子超導體也遍布各種類型的稀土合金材料之中，為超導研究打造了一片富饒的田園。

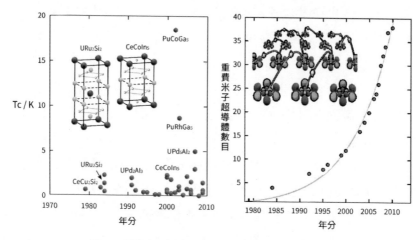

圖 16-5 重費米子超導體發現年代、臨界溫度和數目成長
（由中國科學院物理研究所楊義峰提供）

　　重費米子超導材料的結構變化非常豐富，以 115 類型的材料為例。透過降低材料的維度，即增加原子堆積層數，讓三維性減低到二維性，就可以實現從 $CeIn_3$（T_c=0.2K）到 $CeRh_2In_7$（T_c=2.1K）。另外，再透過增加材料的帶寬（導電電子的能量分布範圍），就可以到 $PuCoGa_5$（T_c=18.5K）。前後超導臨界溫度增強了約 100 倍（圖 16-6）！真是沒有做不到，只有想不到！重費米子材料的物理性質也極其複雜，可以在溫度、壓力、磁場等多種手段下對其電子組態進行微觀調控，得到各種各樣的電子態，其中包括鐵磁性、反鐵磁性、超導等（圖 16-7）[20-24]。即使在這些態溫度之上的正常態，其物理性質也異常古怪。比如在某些區域存在所謂隱藏序，至今實驗仍無法分辨是屬於電荷／軌道／自旋等有序態的哪一種。有的材料電子價態還存在漲落，有的材料在絕緣態或者金屬態下存在拓撲不變性，有的材料在絕對零溫存在異於有限溫度熱力學相變的量子相變（圖 16-7）[10]……這些千奇百怪的物理性質，極大地挑戰了現有的物理理論框架，其中包括常規金屬超導的 BCS 理論，在重費米子超導中已經不再適用。重費米子材料是如何實現超導，那些奇重無比的胖電子們如何華麗轉身成如相撲運動員般靈活的，至今還是一個令人無比惆悵的謎！

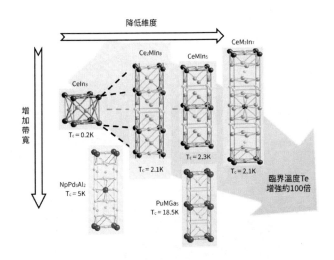

圖 16-6 115 系列及其相關的重費米子超導家族
（由洛斯阿拉莫斯國家實驗室 J. D. Thompson 提供）

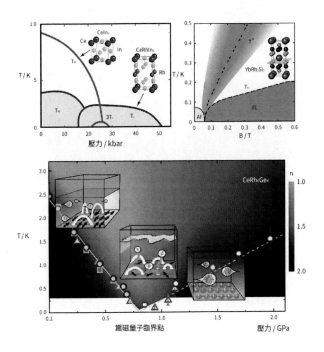

圖 16-7 重費米子材料中豐富的電子態相圖
（由中國科學院物理研究所楊義峰和浙江大學袁輝球提供）

　　仔細分析的話，也會發現重費米子材料具有的某些共性。比如表徵電阻隨溫度變化的強度係數 A 和比熱容係數 γ 就成一定的函數關係，其中係數 N 可以是 2、4、6、8。這被稱之為重費米子材料的 Kadowaki-Woods 關係（圖 16-8）[25]，一般新發現的重費米子材料都遵從該規律。許多重費米子材料中電子行為隨溫度的演化，也具有一定的普遍規律，並且不受摻雜、磁場、壓力的影響 [10]。這些都表明重費米子物性很可能具有共同的起源，只是目前尚未被發現而已。

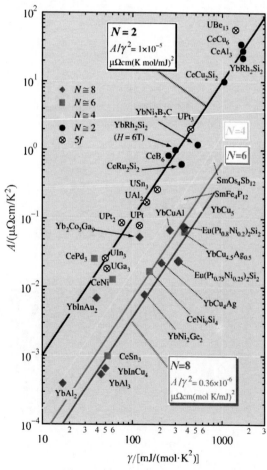

圖 16-8 重費米子材料中 Kadowaki-Woods 比值關係
（來自 APS）[25]

　　最後，值得一提的是，重費米子的產生機理主要就是巡游電子和局域磁矩的磁相互作用，進而影響了電運輸的物理性質。這點和粒子物理中的「希格斯機制」，還有宇宙學中的黑洞奇點，都有著異曲同工之妙[26]。再次展現了物理各分支之間的觸類旁通，令人深省。

參考文獻

[1]　程俊英 · 詩經譯注 [M] · 上海：上海古籍出版社，2006 ·

[2]　Coleman P. Heavy Fermions: Electrons at the edge of magnetism. In: Handbook of Magnetism and Advanced Magnetic Materials[M]. New York: Wiley, 2007.

[3]　Sarachik M P: Corenzwit E, Longinotti L D. Resistivity of Mo-Nb and Mo-Re Alloys Containing 1% Fe[J]. Phys. Rev., 1964, 135: A1041.

[4]　MacDonald D K C, Templeton I M, Pearson W. B. Thermo-electricity at low temperatures. IX. The transition metals as solute and solvent[J]. Proc. Roy. Soc. (London), 1962, 266: 161.

[5]　Kondo J. Resistance Minimum in Dilute Magnetic Alloys[J]. Progress of Theoretical Physics, 1964, 32: 37.

[6]　Smith J L, Riseborough P S. Actinides, the narrowest bands[J]. J. Magn. Magn. Mat., 1985, 47&48: 545.

[7]　Kouwenhoven L, Glazman L. Revival of the Kondo effect[J]. Physics World, 2001, 14(1): 33-38.

[8]　章立源 · 重費米子系統及其超導電性 [J] · 物理，1986，15（01）：7-9 ·

[9]　路欣 · 壓力環境下重費米子體系的物性探索 [J] · 物理，2013，42（06）：378-388 ·

[10]　楊義峰 · 重費米子材料中的反常物性 [J] · 物理，2014，43

（02）：80-87·

[11]　Aynajian P et al. Visualizing heavy fermions emerging in a quantum critical Kondo lattice[J]. Nature, 2012, 486: 201-206.

[12]　Andres K, Graebner J E, Ott H R. 4f-Virtual-Bound-State Formation in $CeAl_3$ at Low Temperatures[J]. Phys. Rev. Lett., 1975, 35: 1979.

[13]　Steglich F et al. Superconductivity in the Presence of Strong Pauli Paramagnetism: $CeCu_2Si_2$[J]. Phys. Rev. Lett., 1979, 43: 1892.

[14]　Ott H R et al. UBe_{13}: An Unconventional Actinide Superconductor[J]. Phys. Rev. Lett., 1983, 50: 1595. ibid, p-Wave Superconductivity in UBe_{13}[J]. Phys. Rev. Lett., 1984, 52, 1915.

[15]　Stewart G R et al. Possibility of Coexistence of Bulk Superconductivity and Spin Fluctuations in UPt_3[J]. Phys. Rev. Lett., 1984, 52: 679.

[16]　Bucher E et al. Electronic properties of beryllides of the rare earth and some actinides[J]. Phys. Rev. B, 1975, 11: 440.

[17]　Franz W, Grießel A, Steglich F, Wohllleben D. Transport properties of $LaCu_2Si_2$ and $CeCu_2Si_2$ between 1.5 K and 300 K[J]. Z. Physik B, 1978, 31, 7-17.

[18]　Hiess A et al. Electronic State of $PuCoGa_5$ and $NpCoGa_5$as Probed by Polarized Neutrons[J]. Phys. Rev. Lett., 2008, 100: 076403.

[19]　Bauer E D, Thompson J D. Plutonium-Based Heavy-Fermion Systems[J]. Annu. Rev. Cond. Mat. Phys., 2015, 6: 137-153.

[20]　Pfau H et al. Thermal and electrical transport across a magnetic quantum critical point[J]. Nature, 2012, 484: 493-497.

[21]　Huxley A et al. Realignment of the flux-line lattice by a change in the symmetry of superconductivity in UPt_3[J]. Nature, 2000, 406: 160-164.

[22]　Huxley A et al. The co-existence of superconductivity and ferromag-

netism in actinide compounds[J]. J. Phys.: Condens. Matter, 2003, 15: S1945.

[23]　Monthoux P, Pines D, Lonzarich G G. Superconductivity without phonons[J]. Nature, 2007, 450: 1177.

[24]　Shen B et al. Strange-metal behaviour in a pure ferromagnetic Kondo lattice[J]. Nature, 2020, 579: 51-55.

[25]　Tsujii N, Kontani H, Yoshimura K. Universality in Heavy Fermion Systems with General Degeneracy[J]. Phys. Rev. Lett., 2005, 94: 057201.

[26]　Sachdev S. Quantum magnetism and criticality[J]. Nat. Phys., 2008, 4: 173.

17　朽木亦可雕：有機超導體

前幾節我們介紹了單質金屬、合金及金屬間化合物、氧化物、硫化物、硒化物等材料的超導，這些材料通通屬於無機化合物。有沒有可能，在有機化合物中出現超導？或者說，有沒有碳基超導體？

這個，當然，可以有！有機超導體不僅存在，還且有百餘種[1]。即使朽木變成了碳，超導也還是可能發生的！

1979 年是個超導大年，這一年裡發現了第一個重費米子超導體，也發現了第一個有機超導體。丹麥科學家貝赫加德（Klaus Bechgaard）與法國合作者們在有機鹽 $(TMTSF)_2PF_6$ 中發現了 0.9K 的超導電性，但是需要借助高壓——約 1.2 萬個大氣壓（1.2GPa）的幫助。這個超導體的臨界溫度很低，上臨界場也很低，僅需要 500Oe（0.05T）左右的磁場就可以徹底破壞超導電性（圖 17-1）[2]。貝赫加德的發現並非完全偶然，事實上，他從 1969 年開始就在哥本哈根大學從事有機化學的研究。作為量子力學的搖籃，哥本哈根大學也孕育了許多其他著名的科學發現，有機超導只是其中之一。

Klaus Bechgaard
(a)

$(TMTSF)_2PF_6$
(b)

圖 17-1 第一個有機超導體及其發現者

（來自哥本哈根大學 /supraconductivite.fr/Edp sciences）

　　1964 年，物理學家雷托基於 BCS 理論提出了他的高溫超導個人理論預言，在某些具有高度極化懸掛鏈的導電聚合物中可能存在 1,000K 以上的超導電性 [3]，因為聚合物不像固體材料那樣存在聲子能量上限，其分子形狀是「柔軟」可變的，只要有合適媒介（比如激子）提供電子配對「膠水」，就有希望實現高溫超導。理論學家有多大膽，實驗學家就有多能幹。一般來說，要超導，首先得能導電，但是絕大部分有機物都導電很差甚至完全絕緣，尋找有機聚合物超導體的希望似乎比較渺茫。然而大家很快就注意到在 1950 年代已經發現了一類有機導體，名稱為 TCNQ（四氰代對苯醌二甲烷）的有機固體 [4]。這類有機導體有幾個典型特徵：從結構上往往是一維化聚合物；從化學上帶有苯環基團；從導電機制上屬於電荷轉移型，即分子鏈的某些部分提供電子載流子到另一些部分參與導電。它們往往在低溫下由於分子間距變化形成有規律的電荷密度分布 —— 稱為「電荷密度波」[5]。而 TMTSF（四甲基四硒酸富烯）也是電荷轉移型準一維有機導體的一種，貝赫加德本人是首位發現者，這一類材料被命名為「貝赫加德鹽」[6]。和其他一維有機導體中的電荷密度波相變不同的是，$(TMTSF)_2PF_6$ 在常壓下是絕緣體，透過施加壓力，會發生絕緣體 - 金屬相變，最後在一萬個大氣壓（1GPa）以上出現超導。有機分子晶體中超導電性的發現，把超導物理學家們的視野從無機材料拓展到了更為廣闊的有機材料之中，令超導的未來十分值得期待 [7]。因為 TMTSF 家族及其超導電性的發現，貝赫加德曾被多次提名諾貝爾化學獎，可惜至今無緣 [6]。有意思的是，雷托的預言（或稱「雷托定理」）並沒有嚴格限定在有機材料之中。出乎意料的是，人們在無機聚合物中同樣找到了超導電性，如氮化硫（$(SN)_x$，$T_c < 3K$）[8] 和黑磷（T_c=10.7K，高壓 p=29GPa）[9]，其臨界溫度還是很低。更令人振奮的是，2016 年人們發現黑磷具有更優於石墨烯的物理性能，在高壓下同時還會出現拓撲半金屬態等新穎的量子物態 [10]。超導的神奇，真是令人嘆為觀止！

　　有機超導體雖然說屬於有機化合物，其結晶體在人們肉眼看來並不像團軟組織，而是有特定形狀的固體，和無機晶體沒有太大的區別。在偏振光顯

微鏡下，有機超導體的單晶表面能顯現出非常絢爛的色彩。大部分有機單晶
都是有機溶液裡面生長出來的，其結晶過程非常緩慢，而且成品往往比較脆
弱，體積也不大，為研究和應用都帶來了許多困難（圖 17-2）[11]。

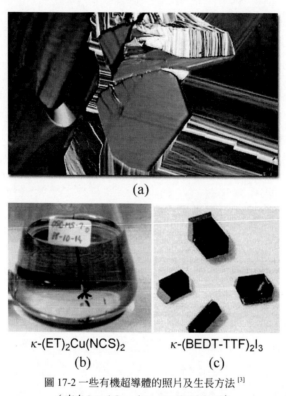

(a)

κ-(ET)$_2$Cu(NCS)$_2$
(b)

κ-(BEDT-TTF)$_2$I$_3$
(c)

圖 17-2 一些有機超導體的照片及生長方法 [3]

（來自 IntechOpen/supraconductivite.fr）

1980 年之後，人們發現了更多的 Bechgaard 鹽超導體——只需要
把 PF$_6$ 基團換掉就可以。這些材料有 (TMTSF)$_2$SbF$_6$（T_c=0.4K）、(TMTS-
F)$_2$AsF$_6$（T_c=1.1K）、(TMTSF)$_2$NbF$_6$（T_c=1.3K）、(TMTSF)$_2$TaF$_6$（T_c=1.4K）、
(TMTSF)$_2$FSO$_3$（T_c=3K）、(TMTSF)$_2$-ReO$_4$（T_c=1.2K）、(TMTSF)$_2$-ClO$_4$
（T_c=1.4K）等，它們的超導臨界溫度都低於 3K，幾乎都需要借助高壓來
實現，大部分都有自旋（注意不是電荷）密度波相變，僅有 (TMTSF)$_2$C-
lO$_4$ 在常壓下超導。這類有機超導體在常壓下的結構都是一維鏈堆積而

成，故而被劃分為一維有機超導體[12]。除了 TMTSF 家族外，一維有機超導體還包括 TMTTF（二硫代四硫富瓦烯）家族，如 (TMTTF)$_2$SbF$_6$（T_c=2.8K）、(TMTTF)$_2$PF$_6$（T_c=1.8K）、(TMTTF)$_2$BF$_4$（T_c=1.4K）、(TMTTF)$_2$-Br（T_c=1K）、(BEDT-TTF)$_2$-ReO$_4$（T_c=1.4K）等。類似地，也存在二維有機超導體，它們包括 BO、ET、BETS 等幾個家族。例如：β-(ET)$_2$I$_3$（T_c=1.5～8.1K）、β-(ET)$_2$AuI$_2$（T_c=4.9K）、α-(ET)$_2$KHg(SCN)$_4$（T_c=0.3K）、κ-(ET)$_2$Cu[N(CN)$_2$]Cl（T_c=12.8K）、κ-(ET)$_2$Cu[N(CN)$_2$]Br（T_c=11.2K）、κ-(ET)$_2$Cu(NCS)$_2$（T_c=10.4K）、κ-(ET)$_4$Hg$_{2.89}$Cl$_8$（T_c=1.8K）、κ-(ET)$_2$Ag(CF$_3$)$_4$·TCE（T_c=11.1K）、(BETS)$_2$FeCl$_4$（T_c=5.5K）、λ-(BETS)$_2$GaCl$_4$（T_c=8K）等[1]。其中 ET 系列包括氫鹽（h$_8$-ET）和氘鹽（d$_8$-ET），由於同位素效應，後者臨界溫度更高一些。這些有機超導體的上臨界場、相干長度、超導對稱性、同位素效應等都不一定能完全用 BCS 理論來描述，和重費米子超導體一樣，它們也被歸類為「非常規超導體」[11]。

以上提到的 TMTSF、TMTTF、BO、ET、BETS 有機超導體均屬於「施主有機超導體」（主動貢獻導電電子）。除了它們之外，還包括 BEDSe-TTF、BDA-TTP、ESET-TTF、S，S-DMBEDT-TTF、meso-DMBEDT-TTF、DMET、DODHT、TMET-STF、DMETTSF、DIETS、EDT-TTF、MDT-TTF、MDT-ST、MDT-TS、MDT-TSF、MDSe-TSF、DTEDT、DME-DO-TSeF 等[11]。仔細看有機超導體的結構，不難發現幾乎所有體系都含有苯環或者嵌有硫／硒的苯環。是否具有單苯環的分子超導體？是否有多苯環結構的有機物超導體？又是否存在碳分子化合物超導體？難不成還有碳單質超導體？這些疑問的答案都一樣——是的！碳基超導體不僅存在，而且種類非常繁雜，包括 C$_{60}$、石墨／石墨烯、奈米碳管、多環芳烴、金剛石等。大部分情況下這些材料需要透過摻雜鹼金屬或鹼土金屬來獲得導電電子，又被統稱為「受主有機超導體」（圖 17-3），它們也大都含有碳六角結構單元。以下，我們簡要列舉幾類摻雜碳單質超導體。

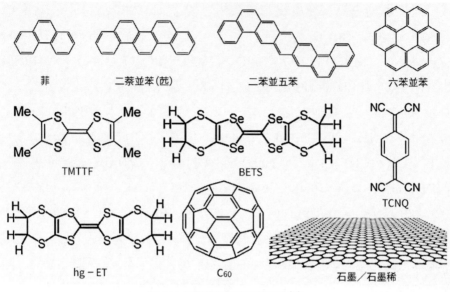

菲　　　　二萘並苯(苝)　　　　二苯並五苯　　　　六苯並苯

TMTTF　　　　　　　　BETS　　　　　　　　TCNQ

hg－ET　　　　　　C₆₀　　　　　　石墨／石墨稀

圖 17-3 典型的有機超導體結構 [11]

（來自 IntechOpen）

C_{60} 又稱富勒烯，由 60 個碳原子組成，含有 20 個六邊形和 12 個五邊形，和足球的表面一樣。非常類似 $NaCoO_2$ 蒸水後變超導，在 C_{60} 中蒸入鹼金屬 K，就可以出現 18K 左右的超導電性 [13]。其中 K 離子分布在 C_{60} 分子的間隙中，提供電子作為導電載流子，整體形成 K_3C_{60} 立方體的結構（圖 17-4）。因此，C_{60} 分子超導體實際上和前面提及的一維和二維超導體不同，它屬於立體化的三維超導體。同樣地，透過改變摻雜的鹼金屬／鹼土金屬，或者施加外界壓力，或用液氨法合成，C_{60} 超導體可以出現不同的臨界溫度。包括 Rb_3C_{60}（T_c=29K）、K_2CsC_{60}（T_c=24K）、Rb_2CsC_{60}（T_c=31K）、$RbCs_2C_{60}$（T_c=33K）、K_2RbC_{60}（T_c=21.5K）、K_5C_{60}（T_c=8.4K）、Sr_6C_{60}（T_c=6.8K）、$(NH_3)_4Na_2CsC_{60}$（T_c=29.6K）、$(NH_3)K_3C_{60}$（T_c=28K，高壓 p=1.5kPa）、Cs_3C_{60}（T_c=38K，高壓 p=0.7 GPa）等 40 多個超導體 [14]。實驗表明，C_{60} 超導體的能隙和同位素效應等都完全滿足 BCS 理論，因此它們都屬於常規超導體。這也可能是在 C_{60} 超導體中難以突破 40K 的原因（存在麥克米倫極限）。

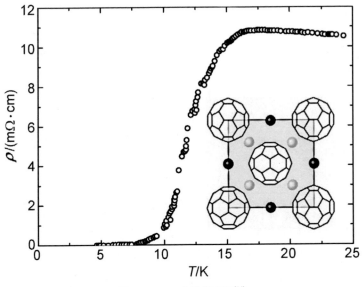

圖 17-4 K₃C₆₀ 有機超導體 [14]
（作者繪製）

    2001 年，科學家在僅有 1.4nm 直徑的單壁奈米碳管（只有一層碳原子）中發現了 0.4K 的超導電性 [15]，隨後有報導稱在直徑更大的多壁奈米碳管（有多層碳原子）存在 12 ～ 15 K 的超導電性 [16]。但實驗數據中的超導轉變都遠不如三維 C_{60} 分子超導體好，因此目前一直有所爭議。在石墨或石墨烯（單原子層石墨）中摻雜鹼金屬，同樣可以實現超導 [17]。典型的有 KC_8（T_c=0.15K）、LiC_2（T_c=1.9K）、CaC_6（常壓 T_c=11.5K，高壓 T_c=15.1K）、SrC_6（T_c=1.65K）、YbC_6（T_c=6.5K）等 [18]。石墨超導體的結構就像威化餅一樣，一層層六角形的石墨堆疊起來，中間夾著鹼金屬離子（圖 17-5）。另一個碳的同素異形體——金剛石，通常是絕緣體。在摻雜 B 以後，就可以出現空穴型導電，在約 9 萬個大氣壓下會出現 4K 的超導 [19]，利用化學氣相沉積的薄膜甚至可以達到 11K 的超導 [20]。和零維的 C_{60} 分子超導體一樣，二維的石墨超導體和三維的金剛石超導體基本上都屬於 BCS 常規超導體，它們的臨界溫度都不算高 [11]。

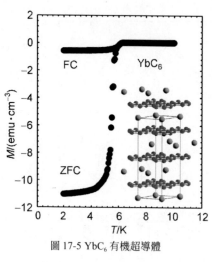

圖 17-5 YbC$_6$ 有機超導體

由 6 個碳原子構成的苯環非常有趣，它既可以形成多個苯環的鏈狀結構，也可以堆積成拼接堆積結構，按照苯環個數分別是苯（1）、萘（2）、蒽／菲（3）、芘（4）、二萘並苯／苉（5）、六苯並苯（6）、二苯並五苯（7）……。透過鹼金屬或鹼土金屬摻雜，同樣可以出現超導。有趣的是，菲、二萘並苯、二苯並五苯中隨著苯環數目的增加，臨界溫度從 5K、18K，升到了 33K（圖17-6）[21-24]。雖然目前尚未在該多環芳烴家族發現 40K 以上的超導，但它們大部分的臨界溫度都隨壓力提高而提高，預示著可能是非 BCS 超導體，這是和其他摻雜碳單質超導體最大的不同。

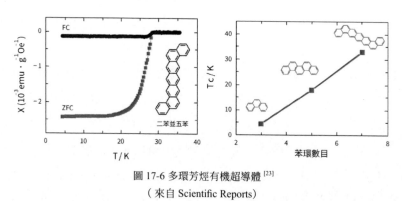

圖 17-6 多環芳烴有機超導體 [23]
（來自 Scientific Reports）

由於有機超導體的特殊性，特別是在自然界的高豐度含量和相對低廉的價格，加上雷托等關於聚合物存在 1,000K 以上超導電性的理論預言，許多不太認真的實驗物理研究者也曾一度瘋狂地尋找高臨界溫度的碳基超導體，少數人甚至為了博取名利而鋌而走險，走上了學術造假的不歸路。早在 1977年，人們在五氟化砷摻雜的聚乙炔膜中尋找到了金屬導電性 [7]。1993 年，格里戈羅夫（L. N. Grigorov）等報導稱氧化物的聚丙烯材料存在 700K 的超導

電性[7]。類似的報導從未間斷，2004 年，美國的趙國猛（Zhao Guo-meng 音譯）聲稱在奈米碳管中存在 636K 的超導電性[25]。2016 年 6 月 30 日，又有德國的 Christian E. Precker 等報導了關於某巴西石墨礦產出晶體中存在 350K 超導跡象[26]。細觀他們論文中所謂的「超導跡象」，大都是電阻測量有一個突降，很多時候電阻都不曾到零（預示有可能是測量假象），或者缺乏抗磁性的測量，因此結果都不被人承認。最令人髮指的事情發生在 2001 年，一位叫舍恩（Jan Hendrik Schön）的德國人宣稱在 C_{60} 等材料中發現 52K 甚至 117K 的「高溫超導電性」，並隨後發現了更多「碳基高溫超導體」，緊接著又發明了一系列的電子組件應用。舍恩的「發現」當時轟動了全世界，然而他自己的過度瘋狂很快就暴露了造假的本質，最快的時候其論文產出效率達到了每 8 天一篇的速度！據知情人士透露他做實驗從來都是一個人，數據怎麼來的只有他知道，而且科學家很快就發現他的「漂亮」結果完全不能重複，最終被大家揭露他幾乎所有論文均造假。著名的雜誌《科學》於 2002 年撤稿 8 篇，《自然》雜誌於 2003 年撤稿 7 篇，其他學術期刊也紛紛撤稿數 10 篇。他的母校也實在看不下去了，要把他的博士學位撤銷。雙方還反覆打官司，最後在 2011 年 9 月終審決定還是撤銷學位。這樁科學醜聞幾乎讓全世界的科學家蒙羞，他本人也被譽為「物理學史上 50 年一遇的大騙子」，學術研究做到這份上，也是極品中的極品[27]。

當然不可否認的是，除去不少摻雜碳單質有機超導體屬於 BCS 理論框架下的常規超導體，即其臨界溫度無法突破 40K 的麥克米倫極限（僅限於常壓下），也有不少超出 BCS 理論框架的非常規超導體。在壓力、磁場、溫度等手段調控下，非常規的有機超導體也會出現類似重費米子超導體等的電子態相圖，即出現絕緣體、反鐵磁性、自旋密度波、電荷密度波、超導等多個區域交錯[1]。其導電維度隨著壓力的增加會從一維變成二維，再到三維，通常有機超導體中超導溫度之上的正常態都是三維導體（圖 17-7）。如何解釋有機超導體的複雜相圖乃至其微觀超導機理，目前也是超導物理學的難題之一，涉及凝聚態物理理論最前沿的核心問題。

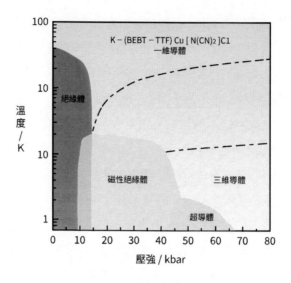

圖 17-7 有機超導體電子態相圖
（孫靜繪製）

參考文獻

[1] Lebed A G. The Physics of Organic Superconductors and Conductors[J]. Springer Series in Materials Science, Vol. 110. 2008.

[2] Jérome D, Mazaud A, Ribault M, Bechgaard K. Superconductivity in a synthetic organic conductor (TMTSF) 2PF6[J]. J. Phys. Lett., 1980, 41: L95-L98.

[3] Little W A. Possibility of Synthesizing an Organic Superconductor[J]. Phys. Rev., 1964, A134: 1416-1424.

[4] Akamatu H, Inokuchi H, Matsunaga Y. Electrical Conductivity of the Perylene-Bromine Complex[J]. Nature, 1954, 173: 168-169.

[5] Hertler W R et al. Cyanocarbons —— Their History From Conducting to Magnetic Organic Charge Transfer Salts[J]. Molecular Crystals and Liquid Crystals, 1989, 171: 205-216.

[6] https://en.wikipedia.org/wiki/Klaus_Bechgaard.

[7] 楊憲立·電荷轉移複合物 [(C$_5$S$_5$H$_3$CH$_2$O) 4Ni] (FeCp2) 0·84 的合成、結構及其性質 [D] ·內蒙古民族大學,2006·

[8] Greene R L, Street G B, Suter L J. Superconductivity in Polysulfur Nitride (SN)$_x$[J]. Phys. Rev. Lett., 1975, 34: 577-579.

[9] Kawamura H, Shirotani I, Tachikawa K. Anomalous superconductivity in black phosphorus under high pressures[J]. Solid State Commun., 1984, 49: 879-881.

[10] 葉國俊·β-MNCl 體系超導電性與黑磷單晶生長研究 [D] ·中國科學技術大學,2016·

[11] Saito G, Yoshida Y. Development and Present Status of Organic Superconductors, Book chapter of "Superconductors-Materials, Properties and Applications" [N]. Edited by Alexander Gabovich, InTech, 2012-10-17.

[12] https://en.wikipedia.org/wiki/Organic_superconductor.

[13] Holczer K et al. Alkali-Fulleride Superconductors: Synthesis, Composition, and Diamagnetic Shielding[J]. Science, 1991, 252: 1154-1157.

[14] Prassides K. The Physics of Fullerene-Based and Fullerene-Related Materials[M]. Boston: Kluwer Academic Publishers, 2000.

[15] Kociak M et al. Superconductivity in Ropes of Single-Walled Carbon Nanotubes[J]. Phys. Rev. Lett., 2001, 86: 2416-2419.

[16] Tang Z K et al. Superconductivity in 4 Angstrom Single-Walled Carbon Nanotubes[J]. Science, 2001, 292: 2462-2465.

[17] Xue M Q et al. Superconductivity in potassium-doped few-layer graphene[J]. J. Am. Chem. Soc., 2012, 134: 6536.

[18] Weller T E et al. Superconductivity in the intercalated graphite compounds C$_6$Yb and C$_6$Ca[J]. Nat. Phys., 2005, 1: 39-41.

[19] Ekimov E A et al. Superconductivity in diamond[J]. Nature, 2004, 428: 542-545.

[20] Takano Y et al. Superconducting properties of homoepitaxial CVD diamond[J]. Diamond Relat. Mater., 2007, 16: 911-914.

[21] Mitsuhashi R et al. Hydrocarbon superconductors[J]. Nature, 2010, 464: 76-79.

[22] Wang X F et al. Superconductivity at 5 K in alkali-metal-doped phenanthrene[J]. Nat. Commun., 2011, 2: 507.

[23] Xue M Q et al. Superconductivity above 30 K in alkali-metal-doped hydrocarbon[J]. Sci. Rep., 2012, 2: 389.

[24] Kubozono Y et al. Metal-intercalated aromatic hydrocarbons: a new class of carbon-based superconductors[J]. Phys. Chem. Chem. Phys., 2001, 13: 16476-16493.

[25] Zhao G-m. The resistive transition and Meissner effect in carbon nanotubes: Evidence for quasi-one-dimensional superconductivity above room temperature Guomeng Zhao[J]. arXiv: cond-mat/0412382, 2004.

[26] Precker C E et al. Identification of a possible superconducting transition above room temperature in natural graphite crystals[J]. New J. Phys., 2016, 18: 113041.

[27] https://en.wikipedia.org/wiki/Schön_scandal.

18　瘦子的飄逸與糾結：輕元素超導體

　　人類不知從何時開始，從「以胖為美」逐漸走向「女為悅己者瘦」的路線 [1][2]。所謂「莫道不消魂，簾捲西風，人比黃花瘦」。真是胖瘦有道，各有千秋！

　　類似地在超導界，既然有身體靈活、心靈惆悵的胖子 —— 重費米子超導體，也必然有平分秋色的瘦子，我們稱之為 —— 輕元素超導體。輕元素主要指的是氫、鋰、硼、碳、氮、氧、氟等，因為大部分碳化物（有機）超導體和氧化物超導體已在前面單獨和大家見面，這裡需要認識的瘦子們主要是簡單金屬化合物、硼化物和氮化物超導體等。超導界的瘦子，大都身材飄逸，但靈魂深處充滿了糾結，難以實現自我突破（提高 T_c），只默默地為後來居上的高溫超導體做了墊腳石。

　　還得接著第 14 節關於煉金術士的故事說起。1911 年，單質汞中發現超導之後，人們首先想到的就是尋找單質超導體。話說，超導單質還真不少，但臨界溫度高一點點的實在稀有，常壓下 T_c 為 9K 的鈮（Nb）已然算是佼佼者。為此，科學家費了九牛二虎之力，繼而在鈮的化合物中尋找超導體，其中 NbO 的 T_c 為 1.4K、NbC 的 T_c 為 15.3K[3]、NbN 的 T_c 為 16K[4]。適當改變元素配比，可以在 $NbC_{0.3}N_{0.7}$ 裡實現 $T_c=17.8K$（1954 年）[5]，完成這項工作的人是來自美國貝爾實驗室的德裔科學家馬蒂亞斯（Bernd Theodor Matthias）。這些工作啟迪人們，在某金屬元素和非金屬元素的二元化合物裡，有希望尋找到更高臨界溫度的超導體。鑑於這些材料結構和化學式相對簡單，分子量也比較輕，故而基本算是瘦子超導家族的一員。鈮的碳化物和氮化物都是立方結構，和我們日常吃飯的食鹽 NaCl 結構類似，稱之為 B1 相。同在 1954 年，另一個具有 A15 相的超導體 V_3Si 被哈迪（G. F. Hardy）和胡恩（J. K. Hulm）發現 [6]（$T_c=17.1K$），它和 B1 相同樣具有立方結構，但面內原子分布細節不同。馬蒂亞斯很快就抓住機會，在鈮的 A15 相 Nb_3Sn 中發現

了 T_c=18.1K[7]。從第一個 A15 相的化合物 Cr_3Si 開始順藤摸瓜，人們陸續不斷發現了諸多 A15 類超導體，來自 V、Ta、Nb 和 Si、Ge、Ga、Al、Sn 等的組合，多達 60 多種[8]。特別是 Nb_3Al（T_c=18.8K）、Nb_3Ga（T_c=20.3K）、Nb_3Si（T_c=18K）、Nb_3Ge（T_c=23.2K）等，一再突破當時的超導溫度記錄（圖 18-1），其中不少出自馬蒂亞斯之手[8]。目前最高臨界溫度的 A15 相化合物是 2008 年發現的高壓下 Cs_3C_{60}，T_c=38K[9]。在 1986 年以前，A15 相一度統治超導臨界溫度冠軍地位長達 32 年，瘦子的實力不容小覷。

馬蒂亞斯因為 A15 相的研究，加上其他一系列新超導材料的發現，成為了當時超導材料探索的超級大師[10]。身為超導界的老司機，他也是自信滿滿做領路人，早早地提出了「高溫超導」的概念，只相對 10K 左右的單質超導而言[11][12]。馬蒂亞斯總結了探索更高 T_c 超導材料的黃金六法則（實際上不止 6 條，此處姑且如此總結）：高對稱性、高電子態密度、不含氧、無磁性、非絕緣體、不信理論家（圖 18-2）[13]。這些經驗是 A15 相化合物探索的精髓，例如往往只有 3：1 的化學計量比才能具有最好的 T_c，在 Nb_3Ge 中無論摻雜、加壓、熱處理等，都只會導致晶體缺陷，降低臨界溫度。在馬蒂亞斯法則指導下，人們試圖在三元化合物中尋找超導電性，例如 $ReRh_4B_4$（Re=Y，Nd，Sm，Er，Tm，Lu，Th，Sc……）[11]、TiRuP、HfOsP 等[12]，不幸的是，這些化合物連突破 20K 的 T_c 都很困難，令人不禁懷疑自己遵循了「假法則」。直到 1986 年，銅氧化物高溫超導體的發現，幾乎（注意，不是全部！）顛覆了馬蒂亞斯法則，至少 6 條裡面 5 條是錯的，僅剩下「遠離理論學家」也許是對的。不過，馬蒂亞斯他很早提出了 d 電子的重要性，並早就猜測磷化物、砷化物、硒化物、硫化物的超導電性，時隔多年後才被一一證實[14]。這是後話，我們此節暫不細說。在此之前，馬蒂亞斯依然是超導材料大師。超導領域最高級別的國際超導材料和機理大會（M^2S 會議）設立了三個獎項：其中馬蒂亞斯獎就是頒布給超導材料方面有突出貢獻的科學家，另外兩個獎昂內斯獎、巴丁獎則分別頒發給超導實驗、理論方面有重要貢獻的科學家[15]。

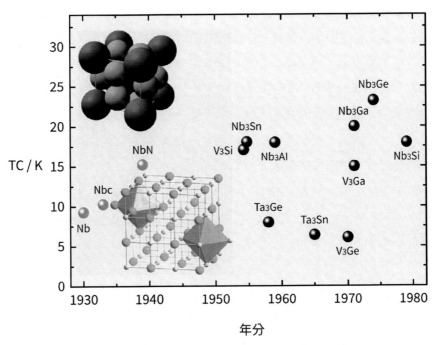

圖 18-1 B1 相和 A15 相超導金屬化合物
（作者繪製）

探索新超導體黃金六則：

1. 高對稱性、最密立方結構；
2. 高電子態密度（濃度）；
3. 不含氧元素；
4. 沒有磁性；
5. 非絕緣體；
6. 不要信理論學家。

圖 18-2 馬蒂亞斯及其超導探索六法則 [13]
（來自美國國家科學院）

　　1986 年以前的超導材料探索，在蹣跚步履中走了數十年，超導溫度提升固然艱難，但超導應用卻一直充滿活力。關於 Nb_3Sn 和 NbTi 的超導纜線技術得以不斷發展，至今仍然是應用最多的超導材料，在超導輸電、超導磁體、粒子探測等均有用。而 NbN 材料因為其薄膜容易被刻蝕成寬度極窄的奈米線陣列，被用於單光子探測器 —— 當一個光子落到奈米線上時，超導被破壞而產生電阻，從而被探測到。單光子探測器不僅限於 NbN 超導薄膜，它已經是現代光學探測的重器 [16]。

　　除了 NbN 之外，VN、ZrN、TaN 等金屬氮化物也都是 10K 左右的超導體 [17-19]，這說明氮化物的超導並不是偶然的，尋找氮化物超導體，也是超導材料探索的一個可能方向。1996 年以來，一類稱之為 MNX（M=Ti，Zr，Hf；X=Cl，Br，I）的氮化物超導體被發現 [20]，這類層狀材料需要插入離子導電層才能出現超導，具有 α 相和 β 相兩種結構形式 [21]。其中日本科學家山中昭司研究組發現了 α-$K_{0.21}$TiNBr（T_c=17.2K）[22]，β-$Li_{0.48}$(THF)$_{0.3}$HfNCl（T_c=25.5K）[23]，Li_xZrNCl（T_c=14K）[24]，β-$Ca_{0.11}$(THF)$_y$HfNCl（T_c=26K）[25]等。這類插層超導體和 Na_xCoO$_2$、FeSe 等有著異曲同工之妙，最有趣的是，其臨界溫度跟插層後的原子層間距直接相關（圖 18-3）。因為這類材料具有稀薄的電子濃度、不太強的電子 - 聲子耦合和較大的超導能隙，經驗上顯然違背了馬蒂亞斯法則，理論上也難以用 BCS 來解釋，故和重費米子超導體及有機超導體一樣屬於非常規超導體，其超導微觀起源目前尚有爭議 [21]。這類材料也不是很穩定，或對空氣敏感，目前許多實驗測量尚存在諸多困難，導致人們對其了解有限。除了 MNX 型氮化物超導體外，還有 $Ln_3Ni_2B_2N_3$（Ln = La，Ce，Pr，Nd……）、V_3PN_x、ThFeAsN 等多種形式和結構的氮化物超導體 [26-31]，許多氮化物超導體仍待發掘，物理性質更是不甚清楚，它們是屬於常規 BCS 超導體，還是非常規超導體，同樣需要更多實驗來證實。和 $La_3Ni_2B_2N_3$ 具有相似結構的 YNi_2B_2C、$LaPd_2B_2C$ 等硼化物也具有 12 ～ 23K 的超導 T_c [30]（圖 18-3），它們則屬於另一個瘦子超導家族 —— 硼化物超導體。

　　關於含 Ni 和 C 的超導體，有一個小插曲就是 2001 年美國卡瓦（R. J.
Cava）研究組發現的 $MgCNi_3$ 超導體 [32]。該化合物具有八面體鈣鈦礦結構，
但不是氧化物，T_c 約為 7K（圖 18-4）。由於 Ni 是磁性元素，人們首先懷疑
它是否具有磁有序或者磁漲落，並再度懷疑它可能屬於非常規超導體。隨著
數年的實驗研究，最後兩個疑點都被澄清，確認它是屬於電子 - 聲子耦合的
常規 BCS 超導體，和複雜的鈣鈦礦氧化物有著天壤之別。

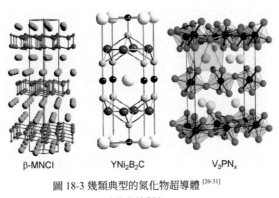

β-MNCl　　　　YNi₂B₂C　　　　V₃PNₓ

圖 18-3 幾類典型的氮化物超導體 [20-31]

（作者繪製）

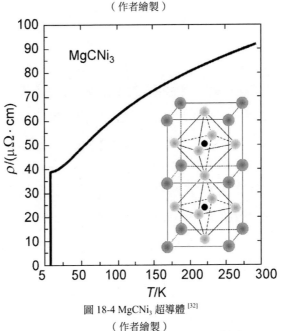

圖 18-4 $MgCNi_3$ 超導體 [32]

（作者繪製）

　　輕元素超導體裡面，最龐大的家族要數硼化物超導體，至少有 80 餘種，包括前面提及的 1：4：4 和 1：2：2：1 元素配比的兩大類材料 [11]，[30]。硼化物超導體大致劃分如下：二元硼化物 XB（X = Ta，Nb，Zr，Hf，Mo……），XB$_2$（X = Mg，Nd，Mo，Ta，Be，Zr，Re，Ti，Hf，V，Cr……），X_2B（X = Mo，W，Ta，Re……），XB$_6$（X = Y，La，Th，Nd，Sm，Be……），XB$_{12}$（X = Sc，Y，Lu，Zr……），Ru$_7$B$_3$，Re$_3$B，FeB$_4$；三元硼化物 ReXB$_2$（Re = Y，Lu，Sc；X = Ru，Os），ReB$_2$C$_2$（Re = Y，Lu），Re$_{0.67}$Pt$_3$B$_2$（Re = Ca，Sr，Ba），ReX_3B$_2$（Re = La，Lu，Th；X = Rh，Ir，Os，Ru），ReX_4B$_4$（Re = Y，Nd，Sm，Er，Tm，Lu，Th，Sc，Ho……；X = Rh，Ir，Ru），Mg$_{10}$Ir$_{19}$B$_{16}$，Li$_2$$X_3$B（$X$ = Pt，Pd）；四元硼化物 ReX_2B$_2$C（Re = Y，La，Pr，Th，Dy，Ho，Er，Sc，Tm，Lu；X = Ni，Pt……）[33]。這些硼化物超導體的結構五花八門，元素配比和搭配變化多端，要找到它們的共性實在是個極具挑戰的事情（圖 18-5）。許多硼化物超導體都屬於常規超導體，也有許多硼化物具有獨特的物理。例如 Li$_2$Pt$_3$B、Ru$_7$B$_3$、Mg$_{10}$Ir$_{19}$B$_{16}$ 等材料內部原子分布是沒有對稱中心的，也就是說中心反演對稱破缺，它們又被稱為「非中心對稱超導體」，其中最令人期待的就是自旋三重態的庫珀電子對，至今仍有不少科學家在探尋 [34-42]。硼化合物還有個特點，就是硬度往往非常高，如 Cr、Re、W、Zr 等元素和硼的化合物都屬於「超硬材料」，其硬度值達到了幾十萬個大氣壓。正是如此，不少硼化物超導實際上都是在高壓環境下實現的。單質硼在 250 萬個大氣壓（250GPa）的超高壓下會有 11.2K 的超導 [41]，具有 3K 左右超導的 FeB$_4$ 和 5.5K 左右超導的 ZrB$_{12}$ 則需要借助高溫高壓環境下來合成 [36][42]，常壓下 T_c=9K 的 BeB$_6$ 在高壓下會發生結構相變並在 400GPa 下出現 24K 的超導 [35]。絕大部分常壓下的硼化物超導臨界溫度都低於 10K，其中最高 T_c 的硼化物是 MgB$_2$，為 39K[33]。由於其特殊性，我們將在下一節詳細介紹 MgB$_2$ 的發現及其物理特性。

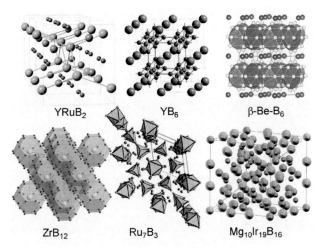

YRuB$_2$　　　　YB$_6$　　　　β-Be-B$_6$

ZrB$_{12}$　　　　Ru$_7$B$_3$　　　　Mg$_{10}$Ir$_{19}$B$_{16}$

圖 18-5 幾類硼化物超導體結構 [34-39]

（來自 APS/JPS/ACS 等）

參考文獻

[1]　http://zhidao.baidu.com/daily/view?id=516．

[2]　呂晗子．女為悅己者瘦，何時興起 [N]．人民網 - 國家人文歷史，2013-12-27．

[3]　Horn F H, Ziegler W T. Superconductivity and Structure of Hydrides and Nitrides of Tantalum and Columbium[J]. J. Am. Chem. Soc., 1947, 69(11): 2762.

[4]　Shy Y M et al. Superconducting properties, electrical resistivities, and structure of NbN thin films[J]. J. Appl. Phys., 1973, 44: 5539.

[5]　Matthias B T. Transition Temperatures of Superconductors[J]. Phys. Rev.: 1953: 92: 874.

[6]　Hardy G F, Hulm J K. The Superconductivity of Some Transition Metal Compounds[J]. Phys. Rev., 1954, 93: 1004.

[7]　Matthias B T et al. Superconductivity of Nb3Sn[J]. Phys. Rev., 1954, 95: 1435.

[8] Stewart G R. Superconductivity in the A15 Structure[J]. Physica C, 2015, 514: 28-35.

[9] Ganin A Y et al. Bulk superconductivity at 38K in a molecular system[J]. Nat. Mat., 2008, 7: 367.

[10] Geballe T H, Hulm J K. Biographical Memoirs[M]. Bernd Theodor Matthias. 1996, 240-259.

[11] Matthias B T et al. High superconducting transition temperatures of new rare earth ternary borides[J]. Proc. Natl. Acad. Sci. U.S.A, 1977, 74(4): 1334-1335.

[12] Barz H et al. Ternary transition metal phosphides: High-temperature Superconductors[J]. Proc. Natl. Acad. Sci. U.S.A, 1980, 77(6): 3132-3134.

[13] Matthias B T. Empirical Relation between Superconductivity and the Number of Valence Electrons per Atom[J]. Phys. Rev., 1955, 97: 74.

[14] Matthias B T, Corenzwit E, Miller C E. Superconducting Compounds[J]. Phys. Rev. 1954. 93: 1415.

[15] https://m2s2018.medmeeting.org/Content/74130.

[16] Govenius J et al. Detection of Zeptojoule Microwave Pulses Using Electrothermal Feedback in Proximity-Induced Josephson Junctions[J]. Phys. Rev. Lett. 2016. 117: 030802.

[17] Zhao B R et al. Superconducting and normal-state properties of vanadium nitride[J]. Phys. Rev. B, 1984, 29: 6198.

[18] Lide D R. CRC Handbook of Chemistry and Physics[M]. Florida: CRC Press, 2009.

[19] Nie H B et al. Structural and electrical properties of tantalum nitride thin films fabricated by using reactive radio-frequency magnetron sputtering[J]. Appl. Phys. A, 2001, 73(2): 229-236.

[20] 葉國俊·β-MNCl 體系超導電性與黑磷單晶生長研究 [D] ·中國

科學技術大學，2016．

[21] Hosono H et al. Exploration of new superconductors and functional materials, and fabrication of superconducting tapes and wires of iron pnictides[J]. Sci. Technol. Adv. Mater., 2015, 16: 033503.

[22] Zhang S et al. Superconductivity of alkali metal intercalated TiNBr with α-type nitride layers[J]. Supercond. Sci. Technol., 2013, 26: 122001.

[23] Yamanaka S et al. Superconductivity at 25.5 K in electron-doped layered hafnium nitride[J]. Nature, 1998, 392: 580.

[24] Yamanaka S et al. A new layer-structured nitride superconductor. Lithiumintercalated β-zirconium nitride chloride: Li_xZrNCl[J]. Adv. Mater., 1996, 8: 771.

[25] Zhang S et al. Superconductivity of metal nitride chloride β-MNCl (M=Zr, Hf) with rare-earth metal RE (RE=Eu, Yb) doped by intercalation[J]. Supercond. Sci. Technol., 2013, 26: 045017.

[26] Michor H et al. Superconducting properties of $La_3Ni_2B_2N_{3-\delta}$[J]. Phys. Rev. B, 1996, 54: 9408.

[27] Ali T et al. The effect of nitrogen vacancies in $La_3Ni_2B_2N_{3-\delta}$[J]. J. Phys.: Conf. Ser., 2010, 200: 012004.

[28] Manalo S et al. Superconducting properties of $Y_xLu_{1-x}Ni_2B_2C$ and $LLa_3Ni_2B_2N_{3-\delta}$: A comparison between experiment and Eliashberg theory[J]. Phys. Rev. B, 2001, 63: 104508.

[29] Wang B, Ohgushi K. Superconductivity in anti-post-perovskite vanadium compounds[J]. Sci. Rep., 2013, 3: 3381.

[30] Müller K H et al. Rare Earth Transition Metal Borocarbides (Nitrides): Superconducting, Magnetic and Normal State Properties[M]. e-Book of Nato Science Series II , 2001.

[31] Wang C et al. A New ZrCuSiAs-Type Superconductor: ThFeAsN[J]. J.

Am. Chem. Soc., 2016, 138: 2170-2173.

[32] He T et al. Superconductivity in the non-oxide perovskite $MgCNi_3$[J]. Nature, 2001, 411: 54-56.

[33] Buzea C, Yamashita T. Review of the superconducting properties of MgB_2[J]. Supercond. Sci. Technol., 2001, 14: R115-R146.

[34] Barker J A T, Singh R P, Hillier A D, Paul D McK. Probing the superconducting ground state of the rare-earth ternary boride superconductors $RRuB_2$ (R=Lu, Y) using muon-spin rotation and relaxation[J]. Phys. Rev. B, 2018, 97: 094506.

[35] Wu L et al. Coexistence of Superconductivity and Superhardness in Beryllium Hexaboride Driven by Inherent Multicenter Bonding[J]. J. Phys. Chem. Lett., 2016, 7(23): 4898-4904.

[36] Ma T et al. Ultrastrong Boron Frameworks in ZrB_{12}: A Highway for Electron Conducting[J]. Adv. Mat., 2017, 29(3): 1604003.

[37] Fang L et al. Physical properties of the noncentrosymmetric superconductor Ru_7B_3[J]. Phys. Rev. B, 2009, 79: 144509.

[38] Wiendlocha B, Tobola J, Kaprzyk S. Electronic structure of the noncentrosymmetric superconductor $Mg_{10}Ir_{19}B_{16}$[J]. arXiv: 0704.1295.

[39] Mu G et al. Possible nodeless superconductivity in the noncentrosymmetric superconductor $Mg_{12-\delta}Ir_{19}B_{16}$[J]. Phys. Rev. B, 2007, 76: 064527.

[40] Yuan H Q et al. S-Wave Spin-Triplet Order in Superconductors without Inversion Symmetry: Li_2Pd_3B and Li_2Pt_3B[J]. Phys. Rev. Lett., 2006, 97: 017006.

[41] Eremets M I et al. Superconductivity in Boron[J]. Science, 2001, 293(5528): 272-274.

[42] Guo H et al. Discovery of a Superhard Iron Tetraboride Superconductor[J]. Phys. Rev. Lett., 2013, 111: 157002.

19　二師兄的緊箍咒：二硼化鎂超導體

　　話接上節，此節我們著重介紹超導界的著名二師兄 —— 二硼化鎂超導體。當然，還得聊聊關於這位超導二師兄頭上的緊箍咒 —— 難以突破的臨界溫度上限。

　　二硼化鎂（MgB_2）並不是一個什麼「新材料」，早在 1954 年就被化學家合成並測定結構了[1]，可惜直到 2001 年從未有人試圖測量過 MgB_2 的低溫磁化率或電阻率。2001 年 1 月 10 日，在日本仙臺的一次學術會議上，日本青山學院大學的秋光

圖 19-1 二硼化鎂發現者 —— 秋光純
（2016 年攝於東京大學）

純（Jun Akimitsu）教授研究組報導了 MgB_2 中具有 39K 的超導電性（圖 19-1）。人們才猛然發現，多年的超導材料探索，竟然不知不覺遺漏了一個成分和結構都如此簡單的化合物。為什麼說 MgB_2 是「漏網之魚」呢？如上節所述，超導材料學家們在玩轉單質金屬和 A15 結構金屬間化合物之後，就轉戰各種輕元素超導體，特別是硼化物超導體，發現了一大堆，如 T_c=23 K 的 YPd_2B_2C 等[2]。然而 1986 年銅氧化物高溫超導材料的發現，為輕元素超導體的研究帶來了巨大的衝擊，大家樂此不疲地在銅氧化物中尋找更高 T_c 的材料，不少人似乎選擇性地遺忘了輕元素超導體的存在。1939 年出生的秋光純，於 31 歲時在東京大學物性研究所獲得理學博士學位，從此一輩子走在了超導探索之路上。和許多同行一樣，秋光純也見證了重費米子超導體、有機超導體、銅氧化物高溫超導體等幾大超導家族的在 1970 至 1980 年代激動人心的發現，但他都不為所動，一反常態地堅持在簡單金屬化合物中尋找超導電性。關於 MgB_2 超導發現的論文，於 2001 年 3 月 1 日發表在期刊上，是篇僅有一頁餘的簡短文章[3]。正所謂於平凡處出英雄，秋光純的成

功絕非偶然，而是多年的執著和堅持帶來的順其自然，他本人因此獲得馬蒂亞斯獎、美國物理學會麥克格雷獎等多項材料學大獎[4]。MgB_2 超導的發現刺激了一系列新的硼化物及其相關超導體的發現，如 TaB_2、BeB_2、CaB_2、AgB_2、ZrB_2、$MgCNi_3$ 等，關於 MgB_2 本身的研究論文一度以平均每天 1.3 篇的速度湧現，這股熱潮直到 2001 年 7 月才開始降溫[2]。一個有趣且些許遺憾的事情是，MgB_2 超導發現之前，這個材料作為普通化學試劑在市場上可以直接買到，價格也很便宜，幾乎無人問津。2001 年年初從宣布 MgB_2 超導到正式在期刊上發表，正好跨越農曆春節假期。許多中國科學研究工作者過年放完假回來，才傷心地發現市場上的 MgB_2 試劑已經千金難求，唯有自己動手合成了。這難免耽擱科學研究進度，未能搶占先機，使中國在該方向研究曾一度相對落後。

MgB_2 究竟是一種什麼材料，竟然有這麼厲害？其實外表上看起來也很普通，和大部分材料一樣，MgB_2 的粉末就是黑漆漆的一團，沒什麼新鮮。從化學結構來看，該材料其實也很簡單，它屬於二元化合物，具有兩層六邊形的 Mg，夾著一層六邊形的 B。可是它的超導轉變極其陡峭，即使是多晶樣品，也幾乎從 39K 降溫就突然出現了零電阻和抗磁性（圖 19-2）。這就是二硼化鎂，一個簡單又特殊的超導界二師兄，充滿神祕莫測的魅力！

（作者繪製）二師兄 MgB_2 不僅其名字帶個二，其內心深處也是二得不得了。透過黑漆漆的表面看內涵，就會發現 MgB_2 的費米面相對複雜，基本上可以劃分成兩類：二維性很強的桶狀 σ 帶費米面和三維性的扁平狀 π 帶費米面（圖 19-3）。測量 MgB_2 的超導能隙分布也能發現兩組，數值一大一小。也就是說，MgB_2 的超導電性實際上是由兩部分組成，屬於「多帶（兩帶）超導體」[5]。名副其實的二師兄！

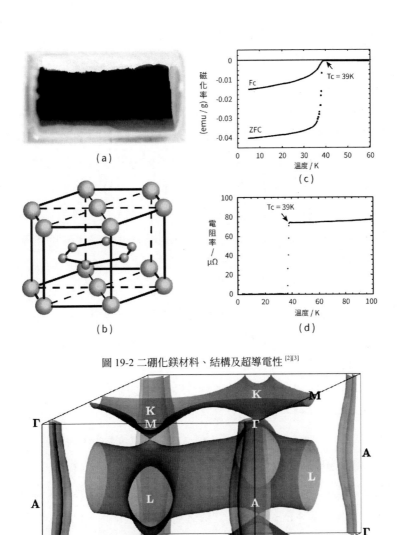

（a）

（b）

（c）

（d）

圖 19-2 二硼化鎂材料、結構及超導電性 [2][3]

圖 19-3 二硼化鎂的費米面 [5]

（來自 EPW）

　　二師兄的重要性，關鍵還在於它的應用價值。一件幾百元的衣服和一個幾萬元的名牌包，最大的區別在於 —— 價格！價格低的意味著市場大，作為老百姓，你可以選擇不要名牌包，但卻不能不穿衣服出來裸奔。銅氧化物高溫超導材料的臨界溫度雖高，但因其天生脆弱易碎，需要包裹 70% 左右的銀來保證其韌性，加上本來較貴的稀土元素，高溫超導電纜或線圈的價格多年來一直居高不下。MgB_2 含有的元素價格相對低廉，因此意味著規模化市場應用極有可能。相對於 Nb_3Sn 和 $NiTi$ 而言，MgB_2 的臨界溫度要高不少；相對銅氧化物而言，MgB_2 的各向異性度要弱（近三維導電性）、相干長度要長、晶粒對電流影響小；相對於有機超導而言，MgB_2 的化學結構更加簡單且穩定、製備方法更容易產業化 [6]。所以，對超導應用而言，MgB_2 是目前非常好的材料選擇之一。因其優越的物理性能，MgB_2 的強電應用一般不需要製備高品質的單晶或薄膜，直接使用粉末多晶樣品，透過粉末套管技術就可以輕鬆做出千米量級的 MgB_2 多芯電纜（圖 19-4）。美國奇躍公司（HyperTech.）、義大利 Columbus Superconductor 公司、日本日立公司等均能夠製備 MgB_2 長線帶材，在 1 ～ 2T 磁場、20K 溫度下其臨界電流達到了 $10^5 A/cm^2$ 的量級 [5]。醫院裡常用於臨床檢查的核磁共振造像儀，磁場強度在 0.3 ～ 3T，僅有少數科學研究機構採用 7T 甚至更高的核磁共振造像磁體。利用 MgB_2 線材繞製的線圈，在普通製冷機幫助下就可以實現 0.6T 左右的均勻磁場，將進一步降低核磁共振檢測的成本 [5-7]。在風力發電領域，風機渦輪線圈若全部採用 MgB_2 材料，其成本可降低至 1/15。也許不久的將來，我們就可以開一臺巴士到偏遠地區去為廣大群眾做核磁共振檢查身體，再也不用擔心他們不方便到城市大醫院就醫的問題了。

　　MgB_2 的弱電應用的基礎在於高品質薄膜的製備，一般薄膜樣品必須在一定基底上生長，稱為薄膜襯底。可以用來做 MgB_2 薄膜的襯底有很多種，如 Al_2O_3、$SrTiO_3$、Si、SiC、MgO，甚至不鏽鋼都可以，製備薄膜的工藝也多種多樣，如鎂擴散、共沉積、脈衝雷射沉積、磁控濺鍍等，其中臨界溫度最高的是 Al_2O_3 襯底上的鎂擴散法製備的薄膜（圖 19-5）[2]。美國天普大學、

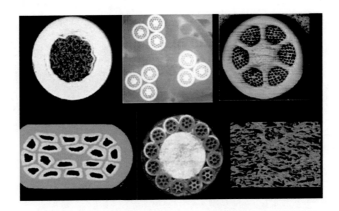

圖 19-4 多種形態的二硼化鎂電纜 [6]
（來自 NextBigFuture）

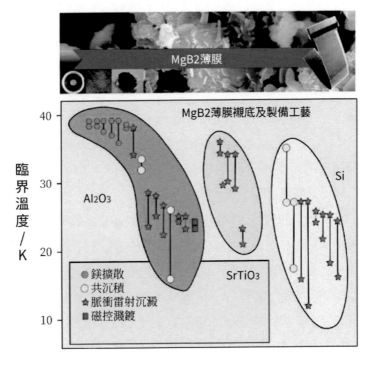

圖 19-5 二硼化鎂薄膜 [2]
（孫靜繪製）

賓州州立大學、北京大學等多家科學研究機構在 MgB_2 薄膜方面都有「獨門絕技」。這些高品質 MgB_2 超導薄膜可用於超導量子干涉儀、超導量子電路元件、高能加速器的諧振腔等多種量子組件之中，當屬應用超導材料之星 [8]。

　　和其他超導體應用過程需要解決的問題一樣，MgB_2 的應用關鍵在於如何提高它的臨界溫度 T_c、上臨界場 H_{c2}、臨界電流密度 J_c 等決定其臨界曲面的三個重要參數。提高 J_c 的常用辦法是把材料放在氧氣氛中進行合金化處理或者經過高能粒子（電子、質子、中子等）輻照，人為在材料內部造成缺陷，以提供量子磁通的釘扎中心。但這些方法同時也會造成 T_c 和 H_{c2} 的下降，結果就是兩者相比取其優。糟糕的時候，線材的 H_{c2} 僅有 2.5T；較好的時候，薄膜的 H_{c2} 可以達到 30T 以上，個別技術甚至可以提升至 60T。這些數值指的是在零溫極限下，如果在通常 20K（製冷機工作溫度）環境下，上臨界場往往低於 10T（圖 19-6）。最令人鬱悶無比的是，MgB_2 的臨界溫度似乎無法提高，科學家們採用施加高壓的辦法發現 T_c 總是隨壓力增加而下降，採用 Zn、Si、Li、Ni、Fe、Al、C、Co、Mn 等各種元素替代，結果依然令人失望——摻雜濃度越高，T_c 就越低（圖 19-7）[2]。換而言之，MgB_2 的 T_c 似乎永遠無法真正超越 40K，這正是當年麥克米倫預言的 BCS 常規超導體臨界溫度上限——麥克米倫極限 [9]。這個極限 T_c 值，就像個緊箍咒一樣套牢了二師兄超導體，至今也未能夠摘除。

　　經過許多科學家的無數次驗證，終於大家普遍認為 MgB_2 屬於常規超導體，其超導機理仍然來自電子 - 聲子耦合產生的庫珀電子對凝聚，這回答了為什麼遵循麥克米倫極限的原因。繼而問題是：為何 MgB_2 能比其他常規金屬或合金的臨界溫度高出許多？（T_c 僅次於 MgB_2 的常規超導體是 Cs_3C_{60}，T_c=38 K，常規超導合金 Nb_3Sn 的 T_c 只有 23.2K）這需要從這位「二師兄」的「二」裡面尋找答案：因為 MgB_2 是兩帶超導體，兩個電子能帶（兩類電子）之間的相互作用同樣對超導電性至關重要，如果互相「取長補短」，就有希望實現高臨界溫度 [10]。最後，MgB_2 的例子啟示人們，尋找新超導材

料的另一條好路子 —— 具有多個能帶共同參與超導，或許對提高 T_c 有所幫助。這條經驗在 2008 年之後的鐵基超導研究之中，得到了完美的驗證！

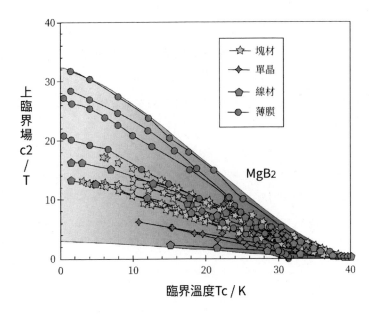

圖 19-6 不同 MgB$_2$ 材料的上臨界場 [2]

（孫靜繪製）

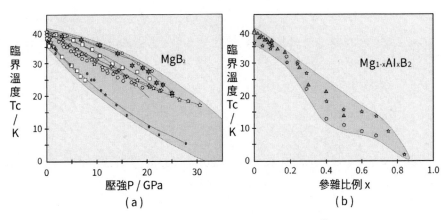

圖 19-7 MgB$_2$ 臨界溫度在壓力和摻雜下的演化 [2]

（孫靜繪製）

參考文獻

[1] Jones M E, Marsh R E. The Preparation and Structure of Magnesium Boride, MgB$_2$[J]. J. Am. Chem. Soc., 1954, 76(5):1434.

[2] Buzea C, Yamashita T. Review of the superconducting properties of MgB$_2$[J]. Supercond. Sci. Technol., 2001, 14: 115-146.

[3] Nagamatsu J et al. Superconductivity at 39 K in magnesium diboride[J]. Nature, 2001, 410, 63-64.

[4] https://zh.wikipedia.org/wiki/秋光純 ·

[5] Wen H H. Development of Research on New High Temperature Superconductors[J]. Chin. J. Mat. Res., 2015, 29(4): 241-254.

[6] http://www.nextbigfuture.com/2015/08/magnesium-diboride-superconductors-can.html.

[7] Qinyang W. Fabrication and superconducting properties of MgB$_2$/Nb/Cu wires with chemical doping by using Powder-In-Tube (PIT) method[D]. PhD Thesis. Materials Science. Université Joseph Fourier-Grenoble, 2012.

[8] Oates D E et al. Microwave measurements of MgB$_2$: implications for applications and order-parameter symmetry[J]. Supercond. Sci. Technol., 2010, 23: 034011.

[9] McMillan W L, Rowell J M. Lead Phonon Spectrum Calculated from Superconducting Density of States[J]. Phys. Rev. Lett., 1965, 14: 108.

[10] Xi X X. Two-band superconductor magnesium diboride[J]. Rep. Prog. Phys., 2008, 71: 116501.

第 4 章　黑銅時代

　　超導的研究熱潮可謂跌宕起伏，雖然在 1970 年代末，重費米子、有機超導以及其他諸多不可思議的超導材料被發現，但臨界溫度幾乎都沒有超過 30K，更不必說突破 40K 的麥克米倫極限。這意味著超導的大規模應用依舊困難，因為必然受到極其高昂的維持低溫環境成本所制約。

　　尋找更高臨界溫度的超導體，不僅要打破理論的框架束縛，更要突破實踐經驗的固有思路。就在陷入低谷的時候，新的一波浪潮在 1986 年年底和 1987 年年初再度掀起，高溫超導的發現把超導研究帶入了全新的篇章。

　　在本章，將詳細介紹銅氧化物高溫超導體的發現歷程、物理特性和研究困難。高溫超導材料的探索競爭激烈又激動人心，高溫超導物性的表現複雜多變又難以理解，高溫超導機理的研究魅力非凡又充滿挑戰。可以說，高溫超導的出現，不僅加速了超導的歷史，還徹底改變了整個凝聚態物理學，包括理論、實驗和應用的多個方面。

20 「絕境」中的逆襲：銅氧化物超導材料的發現

　　1970 年代的超導研究似乎陷入低潮期，那時 BCS 理論已經不斷發展豐富，成為了當時超導領域最重要的支撐理論。金屬和合金超導體雖然不斷被發現，但其超導臨界溫度都不夠高（如 1974 年發現的 Nb_3Ge，T_c=23.2K），意味著應用起來也極其困難。一些更令人困惑的超導材料陸續被發現，如氧化物超導體（1964 年）、重費米子超導體（1979 年）、有機超導體（1979 年），這些「奇怪」的超導體能否用 BCS 理論來解釋還存有疑問，且令人失望的是，臨界溫度依舊太低 [1]。那條神祕的麥克米倫極限，就是 40K 處「看不見的天花板」，馬蒂亞斯的超導探索黃金法則也不好懂，新的超導突破彷彿走向了「山重水複疑無路」的一條絕境 [2]。下一個希望在哪裡，沒有人知道。

　　往往當你看不見希望的時候，希望，它其實就在那裡。

　　1980 年代，新的超導突破，發生在了銅氧化物陶瓷材料身上。人類使用陶器的歷史已經近萬年，陶瓷在現代社會仍然是重要的生活用品之一。所謂陶瓷材料，主要成分就是金屬氧化物，如氧化矽、氧化鋁、氧化鈣、氧化鋯等 [3]。氧化銅是著名青花瓷上釉色的成分之一，許多銅氧化物都屬於陶瓷材料。陶瓷材料還有一個特點，就是它的導電性一般很差，絕大多數情況下是導體的「絕境」 —— 絕緣體。誰也未曾想過，如此通常為絕緣體的銅氧化物，居然也能超導？這就是現實的美妙之處。耳畔輕輕響起周杰倫的歌聲：「素胚勾勒出青花筆鋒濃轉淡，瓶身描繪的牡丹一如你初妝。釉色渲染仕女圖韻味被私藏，而你嫣然的一笑如含苞待放。」青花瓷於我們生活的美，就像超導在物理學家眼中的美一樣，令人陶醉而著迷。

　　勇於在絕望中尋找希望的人，是兩位來自瑞士 IBM 公司的工程師比得諾茲（Johannes Bednorz）和米勒（Karl Alexander Müller）（圖 20-1）。比得諾茲是米勒的博士生，1982 年畢業後留在了 IBM 位於蘇黎世的研究室（當時這類大公司都有基礎研發實驗室），開始從事過渡金屬氧化物的導電性

研究，試圖從金屬氧化物中尋找超導電
性。其實比得諾茲早在 1974 年的碩士學
位論文研究工作中，就從事鈣鈦礦氧化物
超導體 $SrTiO_3$ 的單晶生長，米勒本人也
對氧化物超導體特別感興趣，兩人可謂
一拍即合。當時大家普遍承認的具有體
超導的氧化物材料裡，最高臨界溫度的
是 $BaPb_{1-x}Bi_xO_3$，T_c=13K[4]。他們認為，即
使在 BCS 理論指導下，尋找到電子 - 聲
子相互作用足夠強或載流子濃度足夠高的
鈣鈦礦金屬氧化物材料，臨界溫度還有提

圖 20-1 J. G. Bednorz 和 K. A. Müller
（來自 Flickr）

升的空間，哪怕它們很多情況下都是絕緣體。要想在一群絕緣陶瓷材料裡找
超導，就像大海撈針一樣困難。比得諾茲和米勒的實驗過程是十分令人沮喪
的，他們找了一種又一種材料，測試了一次又一次，結果總是失敗，痛苦到
懷疑自己人生的份上。「我們從未想過會獲得成功，我們只能一直保持低
調，不停地加班又加班，借同事的設備來完成實驗。」20 年後的比得諾茲曾
如此回憶那段奮鬥的歲月[5]。幸運的是，儘管探索過程十分艱苦，他們並沒
有就此放棄，終於在 1986 年，事情出現了轉機。比得諾茲和米勒在 Ba-La-
Cu-O 體系找到了可能的超導跡象，略感興奮的他們迎來的卻遭到同事們潑
冷水 ── 「天方夜譚吧？氧化物？陶瓷？超導？有沒有搞錯！」面對同行
的冷嘲熱諷，他們依舊堅持了自己的研究，不斷改變材料裡的元素配比和合
成溫度等，終於確定在一個組分的樣品 $Ba_xLa_{5-x}Cu_5O_{5\ (3-y)}$ （x=0.75）找到了零
電阻效應。超導轉變發生在 30K 左右，電阻從 35K 開始下降，到 10K 左右
變為零。在另兩個 x=1 的配比樣品裡，也看到了電阻下降現象，卻沒有觀察
到電阻為零的行為（圖 20-2）。他們把結果整理並撰寫了論文投稿，並謹慎
地把題目寫成〈Ba-La-Cu-O 體系中可能的高溫超導電性〉（*Possible High T_c*
Superconductivity in the Ba-La-Cu-O system）[6]。

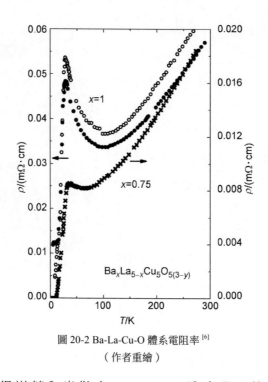

圖 20-2 Ba-La-Cu-O 體系電阻率 [6]

（作者重繪）

　　如果把比得諾茲和米勒在 Ba-La-Cu-O 體系發現的超導電性定為 T_c=35K，那就已經比當時留守 T_c=23.2K 紀錄 10 餘年的 Nb_3Ge 還要高出 12K，更是氧化物 $BaPb_{1-x}Bi_xO_3$ 的 T_c=13K 近 3 倍。毫無疑問，這個結果一旦被確認，必將是超導材料領域期待已久的重大突破。不過他們的論文裡面，僅有電阻的數據，且只有一類樣品達到了零電阻，更奇特的是超導相變之前電阻隨溫度下降的那段上翹，是典型的絕緣體或半導體行為，而非金屬導電行為，很難排除超導是否來自某個金屬性的雜質相。基於這些問題，物理同行們起初對比得諾茲和米勒的結果將信將疑，紛紛自己動手去驗證他們的結果。很快一個多月後，日本內田（Shin-ichi Uchida）等也成功做出了 Ba-La-Cu-O 體系材料，並且補上了另一個超導特徵數據——邁斯納效應。磁化率的數據表明，該材料在 25K 甚至 29K 就可以出現抗磁性，不過抗磁的體積分數不高，僅有 10% 左右 [7]（圖 20-3）。超導抗磁體積那麼低，說明並不是所有的化學成分都參與了超導，究竟哪個組分是真正的超導相呢？日

本科學家認為，這個材料的主要成分是 $La_{1-x}Ba_xCuO_3$ 加上少量的 $(La_{1-x}Ba_x)_2CuO_4$，但超導發生在誰身上，暫時無法確認。至於為什麼日本研究組測量的磁化率 T_c 和瑞士研究組測量的電阻 T_c 有一定的差異，則是另一個不好回答的問題 [7]。

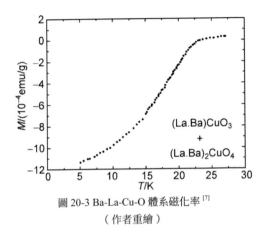

圖 20-3 Ba-La-Cu-O 體系磁化率 [7]

（作者重繪）

　　無論如何，同時具備零電阻和抗磁性兩大獨立判據，基本上可以斷定 Ba-La-Cu-O 體系存在超導電性，而且是 30K 左右的臨界溫度，大大高於之前的紀錄！這是銅氧化物超導體從一開始就被稱為「高溫超導體」的原因，名副其實！至此，超導「絕境」中的逆襲被銅氧化物完成。

　　比得諾茲和米勒在高溫超導發現的次年（1987 年）就榮獲諾貝爾物理學獎，獲獎速度之快，在諾獎歷史上也是少見的，獲獎的具體原因我們將在下一篇另行解釋。在這麼多人苦苦追索高溫超導之路上，為何他們倆首先獲得了成功？前面提及的不辭辛苦的探索最終「絕境逢生」是一個因素，另一個重要因素就是 —— 他們做了充足的文獻調研 [5]。仔細翻看他們發表的論文引文目錄，就會發現兩篇來自法國科學家麥可（C. Michel）和拉沃（B. Raveau）的論文，而他們研究的，正是 Ba-La-Cu-O 體系 [8][9]。令人意外的是，這兩位法國科學家早在 1977 年就研究該材料體系了，並在 1983 年成功做出了 $BaLa_4Cu_5O_{13.4}$ 組分 [10], [11]。對照一下比得諾茲和米勒給出的化學式 $Ba_xLa_{5-x}Cu_5O_{5(3-y)}$，很快就會發現這就是 $x=1$ 的情形！更令人驚訝的是，麥

可和拉沃測量了 $BaLa_4Cu_5O_{13.4}$ 的高溫電阻率，發現 200 ～ 600K 都是線性下降的（注：原文溫度標度取的是℃）[9]，是很好的金屬導電行為，並不是人們期待的絕緣體行為！他們最大的遺憾，就是沒有繼續測量更低溫度的電阻率。比得諾茲和米勒顯然注意到了這個銅氧化物不尋常的金屬導電性，因為把兩組數據標度在一起的話，200 ～ 300K 部分幾乎是重合的（圖 20-4），超導，就發生在 35K 以下！機遇，總是留給有所準備的人，這話一點都沒錯。法國科學家或許初衷並不是尋找超導電性，否則他們不會去測量 300K 以上的高溫電阻率，也或許他們不具備液氦環境的低溫測量手段，所以無法判斷線性電阻率在低溫下會有什麼發展趨勢。更令人感慨唏噓的是，這個高溫下的線性電阻率，是銅氧化物超導體在正常態下最反常的物理性質之一：說明它的導電機制並不服從傳統的費米液體理論，所謂非費米液體行為，至今仍是高溫超導諸多未解謎團之一。而比得諾茲和米勒他們電阻數據中隨溫度下降而上翹的行為，則可能是載流子局域化或贗能隙行為，同屬高溫超導的謎團 [12]。這些有趣的物理問題，我們將在後續篇幅一一道來。

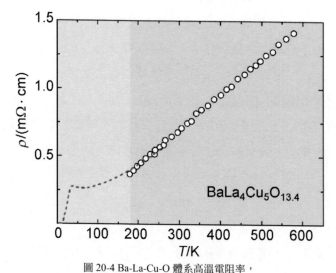

圖 20-4 Ba-La-Cu-O 體系高溫電阻率，
紅色虛線為比得諾茲和米勒的數據，空心點為 Michel 和 Raveau 的數據 [6]、[8]、[9]
（作者繪製）

　　比得諾茲和米勒的成功因素還有另外一面，就是他們有著準確的物理直覺。他們認為，改進氧化物材料中的相互作用和載流子濃度，是有希望實現更高溫度超導的。如何做到這一點呢？這就要回到鈣鈦礦型氧化物超導體說起（見第 15 節：陽關道醉中仙）[13]。鈣鈦礦型氧化物材料裡典型結構就是所謂氧八面體，如果把八面體外的原子用不同半徑的其他原子來替代，那麼就會造成八面體的畸變，或被拉伸或被壓縮，這種效果導致八面體中間的四方形材料結構的電子軌道發生變化，必然對其相互作用產生影響，這個效應被稱為雅恩 - 泰勒（Jahn-Teller）效應[14-16]（圖 20-5）。銅氧化物正是典型的鈣鈦礦材料之一，改變 La 和 Ba 的配比，就是在改變楊 - 泰勒效應的影響範圍，而用不同的條件進行化學固相合成並後期退火處理，就是在改變其 O 含量，從而調節載流子濃度。這兩點關鍵的物理，被比得諾茲和米勒敏感地抓住了，後來其重要性被更多的實驗證實，只不過其本質並不一定是改變電子 - 聲子相互作用（圖 20-6）。

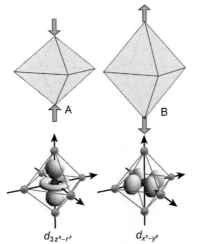

圖 20-5 鈣鈦礦晶體中的楊 - 泰勒效應及電子軌道[14-16]
（孫靜繪製）

圖 20-6 比得諾茲展示他們探索 ABO₃ 結構
銅氧化物超導體的靈感
（來自 Live Science）

　　有意思的是，比得諾茲和米勒給出的第一個銅氧化物高溫超導材料化學式 $Ba_xLa_{5-x}Cu_5O_{5(3-y)}$，其實是錯誤的！如前所述，日本科學家僅發現 10% 的超導含量，顯然有問題。真實的超導成分，後來才被證實是日本科學家當初懷疑的「雜質」── $(La_{1-x}Ba_x)_2CuO_4$，後來寫成了 $La_{2-x}Ba_xCuO_{4-\delta}$，其中 δ 表示氧含量可變。其中 Ba 也可以換成 Sr，構成 $La_{2-x}Sr_xCuO_{4-\delta}$ 體系，同樣可以具有 30K 左右的超導電性，這一類高溫超導材料，被稱為 La-214 體系 [17]。La-214 材料結構就以 Cu-O 八面體為基礎，La/Ba 或 La/Sr 層夾在兩個八面體之間，又稱為 ABO_3 結構（圖 20-6）。其單晶看起來是黑漆漆、亮晶晶的，不愧為超導「黑科技」（圖 20-7）。

　　1980 年代，銅氧化物高溫超導的發現，為黯淡已久的超導研究帶來了一縷朝陽之光。從此，超導研究煥發了一輪嶄新的活力，如火如荼的材料探索、激動人心的臨界溫度紀錄刷新、千奇百怪的理論模型、紛繁複雜的物理現象、神祕莫測的各種物性反常等，點燃了超導界的熱鬧和喧囂，影響了整整一代物理學家，撼動了整個凝聚態物理的基石 [18]。

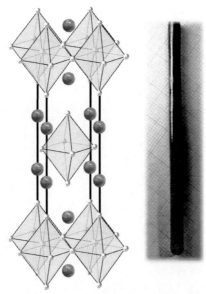

圖 20-7 $La_{2-x}Sr_xCuO_4$ 晶體結構和形貌

（作者繪製）

參考文獻

[1] 羅會仟，周興江·神奇的超導 [J]·現代物理知識，2012，24（02）：30-39·

[2] Ginzburg G L. High-temperature superconductivity (history and general review)[J]. Soviet Physics Uspekhi, 1991, 34(4): 283.

[3] 周玉·陶瓷材料學 [M]·2 版·北京：科學出版社，2004·

[4] Sleight A W, Gillson J L, Bierstedt P E. High-temperature superconductivity in the $BaPb_{1-x}Bi_xO_3$ systems[J]. Solid State Commun., 1975, 17: 27.

[5] Schuhmann R. Heating up of Superconductors[J]. Phys. Rev. Lett., 2017-03-10. https://journals.aps.org/prl/heating-up-of-superconductors.

[6] Bednorz J G, Müller K A. Possible high Tc superconductivity in the Ba-La-Cu-O system[J]. Z. Phys. B, 1986, 64: 189.

[7] Uchida S, Takagi H, Kitazawa K, Tanaka S. High T_c Superconductivity of La-Ba-Cu Oxides[J]. Jpn. J. Appl. Phys., 1987, 26: L1.

[8] Nguyen N, Er-Rakho L, Michel C, Choisnet J, Raveau B. Intercroissance de feuillets "perovskites lacunaires" et de feuillets type chlorure de sodium: Les oxydes $La_{2-x}A_{1+x}Cu_2O_{6-x/2}$[J]. Mat. Res. Bull., 1980, 15: 891.

[9] Er-Rakho L, Michel C, Provost J, Raveau B. A series of oxygen-defect perovskites containing Cu^{II} and Cu^{III}: The oxides $La_{3-x}Ln_x$-$Ba_3[Cu^{II}_{5-2y}Cu^{III}_{1+2y}]O_{14+y}$[J]. J. Solid State Chem., 1981, 37(2), 151-156.

[10] Michel C, Er-Rakho L, Raveau B. The oxygen defect perovskite $BaLa_4Cu_5O_{13.4}$, a metallic conductor[J]. Mat. Res. Bull., 1985, 20: 667-671.

[11]　Michel C, Er-Rakho L, Raveau B. $La_{8-x}Sr_xCu_8O_{20\varepsilon}$: A metalli cconductor belonging to the family of the oxygen-deficient perovskites[J]. J. Phys. and Chem. Solids, 1988, 49(4): 451-455.

[12]　Lee P A, Nagaosa N and Wen X-G. Doping a Mott insulator: Physics of high-temperature superconductivity[J]. Rev. Mod. Phys., 2006, 78: 17.

[13]　Cava R J. Oxide Superconductors[J]. J. Am. Ceram. Soc., 2000, 83(1): 5-28.

[14]　Persson I. Hydrated metal ions in aqueous solution: How regular are their structures[J]. Pure Appl. Chem., 2010, 82: 1901-1917.

[15]　Chakraverty B K. Possibility of insulator to superconductor phase transition[J]. J. Phys. Lett., 1979, 40: 99-100.

[16]　Englamann R. The Jahn-Teller Effect in Molecules and Crystals[M]. New York: Wiley Interscience, 1972.

[17]　Kerimer B et al. Magnetic excitations in pure, lightly doped, and weakly metallic La_2CuO_4[J]. Phys. Rev. B, 1992, 46: 14034.

[18]　Dagotto E. Correlated electrons in high-temperature superconductors[J]. Rev. Mod. Phys., 1994, 66(3): 763.

21 火箭式的速度：突破液氮溫區的高溫超導體

銅氧化物高溫超導材料的發現之路充滿曲折、坎坷、運氣和驚喜。

回顧比得諾茲和米勒在 Ba-La-Cu-O 體系貌似偶然的成功，卻也有不少值得深思的地方。他們起初在 $SrFeO_3$ 和 $LaNiO_3$ 氧化物材料中的初步嘗試遭遇失敗[1]（注：後者在 30 餘年後被發現是一類新的超導材料母體）。面對負面結果，他們不氣餒，不放棄，而是靜下心來，遍閱文獻資料，發現了法國科學家麥可和拉沃關於銅氧化物導體的論文，最終在 1986 年初就發現了 30K 左右的高溫超導零電阻跡象[2]，直到 10 月 22 日進一步發表抗磁性測量的結果[3]。而此時，日本科學家也發表了相關抗磁性的測量結果[4]。其實，不僅法國科學家早已合成 Ba-La-Cu-O 材料並測量發現了 $BaLa_4Cu_5O_{13.4}$ 在 200K 以上的金屬導電性，實際上，蘇聯和日本也同樣對銅氧化物材料開展了探索性研究[5]，其中蘇聯科學家於 1978 年就測量了 $La_{1.8}Sr_{0.2}CuO_4$ 體系（後被證實這才是該超導體系正確的化學式）在液氮溫度以上的導電性[6]，遺憾的是，他們都未能測量到足夠低的溫度，錯失了發現 30K 以上高溫超導電性的機會。

可見，一項重大的科學發現並不是憑空產生的，而恰恰是相關的科學歷程推進到某一種程度，偶然地在某些科學家手上自然誕生。等到這項發現被人們廣泛接受和承認，還需要時間的考量。

比得諾茲和米勒起初認為，他們的工作要被人們證實並接受，至少需要 3 年左右時間。原因來自傳統經驗，超導研究歷史上常有所謂「新高溫超導材料」蹦出來，而這些實驗結果往往無法重複，多次「狼來了」令整個超導研究群體都對新超導體持異常謹慎態度。為此，作為 IBM 的無名小卒，比得諾茲和米勒選擇了普通期刊發表論文結果，除此之外，再也沒以其他任何方式宣傳他們的研究。但隨後的事態發展，遠遠超越了他們的低調和悲觀。

超導材料的探索，在 1987 年之後，進入了火箭式發展速度。發動這支

圖 21-1 物理所超導小組部分成員
（來自《趙忠賢文集》）

「超導火箭」的，是來自中國、日本和美國的數位年輕科學家。

1970 年代，中國的基礎科學研究尚處於方興未艾的時期，無論是實驗設備、技術力量和人員實力都難以比肩國際前沿。1973 年，中國科學院高能物理研究所開啟了超導磁體和超導線材的研究。1978 年，中國科學院物理研究所開啟了超導薄膜的研究。帶領中國人走向超導應用研究領域的科學家，正是來自科學世家的李林，其父就是大名鼎鼎的李四光先生 [7]。當時同在物理研究所成立的還有另一個超導基礎研究團隊，就是以趙忠賢為研究組長的高臨界溫度超導材料探索團隊，包括趙忠賢、陳立泉、崔長庚、黃玉珍、楊乾聲、陳膚華等（圖 21-1）。中國的超導研究，就這樣在艱苦的大環境中生根發芽茁壯成長起來了。1986年 9 月，在中國科學院物理研究所圖書館，趙忠賢讀到了比得諾茲和米勒的論文，立刻意識到這可能就是他們苦苦追求數年的突破點，論文中提及的雅恩 - 泰勒效應可能引起高溫超導現象，和他在 1977 年提出的結構不穩定可能產生高溫超導的思想不謀而合。當時設備極其簡陋，燒製氧化物樣品的電爐是自己繞製搭建的，測量電阻和磁化率的設備也是在液氦杜瓦的基礎上改建的，相關的數據還是 X-Y 記錄儀在座標紙上的劃點。即使如此，物理所的超導研究團隊還是很快重複了比得諾茲和米勒的工作，在 12 月 20 日就成功得到了 Ba-La-Cu-O 和 Sr-La-Cu-O 材料，而且發現起始溫度在 46.3K 和 48.6K 的超導電性，同時指出 70K 左右的超導跡象，論文於 1987 年 1 月 17日投稿到中文版《科學通報》（圖 21-2）[8]。這不僅驗證了瑞士科學家的工作，而且說明銅氧化物材料的超導臨界溫度仍有提升的可能。也就是說，新高溫超導材料的發現，大有希望！

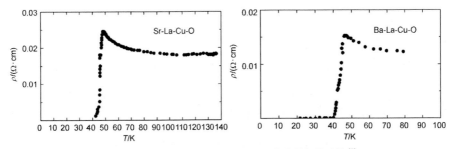

圖 21-2 Sr（Ba）-La-Cu-O 體系在 40K 左右的超導電性 [8]
（來自《科學通報》，作者重繪圖）

　　日本科學家同樣在 1986 年 9 月得到了比得諾茲和米勒研究結果，然而，他們起初並未對此有足夠的重視，經歷其中的科學家有田中昭二、北澤宏一、內田慎一等，把這份「不起眼」的研究任務順手交給了一位東京大學本科生金澤尚一。出乎意料的是，首批 Ba-La-Cu-O 樣品很快在 11 月成功獲得，磁化率測量結果也證實了超導電性 [9]。消息傳開後，日本的高溫超導材料研究就此迅速傳開，他們還遞交了世界上第一份關於高溫超導材料的專利申請 [10]。

　　美國科學家也緊跟其後，1986 年 11 月，休士頓大學的朱經武剛讀到比得諾茲和米勒的論文。他敏銳地意識到了這個工作的重要性，立刻傾全組之力從 $BaPb_{1-x}Bi_xO_3$ 材料轉向 Ba-La-Cu-O 材料的研究，並邀請他原來的學生——當時已到阿拉巴馬大學工作的吳茂昆一起合作。借助良好的實驗設備，朱經武團隊當月就產生了相同的實驗結果，指出高壓可以將臨界溫度起始點提升到 57K [11]，並且同樣發現了 70K 左右的超導轉變跡象 [12]，只是後者難以重複。12 月，吳茂昆等發現 Sr-La-Cu-O 體系有 39K 的超導電性 [13]，幾乎同時貝爾實驗室的卡瓦等也在 12 月獲得了 36K 超導的 Sr-La-Cu-O 樣品 [14]，他們和朱經武的論文在 1987 年 1 月同時發表。

　　至此，瑞士科學家的工作已經確鑿無疑，第一種銅氧化物高溫超導材料確定為 $La_{2-x}Ba_xCuO_4$ 和 $La_{2-x}Sr_xCuO_4$。關於高臨界溫度超導材料探索的一場世界範圍內的激烈競爭，就此拉開帷幕。中、日、美三國科學家沒日沒夜地奮

戰在實驗室，為的是尋找之前 70K 左右的超導跡象的真正原因，或有可能實現臨界溫度更高的突破。競爭很快達到白熱化程度，以至於當時發表論文的速度跟不上研究進展的發布，很多新消息都是在新聞發布會或者國際學術會議上宣布的，包括中國的《人民日報》、日本的《朝日新聞》、美國的《美國之音》等各大媒體也為這場科學競賽推波助瀾 [15-17]。

　　當時科學家們最大的冀望，就是尋找到液氮溫區的高溫超導材料。在標準大氣壓下，液氦沸點是 4.2K，液氫沸點是 20.3K，液氖沸點是 27.2K，液氮沸點是 77.4K。所謂液氮溫區超導體，也就是臨界溫度在 77K 以上的超導材料 [5]。進入液氮溫區，意味著超導的應用將不再需要依賴昂貴的液氦來維持低溫環境，而僅用廉價且大量的液氮就可以，成本有可能大大降低，超導的大規模應用也因此有望實現。

　　最激動人心的液氮溫區超導材料突破，就發生在 1987 年 1、2 月，這兩個月時間裡，包括趙忠賢、吳茂昆、朱經武等在內的多位華人科學家做出了關鍵性貢獻（圖 21-3）。在北京的趙忠賢研究團隊把 70K 下的超導跡象作為攻關重點，然而多次重複實驗合成 Ba-La-Cu-O 體系，卻發現很難找到乾淨的 70K 超導相，往往採用較純的化學試劑原料只能合成 30K 左右的超導體。當時《人民日報》已經在 1986 年 12 月就心急透露出了 70K 超導電性的新聞 [15]，海外學者也不斷追問重複結果，北京的研究團隊自然是壓力山大。直到 1987 年 1 月底，趙忠賢團隊終於意識到原料中的「雜質」問題，出現 70K 超導跡象的樣品往往使用了純度不夠高的原料，這意味著裡面除了鑭之外必然含有其他稀土元素，或者鋇元素裡面混有少量的鍶元素。因為 Sr-La-Cu-O 體系臨界溫度變化不大 [8]，他們轉而探索 Ba-Y-Cu-O 體系，另一個理由在於雅恩 - 泰勒效應因稀土離子半徑差異會有所不同。按照之前的程序，樣品總是前後燒結兩次希望成相均勻，但最終結果並不是很理想。1987 年 2 月 19 日深夜，他們決定順便把僅燒結一次的樣品也測量一下，於是又翻垃圾筐把準備扔掉的「可能的壞樣品」找出來，這次發現了驚喜 —— 出現了 93 K 下的抗磁轉變訊號！為了搶占先機，他們又在次日加班把論文寫好並於 21 日

投稿到《科學通報》，題為〈Ba-Y-Cu 氧化物液氮溫區的超導電性〉[18]（圖 21-4）。中國科學院隨後在 2 月 24 日召開了新聞發布會，迅速公布了趙忠賢團隊的研究進展和材料成分，《人民日報》於 25 日再次在頭條發布這一消息。

美國的超導研究團隊，同樣在集體努力尋找 70K 超導跡象的材料，結果和北京的團隊一樣——偶爾能看到超導跡象，但再經過一次熱循環就消失了[14]。朱經武的團隊嘗試過高壓合成、生長單晶、元素替換等方法，都不太奏效。他們合作者吳茂昆的一位學生阿什本（J. Ashburn）經

趙忠賢　　　吳茂昆　　　朱經武

圖 21-3 Ba-Y-Cu-O 超導材料的三位主要發現者
（由中國科學院物理研究所提供）

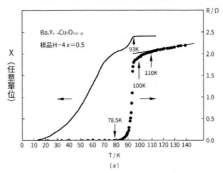

(a)

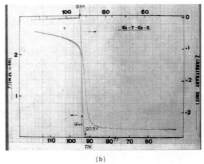

(b)

圖 21-4 Ba-Y-Cu-O 體系在 93 K 左右的超導電性 [18]
（來自《科學通報》／中國科學院物理研究所，作者重繪圖）

過簡單估算晶格畸變，認為釔替換鑭是個不錯的選擇。吳茂昆從別的研究團隊臨時借來了少量的氧化釔，並合成了 Ba-Y-Cu-O 體系，於 1987 年 1 月 29 日意外發現了 90K 左右的超導電性！隨後他們抓緊合成了新的樣品，並奔赴休士頓大學進行仔細的測量，確認了該體系在 90K 的超導。朱經武將 Ba-Y-Cu-O 體系在常壓和高壓下的高溫超導電性相關論文於 2 月 6 日送達《物

理評論快報》，並將於 3 月 2 日正式發表（圖 21-5）[19][20]。在此之前，1987
年 2 月 16 日，朱經武團隊在休士頓舉辦新聞發布會，宣告液氮溫區超導材
料的這一激勵人心的發現，但當時沒有具體公布化學成分，直到 2 月 26 日
的學術會議上才公布。美國貝爾實驗室的塔拉斯孔（J. M. Tarascon）在得知
相關消息後，趕緊測量了還扔在實驗室的 Ba-Y-Cu-O 樣品，同樣發現了高溫
超導，於是火速寫出論文並於 2 月 27 日下班前的最後時刻送往《物理評論
快報》編輯部 [21]。

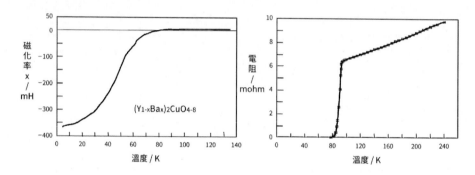

圖 21-5 Ba-Y-Cu-O 體系在 93 K 左右的超導電性 [19]、[20]
（來自 APS，作者重繪圖）

而日本的研究團隊則相對比較低調，他們同樣在 2 月 18、19 日舉辦的
氧化物超導材料會議上提到了東京大學發現 85K 左右的新超導材料，而具體
成分也未公布，實際上就是 Ba-Y-Cu-O 體系。論文於 2 月 23 日送往《日本
應用物理》雜誌，並直到 4 月才發表，時間上已經落後於美國和中國 [21]。

經過中、日、美三國科學家的激烈競賽，Ba-Y-Cu-O 體系在液氮溫區
90K 以上的超導電性被多個團隊幾乎同時獨立做出來，雖然公布時間或早或
晚，但實驗結果已是確鑿無疑。為此，1987 年 3 月初，在紐約召開的美國
物理學會 3 月會議，特地專門設立「高臨界溫度超導體討論會」。中國、美
國、日本的科學家作為大會特邀報告人，分別報告了他們在高溫超導材料
探索的結果，來自世界各地的 3,000 多名物理學家擠滿了 1,100 人容量的演
講廳，狂熱的會議討論一直持續了 7 小時，直到凌晨 2 點才結束。那一次會

議被稱為「物理學界的搖滾音樂節」，是超導研究史上劃時代的重要里程碑[22]。做完大會特邀報告回到北京的趙忠賢，發現家裡的煤燒完了，於是欣然換下西裝，騎上了三輪車，拉煤去（圖 21-6）。這就是科學家的精神，可以在世界科學前端的殿堂做學術報告，也可以和普通老百姓一樣踩三輪車去拉煤，兩者絲毫沒有任何衝突。

圖 21-6 1987 年美國物理年會 3 月會議上趙忠賢做大會邀請報告及會後回京騎三輪車拉蜂窩煤（來自《趙忠賢文集》）

Ba-Y-Cu-O 液氮溫區超導材料的發現，開啟了高溫超導材料探索和規模化應用的大門，也讓比得諾茲和米勒的工作顯得非常重要。為此，他們很快在高溫超導發現的次年（1987 年）就榮獲諾貝爾物理學獎，也是諾貝爾獎歷史上的鮮有發生的事情。至於其他科學家為何沒有獲得諾貝爾獎，最直接的原因是：他們的成果公布時間都在 1987 年 1 月 31 日的諾貝爾獎提名截止日期之後。

回顧當時公布的 Ba-Y-Cu-O 化學成分，也是件非常有趣的事情。中國團隊公布的成分是 $Ba_xY_{5-x}Cu_5O_{5\,(3-y)}$，和比得諾茲和米勒發表的 $Ba_xLa_{5-x}Cu_5O_{5\,(3-y)}$ 成分一脈相承，這說明中國科學家的學術思想同樣來自雅恩 - 泰勒效應造成的局域晶格畸變[21]。美國和日本團隊公布的成分是 $(Y_{1-x}Ba_x)_2CuO_{4-\delta}$，參照於日本科學家當初確認的銅氧化物超導材料真實成分——$La_{2-x}Ba_xCuO_{4-\delta}$ 體系（簡稱 214 結構）[23][24]。然而，後續的實驗證明，這兩個化學式都是不完全正確的！ Ba-Y-Cu-O 材料中超導的主要成分來自 $YBa_2Cu_3O_{7-\delta}$，

又稱 123 結構銅氧化物超導材料，由美國貝爾實驗室的卡瓦等找到（圖
21-7）[25]。注意到氧含量中有一個 $7-\delta$，這意味著這個體系材料氧含量是不
固定的。事實上，改變氧的含量，相當於改變其中的電洞載流子濃度，後來
實驗發現超導臨界溫度對氧含量極其敏感！因此，在 Ba-Y-Cu-O 體系尋找
到 93K 的最佳超導電性，還真不是一件輕而易舉的事情。從初期的實驗數據
來看，超導轉變往往遠不如傳統金屬超導體那樣十分突然，有的甚至出現多
個轉變現象，確認真正的超導材料結構往往需要更多實驗和時間，這也是銅
氧化物超導材料探索中常遇到的問題。

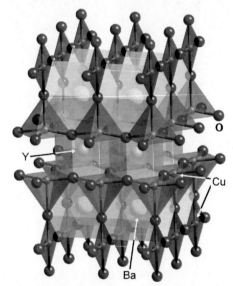

圖 21-7 突破液氮溫區的 $YBa_2Cu_3O_{7-\delta}$ 高溫超導材料結構
（來自維基百科）

　　$YBa_2Cu_3O_{7-\delta}$ 新高溫超導材料的發現，把超導臨界溫度在 35K 的紀錄一
下子突破到了 93K，意味著高臨界溫度的超導體可能是普遍存在的[26]。於
是，1987 年 12 月，在 Bi-Sr-Ca-Cu-O 中發現了 110K 的超導[27]；1988 年 1 月，
在 Tl-Ba-Ca-Cu-O 中發現了 125K 的超導[28]；1993 年 1 月，在 Hg-Ba-Ca-
Cu-O 中發現了 134K 的超導[29]。超導臨界溫度的紀錄被一而再，再而三，
不斷地被打破，超導研究進入了火箭式推進時期，充滿了期待。其中 Bi-Sr-

Ca-Cu-O 體系超導體主要有三類：$Bi_2Sr_2CuO_6$（簡稱 2201，最高 T_c=20K）、$Bi_2Sr_2CaCu_2O_8$（簡稱 2212，最高 T_c=95K）、$Bi_2Sr_2Ca_2Cu_3O_8$（簡稱 2223，最高 T_c=110K），主要區別在於 Cu-O 層數目的多少（圖 21-8）；Tl-Ba-Ca-Cu-O 體系和 Bi-Sr-Ca-Cu-O 體系大同小異，也還有其他一些結構；Hg-Ba-Ca-Cu-O 體系也有三類：$HgBa_2CuO_{4+\delta}$（簡稱 Hg1201，最高 T_c=97K）、$HgBa_2CaCu_2O_{6+\delta}$（簡稱 Hg1212，最高 T_c=127K）、$HgBa_2Ca_2Cu_3O_{8+\delta}$（簡稱 Hg1223，最高 T_c=134K）等（圖 21-9）[30]。之後，超導臨界溫度紀錄一直處於停滯狀態，也出現過多次「烏龍事件」，號稱獲得了 155K[31] 甚至 160K[32] 常壓臨界溫度的 Y-Ba-Cu-O，但都因數據無法重複而被否決。透過對銅氧化物材料施加高壓，臨界溫度還有上升的空間，目前高壓下最高 T_c 紀錄是 165K，由朱經武的研究組在 Hg 系材料中創造（圖 21-10）[28][30][33]。大量銅氧化物超導材料可以突破 40K 麥克米倫極限，它們從而被統稱為「高溫超導體」[33]。（注：也有人定義 T_c 在 20K 以上的超導體就屬於「高溫超導體」）

正是有了這一系列的高溫超導材料探索，助力臨界溫度的不斷攀升，點燃了許多科學研究工作者心中的希望，超導研究從此煥發新春，也培養和鍛鍊了一大批有才華的物理學家，極大地加速推動了凝聚態物理的發展。

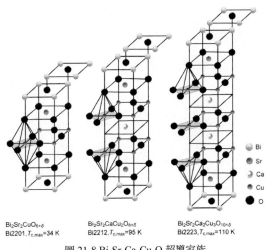

圖 21-8 Bi-Sr-Ca-Cu-O 超導家族

（孫靜繪製）

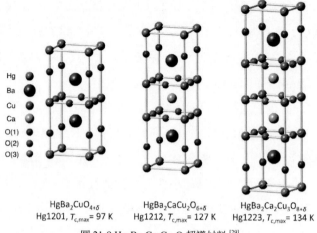

HgBa$_2$CuO$_{4+\delta}$　　　HgBa$_2$CaCu$_2$O$_{6+\delta}$　　　HgBa$_2$Ca$_2$Cu$_3$O$_{8+\delta}$
Hg1201, $T_{c,max}$= 97 K　　Hg1212, $T_{c,max}$= 127 K　　Hg1223, $T_{c,max}$= 134 K

圖 21-9 Hg-Ba-Ca-Cu-O 超導材料[29]
（來自 APS/ 北京大學李源研究組）

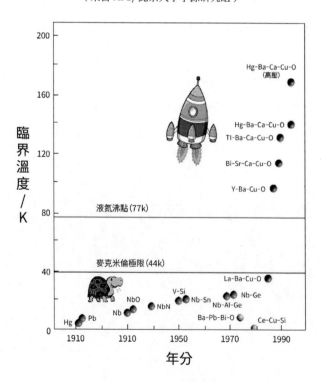

圖 21-10 高溫超導材料的發現迅速刷新臨界溫度紀錄
（作者繪製）

參考文獻

[1] Goodenough J B, Longo M. Crystal and solid state physics[M]. Springer-Verlag, 1970.

[2] Bednorz J G, Müller K A. Possible high Tc superconductivity in the Ba-La-Cu-O system[J]. Z. Phys. B, 1986, 64: 189.

[3] Bednorz J G, Takashige M, Müller K A. Susceptibility Measurements Support High-T_c Superconductivity in the Ba-La-Cu-O System[J]. Europhys. Lett., 1987, 379-382.

[4] Uchida S et al. High-T_c Superconductivity of La-Ba(Sr)-Cu Oxides. IV-Critical Magnetic Fields[J]. Jpn. J. Appl. Phys., 1987, 26: L196.

[5] Ginzburg V L. High-temperature superconductivity history and general review[J]. Soviet Physics Uspekhi, 1991, 34(4): 283.

[6] Ginzburg V L. High-temperature superconductivity: some remarks[J]. Prog. Low. Temp. Phys., 1989, 12: 1.

[7] 中國科學院物理研究所‧李林畫傳（紀念李林先生誕辰90週年）[M]‧2013‧

[8] 趙忠賢等‧Sr（Ba）-La-Cu 氧化物的高臨界溫度超導電性 [J]‧科學通報，1987，32：177-179‧

[9] Kitazawa K. The First 5 Years of the High Temperature Superconductivity: Cultural Differences between the US and Japan (in Japanese)[J], American Technological Innovation, 1991, 119-127.

[10] Kishio K et al. New High Temperature Superconducting Oxides. $(La_{1-x}Sr_x)_2CuO_{4-\delta}$ and $(La_{1-x}Ca_x)_2CuO_{4-\delta}$[J]. Chemistry Letters, 1987, 16(2): 429-432.

[11] Chu C W et al. Superconductivity at 52.5 K in the lanthanum-barium-copper-oxide system[J]. Science, 1987, 235: 567-569.

[12] Hazen R M. Superconductors: The Breakthrough[M]. Unwin Hyman

Ltd., London, 1988. P. 43-44.

[13] Chu C W et al. Evidence for superconductivity above 40 K in the La-Ba-Cu-O compound system[J]. Phys. Rev. Lett., 1987, 58: 405-407.

[14] Cava R J et al. Bulk superconductivity at 36 K in $La_{1.8}Sr_{0.2}CuO_4$[J]. Phys. Rev. Lett., 1987, 58: 408-410.

[15] 張繼民等．我國發現迄今世界轉變溫度最高超導體［N］．人民日報，1986-12-26．

[16] 劉兵．對 1986-1987 年間高溫超導體發現的歷史再考察［J］．二十一世紀，1995．4．

[17] 我國超導體研究又獲重大突破，發現絕對溫度百度以上超導體［N］．人民日報，1987-02-25．

[18] 趙忠賢等．Ba-Y-Cu 氧化物液氮溫區的超導電性［J］．科學通報，1987，32：412-414．

[19] Wu M K et al. Superconductivity at 93 K in a new mixed-phase Y-Ba-Cu-O compound system at ambient pressure[J]. Phys. Rev. Lett., 1987, 58: 908-910.

[20] Hor P H et al. High-pressure study of the new Y-Ba-Cu-O superconducting compound system[J]. Phys. Rev. Lett., 1987, 58: 911-912.

[21] Hazen R M. Superconductors: The Breakthrough[M]. London: Unwin Hyman Ltd., 1988, 256.

[22] 王興五．「高溫」超導在 1987 年美國物理學年會上引人注目［J］．物理，1987，16（9）：575．

[23] Uchida S, Takagi H, Kitazawa K, Tanaka S. High Tc Superconductivity of La-Ba-Cu Oxides[J]. Jpn. J. Appl. Phys., 1987, 26: L1.

[24] Kikami S et al. High Transition Temperature Superconductor: Y-Ba-Cu Oxide[J]. Jpn. J. Appl. Phys., 1987, 26: L314-L315.

[25] Cava R J et al. Bulk superconductivity at 91 K in single-phase oxy-

gen-deficient perovskite $Ba_2YCu_3O_{9-\delta}$[J]. Phys. Rev. Lett., 1987, 58: 1676-1679.

[26]　Schechter B. The Path of No Resistance: The Revolution in Super-conductivity, Simon and Schuster, 1989. 98.

[27]　Cava R J. Oxide Superconductors[J]. J. Am. Ceram. Soc., 2000, 83(1): 5-28.

[28]　Lee P A, Nagaosa N, Wen X-G. Doping a Mott insulator: Physics of high-temperature superconductivity[J]. Rev. Mod. Phys., 2006, 78: 17.

[29]　Schilling A et al. Superconductivity above 130 K in the Hg-Ba-Ca-Cu-O system[J]. Nature, 1993, 363: 56-58.

[30]　Wang L et al. Growth and characterization of $HgBa_2CaCu_2O_{6+\delta}$ and $HgBa_2Ca_2Cu_3O_{8+\delta}$ crystals[J]. Phys. Rev. Materials, 2018, 2: 123401.

[31]　Ovshinsky S R et al. Superconductivity at 155 K[J]. Phys. Rev. Lett., 1987, 58: 2579-2581.

[32]　Cai X, Joynt R, Larbalestier D C. Experimental evidence for granular superconductivity in Y-Ba-Cu-O at 100 to 160 K[J]. Phys. Rev. Lett., 1987, 58: 2798-2801.

[33]　向濤・d 波超導體［M］・北京：科學出版社，2007・

22 天生我材難為用：銅氧化物超導體的應用

　　銅氧化物高溫超導材料的發現，特別是液氮溫區超導體的突破，無疑是超導研究最振奮人心的進展之一[1]。科學家經過數年的努力，發現了大量的銅氧化物高溫超導材料。按照組成元素分類，可以有 Hg 系、Bi 系、Tl 系、Y 系、La 系等；按照載流子濃度分類，主要分電洞型和電子型兩種銅氧化物超導體；按照整體結構含有 Cu-O 面數目來區分，又可以分為單層、雙層、三層和無限層等[2]。在每個系列下面，又可以根據晶體結構來劃分，例如 Hg 系包括 Hg-1212（$HgBa_2CaCu_2O_{6+\delta}$，127K）、Hg-1223（$HgBa_2Ca_2Cu_3O_{8+\delta}$，134K）、Hg-1201（$HgBa_2CuO_{4+\delta}$，97K）等，Bi 系包括 Bi-2201（$Bi_2Sr_{2-x}La_xCuO_{6+\delta}$，35K）、Bi-2212（$Bi_2Sr_2CaCu_2O_{8+\delta}$，91K）、Bi-2223（$Bi_2Sr_2Ca_2Cu_3O_{10+\delta}$，110K）等，Tl 系包括類似 Hg 和 Bi 系的結構 Tl-2201（$Tl_2Ba_2CuO_{6+\delta}$，95K）、Tl-2212（$Tl_2Ba_2CaCu_2O_{6+\delta}$，118K）、Tl-2223（$Tl_2Ba_2Ca_2Cu_3O_{10+\delta}$，128K）、Tl-1234（$TlBa_2Ca_3Cu_4O_{11+\delta}$，112K）、Tl-1223（$TlBa_2Ca_2Cu_3O_{9+\delta}$，120K）、Tl-1212（$TlBa_2CaCu_2O_{7+\delta}$，103K）等，Y 系包括 Y-123（$YBa_2Cu_3O_{7-\delta}$，94K）和 Y-124（$YBa_2Cu_4O_{7+\delta}$，82K）兩種，La 系包括 LaSr-214（$La_{2-x}Sr_xCuO_4$，40 K）和 LaBa-214（$La_{2-x}Ba_xCuO_4$，30K）兩種，此外還有 $Ca_{1-x}Sr_xCuO_2$（110K）、$Nd_{2-x}Ce_xCuO_{4-\delta}$（30K）、$Pr_{1-x}LaCe_xCuO_{4-\delta}$（24K）、$Ca_2Na_2Cu_2O_4Cl_2$（49K）等[3]。由此可見，銅氧化物超導家族是十分龐大且複雜的，其中臨界溫度在液氮溫區以上的也有很多。縱觀銅氧化物超導家族成員的結構，可以總結出幾條規律[4]：（1）所有成員都含有 Cu-O 平面，有的結構單元裡甚至含有兩個以上的 Cu-O 面；（2）除了少量體系可以用元素替換摻雜來調節載流子濃度外，絕大部分材料的載流子濃度是其氧含量所決定；（3）結構越複雜的材料，通常臨界溫度越高，但也越難合成。也就是說，實現高溫超導的條件在於有 Cu-O 平面、合適的氧濃度、複雜的結構等（圖 22-1）[5]。看似絕大部分銅氧化物超導材料都可以透過氧化物混合燒結來合成，但欲得到超導性能好、臨

界溫度高的高溫超導材
料，並非易事。

　　正所謂：縱千里馬
常有，然伯樂不常有，
亦駢死於槽櫪之間，不
以千里稱也。好端端的
千里馬，卻難以尋獲，
也無法好好利用，只能
空嘆無馬可用！

　　銅氧化物超導材料
面臨的境地，就是看似

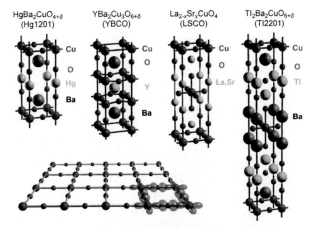

圖 22-1 常見銅氧化物高溫超導材料結構與銅氧面 [4]
（由北京大學李源提供）

有才，實難盡其材。從材料本身來看，銅氧化物屬於陶瓷材料，天生就屬於
易碎品，部分還有劇毒。諸如 Bi 系、Tl 系、Hg 系等材料，它們往往具有很
強的各向異性，幾乎是層狀二維材料，極其容易撕成薄片，用刀片一劃就可
以分離，也非常脆弱，稍加壓力就會變成一堆碎片 [5]。因此，表面上十分光
潔漂亮的銅氧化物單晶材料，在力學性能上卻十分脆弱（圖 22-2）[6]。如果
將銅氧化物超導材料做成超導線材或帶材，放到顯微鏡下去一看，就會發現
存在無數個脆脆的小碎片堆在一起，或者是無數個分叉的裂紋存在於材料之
中，同樣極大地拉低了整體力學性能（圖 22-3）。加上許多情況下，銅氧化
物的臨界溫度取決於氧含量的濃度，而要控制氧的濃度需要透過許多複雜的
手段如高溫退火處理等來實現 [7]，所以要在超導線材中實現均勻的超導溫度
分布，技術難度非常大。而且銅氧化物的各向異性，還特別展現在超導電性
本身上，也就是說，在同等磁場環境下，沿著 Cu-O 面內和垂直於 Cu-O 面
的超導電性差異非常大 [4]。由於超導電纜往往採用的是多晶粉末樣品製備，
Cu-O 面的取向是雜亂無章的，這意味著每個小晶粒的超導「下限」將決定
外界磁場的極限值，結果就是大家一起按最低標準走。好好的超導，卻難以
利用！

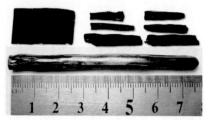

圖 22-2 Bi2201 單晶照片 [6]
（作者拍攝）

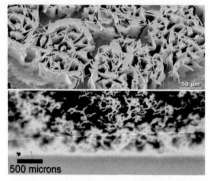

圖 22-3 銅氧化物高溫超導線材和帶材的顯微結構
（來自美國國家強磁場實驗室）

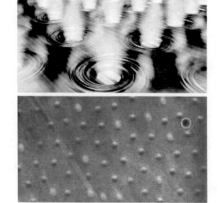

圖 22-4 磁通渦旋假想圖（上）與實測圖（下）
（孫靜繪製）

　　高溫超導的應用困難，不僅在於其力學和機械性能的天然缺陷，而且還在於其物理特性的複雜多變。在「第 10 節四兩撥千斤」中，我們介紹了超導體可以劃分為兩類：第 I 類超導體和第 II 類超導體。後者具有兩個臨界磁場：下臨界場和上臨界場。一旦外部磁場超越了下臨界場，超導體就會進入混合態，其完全抗磁性將被破壞，磁通線會部分進入到超導體內部，以磁通量子的形式存在。此時零電阻效應仍然保持，進一步增加磁場到不可逆場時，磁通流動就會產生電阻，直到磁場高於上臨界場時，會徹底變成非超導的正常態。一簇簇磁通量子會聚集成一個個磁通渦旋，形成具有週期性的四角或三角格子排布，這不僅理論上被預言，實驗上也實際觀測到了（圖 22-4）[8]。磁通渦旋實際上是由一群超導電子對形成的環形電流造成的，就是很簡單的電磁感應現象。磁通渦旋的中心，又稱磁通芯子，是完全不超導的正常態區域。磁通渦旋的邊界，是形成超流的電子對，只要材料的導電通道不被磁通渦旋覆

蓋，仍然可以依靠渦旋外圍的超導電子對實現無阻導電。嚴格來說，進入混合態區域形成的磁通渦旋格子，實際上部分破壞了超導電性，也即材料的部分區域是不超導的。

　　銅氧化物高溫超導材料的應用物理問題在於，它們往往是極端 II 類超導體，也就是說，存在磁通渦旋的混合態區域非常大，在電流驅動下磁通釘扎和運動機制非常複雜 [9]。特別是在超導的強電應用中，磁場環境是不可避免的，導致絕大多數情況下需要在混合態下小心翼翼地加強電流。認識清楚磁通渦旋在高溫超導材料中的性質，也就對強電應用研究至關重要。一般來說，磁通芯子的直徑相當於超導電子對的相干長度，芯子外圍到超導區的距離相當於磁場的穿透深度。隨著磁場的增加，磁通渦旋的數量會越來越多，直到達到上臨界場後，整個超導體被磁通渦旋覆蓋，所有的區域都變成了磁通芯子的狀態，超導體也就恢復到了正常態（圖 22-5）。但對於銅氧化物超導體而言，遠非如此簡單。磁通渦旋在材料內部會形成各種狀態：磁通固態、磁通液態、磁通玻璃態等。低場下一般是磁通固態，磁通線均勻分布在超導體內部，形成固定有序的格子。接近上臨界場時一般為磁通液態，磁通不僅數目很多，而且可以隨意「流動」。中間的狀態有可能是磁通玻璃態，即磁通渦旋在某個溫度下會被凍結，但屬於準穩態，一旦升溫又會運動起來。更複雜的是，磁通渦旋除了固態、液態、玻璃態等各種複雜狀態外，它本身還會有跳躍、蠕動、流動等多種形式的運動，取決於材料內部是否有足夠的雜質和缺陷能夠把磁通渦旋給「釘扎」住。因為銅氧化物是層狀二類超導體，磁通渦旋的釘扎機制也非常複雜，不同的釘扎強度和各向異性度甚至會把本身圓柱形的磁通渦旋拉扯扭曲，在各個 Cu-O 層之間形成「麻花」狀或者「餅狀」的磁通 [10]（圖 22-6）。如此複雜的磁通結構、分布和運動模式，必然也會造成系統狀態的不穩定性。而且，磁通一旦發生運動，也會消耗一定的能量，對於超導電性的利用造成極大的影響。在磁通流動態下讓磁通運動的能量閾值其實並不高，只要稍微施加一點溫度梯度，磁通渦旋就會發生漂移，在磁場環境下甚至可以形成極性電壓，稱為「能斯特效應」[11]。

反過來，如果在外磁場情況下施加電流，磁通渦旋的漂移也會產生溫度梯度，稱為「艾廷斯豪森效應」（圖 22-7）。這兩類效應在金屬的電子系統中也會出現，只不過在超導體混合態下載流形式由磁通渦旋來承擔。總而言之，銅氧化物高溫超導材料的磁通動力學非常複雜多變，具體機制和過程與材料本身的雜質、缺陷、結晶性能等密切相關。在這種情況下，要想完美地利用其「高溫」超導的性質，存在著巨大的挑戰。

但是，物理學家們並沒有輕言放棄。畢竟千里馬也是馬，沒有發揮其才能，可能是沒仔細看使用說明書。為了高溫超導體的實用化，科學家們思索出了各種技術，克服了重重困難，還是實現了高性能的高溫超導線材和帶材。付出的代價也是很重的，例如在二代高溫超導帶材中，為了克服高溫超導材料的各種毛病，不得已採用了重重三明治的結構 [12]。首先需要一片金屬基帶，然後用鍍上一層氧化層作為緩衝，其後外延鍍上高溫超導層，再後用金屬銀把整體包套起來，最後再用金屬銅把整個帶材保護住，如此多層的結構，需要在整體厚度 0.1 毫米範圍內實現，實在不易（圖 22-8）！如此處理的高溫超導帶材，性能指標上已經和常規金屬合金超導線（如 Nb-Ti 線）相當！然而，金屬基帶、銀包套、銅保護層等卻大大抬高了成本（相對來說，銅氧化物高溫超導層的原料成本幾乎可以忽略不計），為最終的規模化應用帶來了新的麻煩。如何拓展高溫超導材料的強電應用之路，還需要新思路、新技術、新方法的幫助，未來，仍然值得期待！

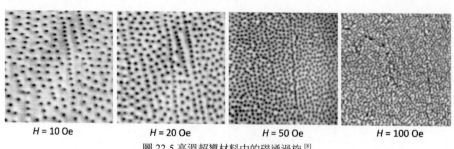

$H = 10$ Oe　　　　$H = 20$ Oe　　　　$H = 50$ Oe　　　　$H = 100$ Oe

圖 22-5 高溫超導材料中的磁通渦旋 [8]

（由南京大學聞海虎提供）

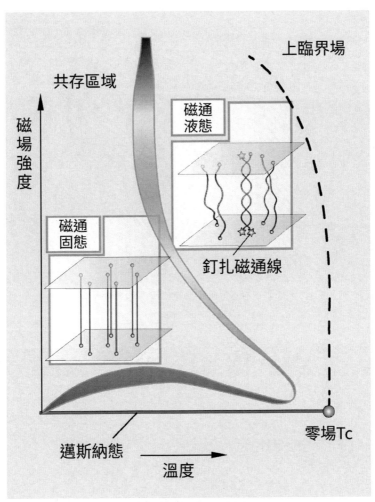

圖 22-6 銅氧化物磁通相圖 [10]

（作者／孫靜繪製）

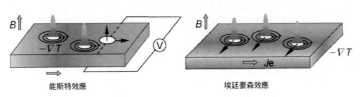

圖 22-7 磁通渦旋的能斯特效應和艾廷斯豪森效應

（由清華大學王亞愚提供）

圖 22-8 高溫超導帶材的多層結構與實物圖
（來自 Fusion Energy Base）

參考文獻

[1]　Schrieffer J R, Brooks J S. Handbook of High-Temperature Superconductivity[M]. Springer, 2007.

[2]　向濤 · d 波超導體 [M] · 北京：科學出版社，2007 ·

[3]　Cava R J. Oxide Superconductors[J]. J. Am. Ceram. Soc., 2000, 83(1): 5-28.

[4]　N. Barišića et al. Universal sheet resistance and revised phase diagram of the cuprate high-temperature superconductors[J]. Proc. Natl. Acad. Sci. U. S. A., 2013, 110(30): 12235-12240.

[5]　周午縱，梁維耀 · 高溫超導基礎研究 [M] · 上海：上海科學技術出版社，1999 ·

[6]　Luo H, Fang L, Mu G, Wen H-H. Growth and characterization of $Bi_{2+x}Sr_{2-x}CuO_{6+\delta}$ single crystals[J]. J. Crystal Growth, 2007, 305: 222.

[7] Luo H, Cheng P, Fang L, Wen H-H. Growth and post-annealing studies of $Bi_2Sr_{2-x}La_xCuO_{6+\delta}(0 \leq x \leq 1.00)$ single crystals[J]. Supercond. Sci. Technol., 2008, 21: 125024.

[8] 張裕恆．超導物理［M］．合肥：中國科學技術大學出版社，2009．

[9] 聞海虎．高溫超導體磁通動力學和混合態相圖（Ⅰ）［J］．物理，2006，35（01）：16-26．

[10] 聞海虎．高溫超導體磁通動力學和混合態相圖（Ⅱ）［J］．物理，2006，35（02）：111-124．

[11] Wang Y Y, Li L, Ong N P. Nernst effect in high-T_c superconductors[J]. Phys. Rev. B, 2006, 73: 024510.

[12] https://www.fusionenergybase.com/concept/rebco-high-temperature-superconducting-tape.

23 異彩紛呈不離宗：銅氧化物高溫超導體的物性（上）

圖 23-1 絢爛多彩的分形圖

我們生活在一個變幻萬千的世界，一切萬物，從微觀到宏觀都在不斷變化。宇宙膨脹、太陽聚變、地月繞轉、四季更替、雲卷雲舒、花開花落、細胞代謝、分子振動、電子成雲等，變化著的世界看似非常複雜，卻也蘊含著基本的物理規律。就像一幅絢爛多彩的分形圖，看起來複雜無比，其實不過是幾個簡單分數維度造成的結果（圖 23-1）[1]。複雜和簡單，之間只不過一層窗戶紙。所謂「縱橫不出方圓，萬變不離其宗」，如同孫悟空有七十二般變化，卻怎麼也遮掩不了他的猴子尾巴。在變幻之中，總有一些不變的本質可循。

銅氧化物高溫超導材料的基本特質就是「善變」。在它們的種種複雜物理行為中，超導只是其一而已。如何認識清楚高溫超導體的物理性質，尋找到根本的物理規律，深入理解超導的物理過程，成為令超導物理學家數十年來最為頭痛的問題之一。

銅氧化物高溫超導複雜多變的行為最明顯的展現，就是它們往往具有非常奇怪且複雜的電子態相圖，也既是電子體系可以出現各種複雜的且穩定的狀態。我們首先來認識一下粗略的電子態相圖（圖 23-2）[2]。銅氧化物超導材料的母體材料（如 La_2CuO_4）是一個反鐵磁莫特絕緣體，它裡面的銅離子自旋是反鐵磁排列的，銅離子核外電子數是處於半滿殼層的狀態[3]。在通常意義下，這類材料應該是處於金屬態，但它卻反其道而行之，是一個處於絕緣態的反鐵磁體，這種絕緣態以物理學家莫特（Nevill Mott）命名[4]，在下節我們將會進一步加以解釋。對於這麼一個絕緣體，其中的載流子濃度是很低

的，幾乎沒有可參與導電的載流子。要想把它變成超導，必須要對其進行所謂的「摻雜」，也就是想辦法引入電子或電洞載流子。可以透過調節氧含量或者金屬離子替代的方法來實現，例如 La_2CuO_4 中摻入比 La 價態更低的 Ba 或 Sr 就是電洞型摻雜，摻入比 La 價態更高的 Ce 就是電子型摻雜 [5]。電洞型摻雜和電子型摻雜構成了銅氧化物超導材料電子態相圖的兩大部分。這兩部分並不是完全對稱的，一般來說，電洞型摻雜的最高超導溫度要比電子型摻雜要高一些，形成的超導區域也更大。即便是它們的母體，也不是完全相同的，在結構上雖然相似卻略有區別，摻雜後的反鐵磁區域也不一樣。從相圖上可以看出，銅氧化物並不是「天然」超導的，它的超導臨界溫度可以隨著摻雜濃度的變化而變化，從一開始的不超導，到超導出現，臨界溫度不斷提高，到最大值後又下降，直至另一邊不超導區域。我們稱最高臨界溫度的摻雜點為「最佳摻雜」，低於該摻雜濃度的區域稱為「欠摻雜」，高於該摻雜濃度的區域稱為「過摻雜」。這種「變幻式」超導給高溫超導材料探索帶來了極大的困難，即使你找對了結構和元素成分，沒有找對合適的摻雜點，材料還是不超導的。原本母體是絕緣體的銅氧化物，必須透過合適的摻雜，調節成金屬性，才有可能在低溫下形成超導電性，這就是比得諾茲和米勒探索高溫超導的正確打開方式。因此，高溫超導的發現從某種程度上來說也是偶然機遇和重重困難並存。

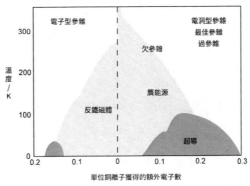

圖 23-2 銅氧化物高溫超導材料的粗略電子態相圖 [2]

（作者繪製）

　　在不同摻雜區域，除了超導電性在不斷變化之外，電子的實際狀態行為要複雜得多。我們可以從更精細的電子態相圖來一窺端倪（圖 23-3、圖 23-4）。對於電洞型銅氧化物高溫超導材料來說，電子的電荷、自旋、軌道都可能形成有序態。母體中的反鐵磁序就是一種自旋有序態，隨著摻雜增加，反鐵磁序會不斷抑制，也有可能轉為自旋序的另一種狀態 —— 自旋玻璃態，自旋在宏觀上無序，但在局域範圍看似有序。超導是電荷和自旋的共同量子有序態，擔負超導重任的仍然是和傳統金屬超導體一樣的庫珀對，它們是自旋相反、動量相反的「比翼雙飛」電子對，共同凝聚到了穩定的低能組態。在超導區域的上方和下方，都可以形成若干電荷有序態 —— 電荷密度在空間分布存在不同於原子晶格的週期。在欠摻雜區域還可能會形成電子軌道有序態。最令人頭痛的是，超導區域上方，也就是臨界溫度之上的正常態區域，有所謂的「贗能隙態」、「奇異金屬態」和「費米液體態」等，其物理性質的複雜性甚至可能超越了我們對金屬電子態的理解，在後文我們將略為介紹（圖 23-3）。如此之多的各種有序電子態，可以歸因於零溫下因摻雜濃度變化誘導出的相變，對應的摻雜點又稱為量子臨界點 [6]。電子型摻雜銅氧化物高溫超導材料的精細電子態相圖要相對簡單一些，它沒有那麼多奇怪的正常態行為，但仍然保留反鐵磁態和超導態，兩者之間還存在共存區域（圖 23-4）。當然，如果仔細研究 $La_{2-x}Ce_xCuO_4$ 正常態下的電阻行為，也會發現電阻的溫度指數 n 在不同的摻雜區域是很不一樣的，三者可能交於一個量子臨界點 x_c。類似的費米面的摻雜演變也趨於另一個臨界點 x_{FS}[7]。

　　怎麼樣，單看這麼些奇奇怪怪的電子態，已經夠令人頭痛不已了吧？事實的真相遠非如此！以上介紹的只是冰山一角。舉例來說，由於電洞型銅氧化物中的電洞位置並不總是隨機分布的，在某些情況下會串聯在一起，並且形成固定的分數週期結構。在這種結構下，電荷、自旋、晶格都會形成特定的有序態，稱為「條紋相」（圖 23-5）[8]。如果我們再足夠細緻地去研究相圖的話，還會發現超導區域並非是以最佳摻雜為軸心嚴格對稱的。而且在某些個特定的摻雜點，超導甚至會突然消失，如 $La_{2-x}Ba_xCuO_4$ 的 $x=1/8$ 摻雜

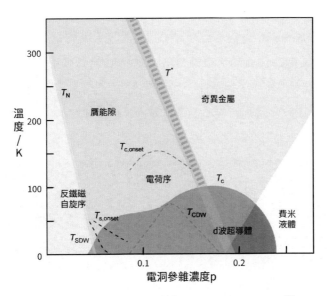

圖 23-3 電洞型銅氧化物高溫超導材料的精細電子態圖 [6]

（孫靜繪製）

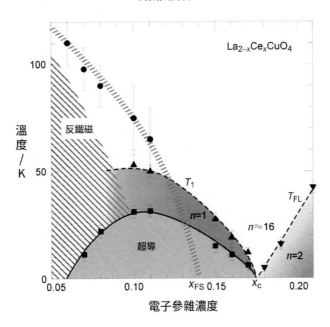

圖 23-4 電子型銅氧化物高溫超導材料的精細電子態相圖

（由中國科學院物理研究所金魁提供）[7]

點,其實就是形成了條紋相[9]。也有某些摻雜點的超導電性格外固執,雷打不動,周圍的摻雜點透過退火等方式稍微調節一下就會落到這些摻雜點上,這些點稱為「幻數」摻雜點。根據材料中電洞和電子的分布,結合晶格的對稱性,可以用數學的方法推斷出「幻數」載流子濃度分別對應 $(2m+1)/2^n$(m、n 均為整數)一系列奇怪的分數(圖 23-6),1/8 不過是其中之一!似乎冥冥之中,銅氧化物的高溫超導電性由某個「魔法師」在幕後控制[10]。

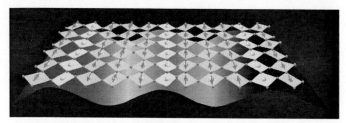

圖 23-5 銅氧化物高溫超導材料「條紋相」中的電荷、自旋、晶格排布示意圖[8]
（孫靜繪製）

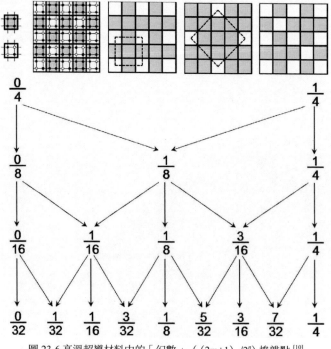

圖 23-6 高溫超導材料中的「幻數」（$(2m+1)/2^n$）摻雜點[10]
（來自 APS）

　　如此變幻多端的銅氧化物高溫超導材料，到底有沒有一個不變的「猴子尾巴」呢？當然有，且不多，「幻數」載流子也可以算是其中之一，至今有多少個「幻數」可靠也說不準。進一步舉例來說，在自旋相互作用方面，科學家們經過多年的艱辛努力，大致尋找到了一些「普遍規律」。對於大部分銅氧化物超導材料來說，它們的自旋激發譜，也即動態自旋相互作用方面，在動量和能量分布上存在一個共同的「沙漏型」色散關係。在零能附近沒有磁激發態，存在一個自旋方面的能隙，當磁激發出現的時候是存在一個四重對稱的動量分布的，隨著能量的增加在動量空間的分布將會收縮到一個點附近，隨後又再次擴展分布開來。這種「沙漏型」自旋激發譜在銅氧化物超導材料中是普遍存在的（圖23-7）[11]。不僅如此，在自旋相互作用方面，科學家還發現自旋激發態會和超導態發生「共振效應」，表現為在某個能量附近的自旋激發會在超導臨界溫度之下突然增強，簡稱「自旋共振」（圖23-8）。自旋共振一般集中分布在特定的動量空間區域，在能量和動量上的分布往往對應於「沙漏」的腰部，即自旋激發在動量空間最為集中的那個點附近。十分令人驚奇的是，自旋共振的中心能量，往往和超導臨界溫度成正比。也就是說，自旋共振能量越高，超導臨界溫度也就越高[12]。因此，目前科學家們普遍認為，銅氧化物高溫超導電性的形成，和該體系的自旋相互作用緊密相關，理解清楚自旋是如何相互作用並影響超導電性的，或是打開高溫超導機理大門的一把金鑰匙。

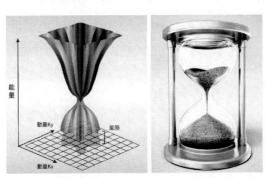

圖23-7 銅氧化物高溫超導材料中的「沙漏型」自旋激發和真實的沙漏[11]

（孫靜繪製）

圖 23-8 高溫超導材料中自旋共振現象
（由萊斯大學戴鵬程提供）

　　總之，相比於傳統的金屬合金超導體，銅氧化物高溫超導材料的物性是極其複雜的，許多現象甚至超出了我們對傳統固體材料的理解範圍。為此，銅氧化物高溫超導材料也是典型的非常規超導材料，它們的超導機理已經遠非傳統 BCS 理論可以解釋。看透這些複雜現象背後的物理本質，是銅氧化物機理研究的關鍵，也是將來指導探索更高臨界溫度超導材料的基礎。雖然目前科學家們已經尋找到了一些線索，但到最終的高溫超導微觀機理目標還有一定的距離。未來，仍需努力！

參考文獻

[1]　Peitgen H, Jürgens H, Saupe D. Chaos and Fractals: New Frontiers of Science[M]. 2nd Edition. Springer, 2004.

[2]　http://www.mrsec.umn.edu/research/seeds/2011/greven2011.html.

[3]　向濤 . d 波超導體［M］. 北京：科學出版社，2007.

[4]　Lee P A, Nagaosa N, Wen X-G. Doping a Mott insulator: Physics of high-temperature superconductivity[J]. Rev. Mod. Phys., 2006, 78: 17.

[5]　Whitler J D, Roth R S. Phase diagrams for high T_c superconductors[M]. Westerville: American Ceramic Society, 1991.

[6]　Keimer B et al. From quantum matter to high-temperature superconductivity in copper oxides[J]. Nature, 2015, 518: 179-186.

[7]　Jin K et al. Link between spin fluctuations and electron pairing in copper oxide superconductors[J]. Nature, 2011, 476: 73-75.

[8]　Tranquada J M. Stripes and superconductivity in cuprate superconduc-

tors[J]. Proc. SPIE. 2005, 5932, 59320C.

[9]　Hucker M et al. Stripe order in superconducting $La_{2-x}Ba_xCuO_4$(0.095 $\leq x \leq$ 0.155)[J]. Phys. Rev. B, 2011, 83: 104506.

[10]　Komiya S et al. Magic Doping Fractions for High-Temperature Superconductors[J]. Phys. Rev. Lett., 2005, 94: 207004.

[11]　Zaanen J. High-temperature superconductivity: The secret of the hourglass[J]. Nature, 2011, 471: 314.

[12]　戴鵬程，李世亮．高溫超導體的磁激發：探尋不同體系銅氧化合物的共同特徵［J］．物理，2006，35（10）：837-844．

24 霧裡看花花非花：銅氧化物高溫超導體的物性（下）

正如上節講到，銅氧化物高溫超導材料的基本物理性質，就是如同迷霧一樣變幻莫測。待我們欲想進一步理解其中的物理時，更像是霧裡看花一樣，正所謂「看物理，如霧裡，霧裡悟理」。這種霧裡物理，恰恰是高溫超導機理研究最困難的地方，也是最令人著迷的地方 [1]。霧裡看到的高溫超導之花，看似像花，卻貌不似花，或者不是你所想像中的那枝花。

卿本絕緣何導電

話說銅氧化物高溫超導材料和大多數過渡金屬氧化物一樣屬於陶瓷材料，其母體一般都是絕緣體。然而根據傳統的固體物理理論，材料中費米能附近的電子填充數目決定其導電性（見第 5 節神奇八卦陣）[2]。銅氧化物這類材料中銅離子含有的電子是半滿殼層填充的，也就是說，銅離子可以貢獻大量的電子到費米能附近，材料中應該充斥大量可以自由導電的電子，理應是導電良好的金屬！本該好端端的導電金屬，為何實際上卻是個絕緣體呢？看來銅氧化物高溫超導從母體開始，就不走尋常路 [3]。實際上，早在 1937 年，科學家就注意到了金屬電子論的局限性，某些過渡金屬氧化物天生就是絕緣體，無法用簡單的固體能帶理論來解釋。莫特和佩爾斯（R. Peierls）最早指出之前的理論出錯是因為太簡單粗暴了，金屬電子論過於簡化材料中的相互作用為近自由電子與原子實，而忽略了電子之間的相互作用，莫特據此提出了他的理論模型 [4]。1963 年，哈伯德（J. Hubbard）簡化了莫特的模型，發現：如果電子之間存在較強庫侖排斥能 U，以致能使得費米能附近本來合為一體的銅離子 3d 軌道電子，會劈裂成上下兩個不同的能帶（又稱上哈伯德帶和下哈伯德帶），中間隔著一個電荷能隙。由於電子都填充在下哈伯德帶中，電洞都填充在上哈伯德帶中，費米能附近就沒有可參與導電的載流子，於是絕緣體就形成了 [5]。如此機制形成的絕緣體，又稱為「莫特 - 哈伯

德絕緣體」，或簡稱「莫特絕緣體」。莫特絕緣體理論在解釋氧化物材料的
導電機制問題時取得了成功，但它並不是銅氧化物母體絕緣性的唯一可能解
釋。例如另一種解釋就是電荷轉移型絕緣體，這種情況下氧離子和銅離子的
軌道距離很近，具有較小的電荷轉移能。庫侖排斥能使得銅離子 3d 軌道劈
裂得更大，中間隔著氧離子的 2p 軌道，同樣費米能附近沒有可參與導電的
載流子，屬於絕緣體 [6]。莫特絕緣體和電荷轉移絕緣體之間的區別在於，電
子受到的銅離子位庫侖排斥能 U（由電子間相互作用決定），和銅 - 氧離子
軌道之間電荷轉移能 Δ（由離子間電負性差距決定）相比，看誰大誰小。如
果 $U < \Delta$，意味著電子更傾向於在兩銅離子位置之間（不同元胞間）躍遷，
屬於莫特絕緣體；如果 $U > \Delta$，電子則更傾向於在銅 - 氧離子位置之間（同
一元胞內）躍遷，屬於電荷轉移型絕緣體（圖 24-1）[7]。

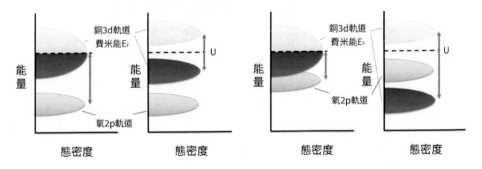

圖 24-1 莫特 - 哈伯德絕緣體與電荷轉移型絕緣體示意圖
（作者繪製）

　　在銅氧化物母體材料中，是否存在嚴格意義上的莫特絕緣體，或者，
它們是否應該是電荷轉移型絕緣體，是難以界定的，因為 U 和 Δ 很難直接
準確地由實驗測量得到 [8]。可以說，理解銅氧化物高溫超導電性，一開始就
遇到了困難。接下來更麻煩的困難是，為何摻雜電洞或者電子之後材料會導
電？作為一個電洞載流子，如何在銅氧平面內移動呢？這個問題最早由安
德森（P. W. Anderson）提出，他同時給出了一個非常優美的共振價鍵理論
（RVB 理論）[9]，但在面臨實際問題時，RVB 理論顯得不夠實用。解決這一

關鍵問題的，是華人物理學家張富春和他的博士班導師萊斯（T. M. Rice）。透過借鑑重費米子材料中的近藤封鎖理論，他們認為若考慮氧的 2p 軌道，其上帶一個自旋和銅的 3d 軌道發生雜化，氧離子上的電洞載流子和銅離子上的自旋磁矩就可以形成一個自旋單態的複合粒子。該有效電洞在銅氧晶格平面就可以移動起來，可以用強相互作用下的單帶有效哈伯德模型來描述（圖 24-2）。這個理論模型被稱為張 - 萊斯單態，也被華人物理學家們戲稱為「張稻米態」（Zhang-Rice），在高溫超導微觀模型上邁出了重要的一小步 [10]。

圖 24-2

（左）Zhang-Rice 單態 [10]（來自 APS）；（右）張富春與 T. M. Rice（由香港科技大學戴希提供）

真真假假贗能隙

銅氧化物高溫超導體的正常態，也是極其「不正經」的。我們知道，超導體進入超導態時會打開一個能隙，形成的庫珀電子對會相干凝聚到低能組態（見第 13 節：雙結生翅成超導）。正是因為超導能隙的存在，才保證了超導態的穩定性，超導能隙一般在超導臨界溫度之下開始形成。然而，銅氧化物高溫超導體不走尋常路，即便在超導臨界溫度之上，體系也會打開一個「能隙」。這個「能隙」很奇怪，它不是嚴格意義上的能隙（態密度在某能量範圍為零），只是電子體系的態密度有所「丟失」，但是在某些行為上和

超導能隙又特別像，所以乾脆叫做贗能隙（意指「這個能隙有點假」）[11]。贗能隙出現的溫度一般來說都要遠遠高於超導臨界溫度，尤其在欠摻雜區更為明顯，一直延伸到過摻雜區。因為欠摻雜區往往涉及各種磁有序態或電荷有序態，贗能隙也有可能是這些超導之外的電子態造成的，在某些材料中，贗能隙態甚至和超導態在共存的同時又存在激烈競爭（圖 24-3）。贗能隙究竟是不是超導能隙形成的「前奏」，或者根本與超導態無關，贗能隙本身的機理到底又是怎麼樣的？這些問題至今仍是高溫超導研究的一個謎[12]。

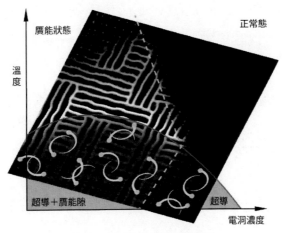

圖 24-3 贗能隙與高溫超導態 [11]
（來自史丹佛大學沈志勳研究組）

斷斷續續費米弧

　　由於贗能隙的存在，在欠摻雜的某些區域，銅氧化物高溫超導材料的費米面居然是不連續的！是被打斷的片狀「費米弧」，在費米弧的不同位置，超導能隙或贗能隙的大小還會發生變化。費米弧的長短似乎和超導臨界溫度有一定的關係，但也不是很明確[13]。這無論如何都是很難理解的，因為在傳統的金屬中（注：高溫超導體摻雜後已經具有金屬性），費米面都是連續的，甚至是完全閉合的球形，從來不會有如此「支離破碎」的費米面。看熱鬧不嫌事大，在人們為不連續的費米面困惑不已的時候，在高品質單晶樣品

上的更多實驗證據說明體系還存在小的「費米口袋」，即費米面實際上由四個小袋袋組成[14]。因為某些測量手段對內側的「口袋壁」不敏感，所以造成了只測到半邊口袋，看起來像是個弧。還有說法是「費米口袋」和「費米弧」兩者是獨立存在的，在外側邊比較靠近而已，真是越搞越糊塗。只有當進入過摻雜區後，體系電洞濃度大大增加，費米面才恢復到常見的連續費米面（圖 24-4）（注：圖示是電洞型高溫超導材料，所以費米面的曲率是朝外彎曲的）。費米面的不清不楚，很大程度也是因為在欠摻雜區存在多種競爭電子序，這些有序電子態同樣會造成費米面的折疊或變形。而銅氧化物材料在結構上的不均勻性或者調變，也會造成費米面的變化。整體來說，我們仍然不明白為何費米面會如此古靈精怪[15-18]。

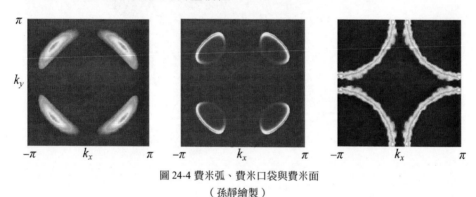

圖 24-4 費米弧、費米口袋與費米面
（孫靜繪製）

扭扭捏捏 d 波對

　　上面提及的都是正常態的反常性質，即使在超導態下，銅氧化物高溫超導體也是有點奇怪。我們知道，對於常規的金屬合金超導體，可以用 BCS 理論來描述。電子借助交換原子振動量子 —— 聲子來產生配對相互作用，形成的庫珀對是空間各向同性的，也就是說超導能隙是 s 波[19]。但是，在銅氧化物高溫超導體中，超導的配對卻是各向異性的 d 波 —— 超導能隙分布在空間上看起來像個扭出來的十字梅花，不同「花瓣」之間存在能隙為零的「節點」，而且相鄰「花瓣」的能隙相位是相反的（圖 24-5）。張富春和萊

斯作為先驅者之一，也較早指出高溫超導波函數具有 d 波對稱性[20]。原因很直觀——銅離子的 3d 軌道就是一個 d 波對稱性的函數，在張 - 萊斯單態下，超導電性因兩個電洞配對而形成，超導波函數自然也可能服從類似的對稱性。更深層次的物理，可能是因為超導電子對的形成交換了磁性漲落量子，傳統的聲子媒介，在這裡換成了磁振子，導致了奇怪的 d 波配對模式。銅氧化物高溫超導材料的 d 波超導能隙非常獨特且又普遍，因為目前在多個體系都用精確的實驗驗證了這個結果，甚至在重費米子體系，也觀測到了類似的 d 波配對行為[21]，它們又統稱為「d 波超導體」。後來證明，實際上超導配對並不必須是各向同性的 s 波，d 波和 p 波也是可以的，前兩者是自旋單重態（與兩配對電子自旋相反），後者是自旋三重態（兩配對電子自旋相同）[22]。

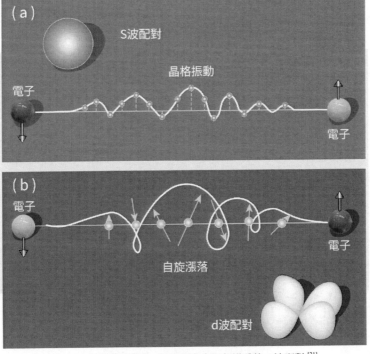

圖 24-5 常規超導體的 s 波配對與高溫超導體的 d 波配對[21]
（孫靜繪製）

拉拉扯扯非常規

　　銅氧化物高溫超導材料的 d 波配對模式，以及可能不再單純借助聲子配對，說明高溫超導電性已經不同於傳統的金屬合金超導體了，基於電子 - 聲子相互作用的 BCS 理論已經不足以描述高溫超導現象，這是為何稱之為非常規超導體的原因之一。說它「非常規」，實際上是因為我們之前對金屬電子論的理解過於簡單和「常規」了。因為物理學習慣上難以處理多體問題，往往喜歡採取理想化的方式來把複雜體系變成一個單體體系，從而使得數學模型變得簡單。例如，理想氣體方程就是一個典型的例子，在完全不考慮氣體分子之間的相互作用情況下，氣體的壓力、體積、溫度就簡單成了正反比的關係，一旦考慮分子大小和相互作用，就要改寫成范德瓦耳斯方程式 [23]。類似地，在金屬材料中，人們也習慣性地忽略了電子之間的相互作用，而單純考慮「金屬電子氣」，原子外層電子近乎自由地在有週期的晶格中運動，這就是金屬電子論的基本思路。簡單考慮較弱的電子 - 電子相互作用，「電子氣體」就變成了「電子液體」，因為電子是費米子，而固體材料中的電子並不是「裸電子」，所以又通常稱之為「費米液體」。這類理論以朗道為主發展成熟，也稱「朗道費米液體理論」[24]。在銅氧化物高溫超導材料中，電子之間不僅存在相互作用，而且存在很強的相互作用，不僅有電荷之間的庫侖相互作用，而且還有自旋之間的磁相互作用（圖 24-6）。如此複雜的相互作用，正是我們看到的種種「非常規」的根源，也超越了我們對傳統費米液體的理解。對於最佳摻雜附近的某些正常態區域，電子態並非像傳統費米液體那樣受到統一約束，而是在某些特定的動量空間點會出現非零的激發態 [25]。如果測量這個區域的電阻，就會發現電阻率隨溫度的演變並非是如傳統費米液體一樣出現 T^2 關係，而是和溫度呈線性關係，甚至可能持續到幾百甚至上千克耳文（K）的溫度。如此奇怪的狀態難以描述，就籠統地稱之為「非費米液體」。非費米液體態的出現，還往往對應於電子態相圖某些特定的摻雜臨界點，因為非費米液體區域就像個錐形落在了零溫的臨界點──

量子臨界點（QCP）附近（圖 24-7）。在量子臨界點附近，某些物理量會出現奇異行為，如載流子的有效質量會發散，體系的關聯長度趨於無窮大，而一些動力學的行為則滿足某些規律[2]，[20]。因此，很多時候，這些超導材料中的「非常規」現象，又歸因於是量子臨界點在搞鬼。

　　總之，看似金屬的母體卻是個絕緣體，本不該有能隙的正常態卻有個贗能隙，好端端的費米面卻被硬生生拉扯得支離破碎，安穩的超導態卻有個多樣的配對能隙，說不清的相互作用導致了非

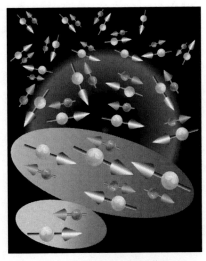

圖 24-6 非常規金屬中的關聯電子
（孫靜繪製）

費米液體……這些也只是部分例子，銅氧化物高溫超導材料的「霧裡看花」特徵，其實遠遠不止這些。儘管在不斷增加載流子濃度以後，體系看似恢復到了費米液體態，如果詳細研究，也會挖掘出一些不可思議的現象。高溫超導這朵「霧中花」，真是充滿著神祕的魅力！

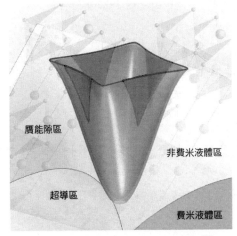

贗能隙區

非費米液體區

超導區

費米液體區

圖 24-7 高溫超導體中的非費米液體態[25]
（來自保羅謝勒研究所）

參考文獻

[1] Schrieffer J R, Brooks J S. Handbook of High-Temperature Supercon-ductivity[M]. Springer, 2006.

[2] 馮端，金國鈞. 凝聚態物理學 [M]．北京：高等教育出版社，2013．

[3] 黃昆，韓汝琦. 固體物理學 [M]．北京：高等教育出版社，1998．

[4] Mott N F, Peierls R. Discussion of the paper by de Boer and Ver-wey[J]. Proc. Phys. Soc., 1937, 49(4S): 72.

[5] Hubbard J. Electron Correlations in Narrow Energy Bands[J]. Proc. R. Soc. Lond., 1963, 276(1365): 238-257.

[6] Lee P A, Nagaosa N, Wen X-G. Doping a Mott insulator: Physics of high-temperature superconductivity[J]. Rev. Mod. Phys., 2006, 78: 17.

[7] https://www.quora.com/Why-do-charge-transfer-insulators-exist.

[8] Olalde-Velasco P et al. Direct probe of Mott-Hubbard to charge-trans-fer insulator transition and electronic structure evolution in transi-tion-metal systems[J]. Phys. Rev. B, 2011, 83: 241102(R).

[9] Anderson P W. The theory of superconductivity in the high-T_c cupra-tes[M]. Princeton University Press, 1997.

[10] Zhang F C and Rice T M. Effective Hamiltonian for the superconduct-ing Cu oxides[J]. Phys. Rev. B, 1988, 37: 3759.

[11] Hashimoto M et al. Direct spectroscopic evidence for phase compe-tition between the pseudogap and superconductivity in Bi2Sr2CaC-u$_2$O$_{8+\delta}$[J]. Nat. Mater., 2015, 14: 37-42.

[12] Kordyuk A A. Pseudogap from ARPES experiment: three gaps in cu-prates and topological superconductivity[J]. Low Temp. Phys., 2015,

41: 319.

[13]　Chowdhury D, Sachdev S. Proceedings of the 50th Karpacz Winter School of Theoretical Physics[M]. Karpacz, Poland, 2014-02-09.

[14]　Qi Y and Sachdev S. Effective theory of Fermi pockets in fluctuating antiferromagnets[J]. Phys. Rev. B, 2010, 81: 115129.

[15]　Shen K M et al. Nodal quasiparticles and antinodal charge ordering in $Ca_{2-x}Na_xCuO_2Cl_2$[J]. Science, 2005, 307: 901.

[16]　Doiron-Leyraud N et al. Quantum oscillations and the Fermi surface in an underdoped high-T_c superconductor[J]. Nature, 2007, 447: 565.

[17]　Julian S R, Norman M R. Local pairs and small surfaces[J]. Nature, 2007, 447: 537.

[18]　Meng J Q et al. Coexistence of Fermi arcs and Fermi pockets in a high-T_c copper oxide superconductor[J]. Nature, 2009, 462: 335.

[19]　Tinkham M. Introduction to Superconductivity[M]. Dover Publications Inc., 2004.

[20]　向濤 · d 波超導體 [M] · 北京：科學出版社，2007 ·

[21]　Coleman P. Superconductivity: Magnetic glue exposed[J]. Nature, 2001, 410: 320.

[22]　M Smidman et al. Superconductivity and spin-orbit coupling in non-centrosymmetric materials: a review[J]. Rep. Prog. Phys., 2017, 80: 036501.

[23]　van der Waals J D. On the Continuity of the Gaseous and Liquid States (Doctoral Dissertation)[D]. Universiteit Leiden. 1873.

[24]　Phillips P. Advanced Solid State Physics[M]. Perseus Books. 2008.

[25]　Chang J et al. Anisotropic breakdown of Fermi liquid quasiparticle excitations in overdoped $La_{2-x}Sr_xCuO_4$[J]. Nat. Commun., 2013, 4: 2559.

25 印象大師的傑作：高溫超導機理研究的問題

在第 12 節，我們講到了超導理論界的「印象派」——超導唯象理論。的確，在尋找常規超導理論道路上，唯象理論造成了非常有價值的推進作用，最終催生了 BCS 超導微觀理論。然而，當遭遇到銅氧化物高溫超導體時，許多在常規超導體中用起來「順手」的理論都面臨困境，一切起因於高溫超導的複雜性。如同前兩節介紹的，高溫超導體「善變」難以捉摸，許多物性都是「花相似」卻「實不同」，這兩點已經夠讓理論家頭疼了。實驗物理學家卻還要告誡理論研究者們，高溫超導還有更令人鬱悶的一面，它是十足的「印象派」——在各種物理性質上都看起來紛繁無章。就像一幅印象派的名畫，你大約知道他畫的是什麼，卻要面對一團難以辨識的各種色彩，以至於無法搞清楚具體畫的到底是什麼。更糟的是，考慮某些條件如溫度、摻雜、壓力等引入之後（如此超導才會出現），銅氧化物高溫超導材料確實看起來像是一團色彩進一步加工處理後的「印象派」油畫，愈發地顯得難以捉摸了（圖 25-1）[1]。

圖 25-1 莫奈畫作局部模糊化後更加「印象派」[1]

（來自作者修改）

在常規超導材料裡面，自然一切都顯得清晰明了，測量到的許多物性都是毋庸置疑的，所以在金屬電子論的基礎上，常規超導微觀理論得以建立[2]。在高溫超導研究面前，情形要遠遠比想像中的複雜，實驗研究越深入，獲得的結果就越模糊。強行採用「印象派」的唯象理論來理解「印象派」的高溫超導，或許可以給出粗略的解釋，李政道就為此做出過嘗試，不過沒有成功[3]。若要真正理解高溫超導，必須建立完善的高溫超導微觀理論，這一步，著實艱難。銅氧化物高溫超導材料的「印象派」展現在多個方面，包括晶體結構、原子分布、雜質態、電子軌道分布、微觀電子態、超導能隙等，均是一團團理不清的亂麻[4]。

從晶體結構上看起來銅氧化物高溫超導材料具有許多共性，比如均具有Cu-O 平面和 Cu-O 八面體結構。但若戴上放大鏡仔細看的話，就會感覺似乎每個高溫超導體，都有它結構上的「個性」。Cu-O 面可以是一個，也可以是兩個，更可以是三個。Cu-O 八面體有時候是一劈成兩瓣的，而且即使是劈開的另一半，也會受到附近離子的干擾，發生八面體的扭曲或傾斜現象。這些結構上的細微變化，形成了許多原子無序狀態，自然也為整體的物理性質造成了干擾[5]。例如，在 $Bi_{2+x}Sr_{2-x}CuO_{6+\delta}$ 體系，如果從 Cu-O 面堆疊的側面去看的話，就可以發現原子的位置並不是嚴格整齊劃一的，而是存在上上下下的起伏不平，換句話說，就是原子的空間排列結構存在調變（圖 25-2）[6]。非常令人難以理解的是，這種調變結構是非公度的，也就是找不到任何一個有理數的週期來刻劃它，調變週期實際上是一個無理數。如此複雜的晶體調變結構，幾乎存在於所有 Bi 系超導材料之中，其中以單層 Cu-O 面結構的 Bi2201 體系中無序程度最強。在雙層 Cu-O 面結構的 Bi2212 體系，無序程度稍弱，但面臨的問題卻是原子分布的無序。例如，超導的實現主要靠的是氧空位提供的電洞摻雜，但氧空位在該體系中，卻會形成一串空隙雜質態，而且，分布也是極其雜亂無章的[7]。如此不均勻的無序結構和原子分布，如何能夠產生如此高溫的超導電性，令人費解。

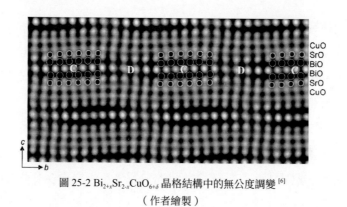

圖 25-2 $Bi_{2+x}Sr_{2-x}CuO_{6+\delta}$ 晶格結構中的無公度調變 [6]

（作者繪製）

　　結構和原子的無序，必須造成運動中的電子也出現無序狀態。電子分電荷、軌道、自旋三個自由度，它們在銅氧化物高溫超導體中，看起來幾乎都是亂七八糟的。首先對於自旋來說，母體材料是反鐵磁絕緣體，也就是存在長程有序的反鐵磁自旋排列結構。但是隨著摻雜增加，自旋有序會逐步打亂，先形成玻璃漿糊一樣的「自旋玻璃」態，即自旋只在短程範圍存在有序，進而被徹底打散成順磁態 [8]。只有在自旋雜亂無章的順磁態下，銅氧化物材料中的高溫超導電性才會出現（詳見第 23 節異彩紛呈不離宗）。對於電子軌道而言，也是同樣有點亂。原則上來說，Cu-O 面主要負責了高溫超導的導電機制，而且這個平面的結構基本上是正方形的且具有四度旋轉對稱性。但如果仔細一看電子的軌道分布，它並不是四重對稱的，而是二重對稱的狀態。似乎電子軌道分布更傾向於指「南北」，而不喜歡指「東西」[9]。這種狀態稱為「電子向列相」，就像液晶體系一樣，棒狀的液晶分子會一根根豎起來，打破了原來低溫的液晶相，形成液晶向列相（圖 25-3）[10]。電子向列相的存在，意味著電子所處的狀態，並不一定要嚴格依存於原子的晶體結構有序度。確實，如果仔細觀察銅氧化物材料中的電荷分布的話，還會發現電荷也是不均勻的。在某些區域電荷會聚集，在某些區域電荷會稀釋，電荷密度在空間的分布甚至會形成短程甚至長程有序的「電荷密度波」，且隨著摻雜濃度變化劇烈 [11]。電子自由度的無序對超導的具體影響，仍未知。

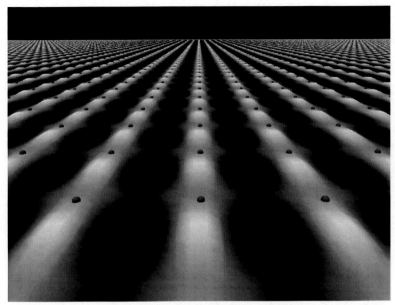

圖 25-3 $Bi_2Sr_2CaCu_2O_{8+\delta}$ 中的「電子向列相」[9]
（來自布魯克黑文國家實驗室）

　　進一步，如果用精細的掃描探針觀測電子態本身的分布，也同樣能夠看到許多非常不可思議的狀態。如果把電子態在不同能量尺度做一張「指紋地形圖」的話，在特定的能量尺度下，看到的電子態是一條條「溝壑」，或高或低，或長或短，比老人臉上的皺紋還複雜（圖 25-4）[12]。把電子態和原子的週期結構做比較，有時會發現局域範圍內呈現 4 倍原子結構週期的電子態，這種電子態如果兩邊都是 4 倍原子週期，就會形成如同國際象棋黑白方格一樣的「電子棋盤格子」，所謂「棋盤電子態」[13]。棋盤電子態主要存在於 100meV 之下的低能段，是低能電子組態。如果檢查高能段電子態，還會發現電子的出現機率似乎要遠比摻雜輸入的電子數要大得多，展現了摻雜莫特絕緣體的特徵[14]。電子態的奇怪行為或許並不是最燒腦的，仔細看超導能隙的分布，其實也是非常不均勻的！也就是說，如果直接觀測銅氧化物高溫超導體中的能隙，就會發現在不同區域的能隙數值是有所不同的。有的區域能隙大，有的區域能隙小，形成了一團團的能隙簇（圖 25-5）[15]。這種

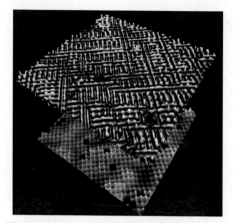

圖 25-4 $Ca_{1.88}Na_{0.12}CuO_2Cl_2$ 中的「溝壑」電子態 [13]
（來自愛爾蘭科克大學 J. C. Séamus Davis 研究組）

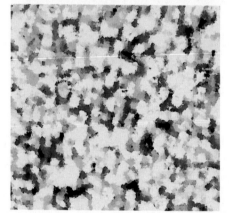

圖 25-5 銅氧化物高溫超導體中的「印象派」超導能隙 [15]
（作者繪製）

現象在常規超導體中幾乎絕不可能出現，因為對於它們而言，同一塊超導材料中的超導能隙能量分布範圍非常小。超導理論告訴我們，超導能隙的大小是決定臨界溫度高低的關鍵因素之一。原則上，能隙越大，破壞超導態所需要的能量就越高，超導臨界溫度也就越高。所以在常規超導理論中，超導能隙通常和臨界溫度有一個固定的比例係數 [16]。但在高溫超導體中，如此分布不均勻的能隙，是否意味著超導臨界溫度也是分布不均的呢？倘若如此，如果那些高能隙的區域沒有連接到一起，又如何實現高臨界溫度呢？即使實現了高臨界溫度，如此雜亂的超導狀態又如何能夠穩定存在呢？這些問題的答案撲朔迷離。

　　總之，印象派高溫超導體概括起來就是三個字：髒、亂、差。必須要把
「純淨」的絕緣體進行摻雜弄髒了，才會出現超導，結構和電子態分布極其混
亂，超導態本身儀容似乎也是無比邋遢。真是「剪不斷、理還亂」，長期把
物理學家困擾到吐血。其中主要原因，可能是與電子的關聯效應有關 [17]。如
前面幾節講到的，銅氧化物高溫超導體中的電子，並不像我們理解的傳統金
屬電子那樣可以近似看成獨立運動的自由電子，反而是各個手牽手的關聯電
子態。這種關聯電子態，在牽手配成庫珀電子對之後，仍然是存在很強的關
聯效應的（圖 25-6）[18]。電子關聯效應的存在，使得整體能夠「牽一髮而動
全身」，也能在紛亂中尋找到整體的「inner peace」—— 形成高溫超導現象。

圖 25-6 銅氧化物高溫超導體中的關聯電子對 [18]
（來自愛爾蘭科克大學 J. C. Séamus Davis 研究組）

參考文獻

[1]　de Lozanne A. Superconductivity: Hot vibes[J]. Nature, 2006, 442:
　　　522.

[2]　Crisan M. Theory of Superconductivity[M]. World Scientific, 1989.

[3]　Lee T D. A phenomenological theory of high Tc superconductivity[J].
　　　Physica Scripta, 1992, 42: 62-63.

[4]　Keimer B et al. From quantum matter to high-temperature supercon-
　　　ductivity in copper oxides[J]. Nature, 2015, 518: 179.

[5]　Park C, Snyder R L. Structures of High-Temperature Cuprate Super-
　　　conductors[J]. J. Ame. Cer. Soc., 1995, 78(12): 3171.

[6]　Li X M et al. Transmission electron microscopy study of one-dimen-
　　　sional incommensurate structural modulation in superconducting ox-
　　　ides $Bi_{2+x}Sr_{2-x}CuO_{6+\delta}(0.10 \leq x \leq 0.40)$[J]. Supercond. Sci. Technol.,
　　　2009, 22: 065003.

[7]　McElroy K et al. Atomic-scale sources and mechanism of nanoscale
　　　electronic disorder in $Bi_2Sr_2CaCu_2O_{8+\delta}$[J]. Science, 2005, 309: 1048-
　　　1052.

[8]　Lee P A, Nagaosa N, Wen X-G. Doping a Mott insulator: Physics of
　　　high-temperature superconductivity[J]. Rev. Mod. Phys., 2006, 78,
　　　17.

[9]　Lawler M J et al. Intra-unit-cell electronic nematicity of the high-T_c
　　　copper-oxide pseudogap states[J]. Nature, 2010, 466: 347-351.

[10]　Kivelson S A, Fradkin E, Emery V J. Electronic liquid-crystal phases
　　　of a doped Mott insulator[J]. Nature, 1998, 393: 550-553.

[11]　Campi G et al. Inhomogeneity of charge-density-wave order and
　　　quenched disorder in a high-T_c superconductor[J]. Nature, 2015, 525:
　　　359-362.

[12]　Lee J. et al. Spectroscopic Fingerprint of Phase-Incoherent Supercon-
　　　ductivity in the Underdoped $Bi_2Sr_2CaCu_2O_{8+\delta}$[J]. Science, 2009, 325:
　　　1099-1103.

[13]　Hanaguri T et al. A "checkerboard" electronic crystal state in lightly
　　　hole-doped $Ca_{2-x}Na_xCuO_2Cl_2$[J]. Nature, 2004, 430: 1001-1005.

[14]　Kohsaka Y et al. An Intrinsic Bond-Centered Electronic Glass with
　　　Unidirectional Domains in Underdoped Cuprates[J]. Science, 2007,

315: 1380-1385.

[15] Lee J et al. Interplay of electron-lattice interactions and superconductivity in $Bi_2Sr_2CaCu_2O_{8+\delta}$[J]. Nature, 2006, 442: 546-550.

[16] Tinkham M. Introduction to Superconductivity[M]. Dover Publications Inc., 2004.

[17] Dagotto E. Correlated electrons in high-temperature superconductors[J]. Rev. Mod. Phys., 1994, 66: 763.

[18] Kohsaka Y et al. How Cooper pairs vanish approaching the Mott insulator in $Bi_2Sr_2CaCu_2O_{8+\delta}$[J]. Nature, 2008, 454: 1072-1078.

26 山重水複疑無路：高溫超導機理研究的困難

　　在前面幾節，我們已經從不同角度領略了銅氧化物高溫超導材料中複雜的物理現象，從某種程度上說，它們甚至超出了物理學家目前的認知和掌控能力。經過多年的艱苦奮鬥，許多科學家甚至都畏難放棄了高溫超導的相關研究，有的在轉戰其他領域之後取得了巨大的成就，也有的從此默默無聞度一生。高溫超導問題之難，不僅在於物理現象很難理解，還在於理解物理現象的過程充滿艱辛。比如：對於同一個物理性質，實驗測量結果可能很不一樣，有時甚至同一測量手段對同一樣品得到的結果是截然相反的。又如：理論對實驗數據的理解很不一樣，一萬個理論物理學家，就有一萬套高溫超導理論，哪怕數據其實只有一份。簡單來說，就是實驗結果紛繁複雜，理論解釋五花八門，高溫超導微觀機理之路深深隱藏在了山重水複之中，讓一波又一波的江湖高手陷入痛苦的探索之路難以自救 [1]。幸運的是，即使在如此窮山惡水之中，物理學家還是艱難地闖出了幾條看似可通的路線，距離徹底理解高溫超導機理似乎也不是那麼遙遠。

　　要回答高溫超導是如何產生的這個重大問題，**首先第一個問題是：銅氧化物高溫超導體中，究竟是什麼載體負責超導電性的？** 難道還是配對的庫珀電子對嗎？答案是百分百肯定的。非常規超導體絕大部分是第二類超導體，如果能夠在材料中觀測到一個單位的量子磁通渦旋，那麼必然意味著它們是以成對電子導電的形式。因為一個磁通量子等於 $h/2e$，需要至少兩個電子一起形成環流 [2]。而在銅氧化物高溫超導體，量子磁通渦旋可以在實驗上直接觀測到，庫珀對的存在是穩定的（見第 22 節天生我材難為用）。其實不僅僅是高溫超導體，目前發現的幾乎所有超導體都是依賴庫珀對來導電的，令人不禁慨嘆庫珀當年的英知灼見！

　　第二個問題是，既然是庫珀電子對來扛起導電大旗，那麼究竟是怎麼樣的一群庫珀對呢？ 在前面其實已經提到，就是那個扭捏的 d 波庫珀對（見第

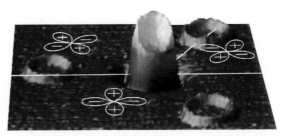

24節霧裡看花花非花）。
高溫超導裡的庫珀對，已經
不再是常規金屬超導體中那
群天真無邪、各處同性的 s
波庫珀對，而是花樣百出、
偶爾鬧失蹤的 d 波庫珀對。
庫珀電子對的能隙在空間某

圖 26-1 d 波配對的直接證據：三晶界中的半個磁通量子
（孫靜重繪）

些位置是存在為零的節點，在非零的區域，相位還存在交叉演變。驗證 d 波
配對的實驗方法有很多，其中最直接的證據是在高溫超導三晶界上，觀察到
半個量子磁通 $h/4e$。由於在不同晶體取向下，d 波對同時在大小和相位上都
有變化，構成一個三角形圍欄之後，就會因為量子干涉效應形成半整數的磁
通量子。這個非常精密的實驗由華人物理學家 C. C. Tsuei（崔長琦）成功實
現 [3]，以無可爭議的事實證明了 d 波配對的存在，在當時極其混亂不堪的高
溫超導對稱性爭議中殺出一條坦坦大道（圖 26-1）。

　　第三個問題是：庫珀對的能隙是如何形成的？這個問題至今沒有確切答
案。儘管我們知道庫珀對的能隙是 d 波，但卻搞不清楚能隙從何方來。其中
最大的困擾之一，就是贗能隙的存在。除了超導能隙外，遠在超導溫度之上
就形成的贗能隙，和超導能隙有沒有關係，是不是超導的前奏？贗能隙和超
導能隙，大部分情況都具有類似 d 波的特徵，它們是同一個能隙的不同表現
形式嗎？贗能隙往往出現在費米弧之上，它對體系的電子態行為究竟有什麼
樣的影響？仔細測量贗能隙和超導能隙隨摻雜的演變，會發現超導能隙基本
上和臨界溫度成正比關係，但贗能隙則完全隨摻雜增加單調遞減直至消失，
好像又說明它們不是一回事（圖 26-2）[4]。他們就像兄弟，長得很像，但又
不完全一樣。隨著人們對銅氧化物高溫超導體中各種電子有序態的深入研
究，目前大家傾向於認為贗能隙是由於體系中的電荷密度波等其他有序態造
成的，但爭議是仍然存在的。

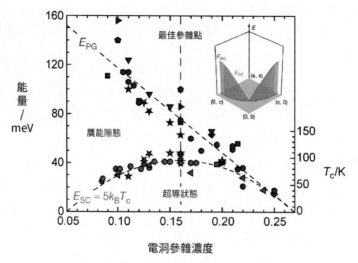

圖 26-2 銅氧化物高溫超導體中的贗能隙與超導能隙 [4]
（來自愛爾蘭科克大學 J. C. Séamus Davis 研究組）

　　第四個問題是：庫珀對是如何凝聚成超導態的？光有庫珀對，是不足以形成超導現象的，還需要所有的庫珀對都發生相位相干，一起團結凝聚到足夠低能的組態，形成超導電流（簡稱超流）。在傳統金屬超導體中，因為費米面附近所有電子都組對進入了有能隙的超導態，超導電子密度（超流密度）是非常之高的。此時，和臨界溫度成正比關係的，主要是超導能隙大小，而不是超流密度 [5]。然而在高溫超導體中，能隙的分布往往雜亂無章，大部分情況下能隙和臨界溫度關係是沒有規律可循的。此時，和臨界溫度有最直接關係的，反而是超流密度，和臨界溫度成簡單正比標度關係。也就是說，超導電子的濃度越高，對應的超導臨界溫度就越高。這個現象由 Yasutomo J. Uemura 提出，又稱 Uemura 標度關係，或 Uemura 圖 [6]。後來的研究結果令人驚訝地發現，Uemura 關係幾乎在所有銅氧化物高溫超導材料中都得以成立 [7]，哪怕是進入過摻雜區，臨界溫度也和超流密度成正比 [8]。更神奇的是，即便是重費米子超導體和 C_{60} 超導體，也是滿足這個簡單的標度關係。如果把超流密度換算成費米速度，那麼低溫下進入超流態的液氦，也是基本滿足這個關係的 [7]（圖 26-3）！透過 Uemura 關係，可以發現超導體

基本上可以根據是否滿足此關係分成兩大組：傳統的金屬超導體超流密度高的同時反而臨界溫度相對低，都是常規超導體，可以用 BCS 理論來理解；其他超導體超流密度基本決定了臨界溫度，屬於非常規超導體[8]。這個關係也暗示，尋找更高臨界溫度的超導體，需要在非常規超導體中尋找超流密度高的那些，對它們來說，超導庫珀對在單位體積內凝聚越多則越有利於超導的穩定。這和材料中可參與導電（費米面附近）電子越多則金屬性越好有著異曲同工之妙，正所謂「電多力量大」（圖 26-4）[9]！

第五個問題是：庫珀對到底是什麼時候／溫度形成的？這個問題在常規超導體中根本不是什麼合適的問題。因為幾乎所有的超導現象，都發生在降溫過程的超導臨界轉變之中。庫珀對形成、位相相干、組團凝聚都

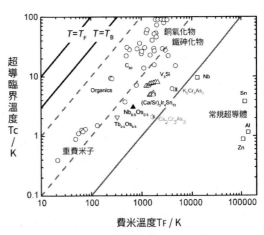

圖 26-3 超流密度與臨界溫度的 Uemura 標度關係[7]
（由拉塞福 - 阿普爾頓實驗室 D. T. Adroja 提供）

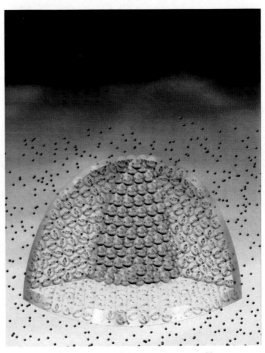

圖 26-4 超導電子對凝聚與費米面[9]
（來自伊利諾大學香檳分校 P. W. Phillips 研究組）

是同時發生的，但在高溫超導體中，似乎沒有那麼簡單。高溫超導材料中的超導能隙分布在空間上儘管有點亂，但如果看得足夠仔細，對每個小區域的能隙進行統計和測量，就會發現其實小範圍能隙在臨界溫度之上依然可以存在，只是對整個超導體的覆蓋率在不斷下降而已 [10][11]。為什麼在臨界溫度之上仍然存在超導能隙（注意不是贗能隙），唯一可能的解釋就是超導臨界溫度之上就存在庫珀對。這還可以在能斯特效應實驗加以驗證，因為高溫超導材料中的能斯特訊號對應著磁通渦旋的存在，而在多個銅氧化物體系中能斯特訊號消失溫度都要遠高於超導臨界溫度（圖 26-5）[12]。庫珀對在超導臨界溫度之上可以存在，就像電子和電子之間早就忍不住互相眉來眼去了，這被稱為「預配對」現象（圖 26-6）[13]。要特別注意的是，預配對的溫度是要低於贗能隙溫度的，贗能隙的形成和預配對有沒有關係，也是不太清楚的。

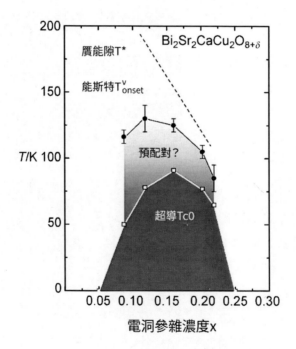

圖 26-5 超導臨界溫度以上的能隙漲落與能斯特訊號 [10]，[12]
（來自 APS）

$T > T_c$

$T = 0$

圖 26-6 銅氧化物高溫超導體中的「預配對」現象[13]
（來自布魯克黑文國家實驗室）

　　最後一個問題是：庫珀對是如何形成的。既然高溫超導現象同樣來自庫珀對的相干凝聚，那麼究竟是一種什麼力量驅使了庫珀對的形成？它能夠在臨界溫度之上就成對嗎？它能構造出 d 波的對嗎？它能拉攏越來越多的對凝聚成相位相干的穩定團隊嗎？這種神奇的力量，科學家稱之為庫珀對的「膠水」。在常規超導體中，庫珀對的膠水就是晶格振動量子 —— 聲子[5]。但在高溫超導體中，這個膠水是什麼，至今仍然沒有確切答案，也是高溫超導微觀機理中最困難的問題。理論學家們八仙過海各顯神通，發明了各式各樣的「膠水」，有的甚至非常奇怪，至今也沒在實驗上找到過[14]。不可否認的是，在高溫超導材料中，電子和電子之間的相互作用能量尺度，要遠遠大於電子和聲子的相互作用。我們無法徹底排除聲子是否是膠水配方的一部分，也無法真正確定電子之間的電荷和自旋相互作用是否能夠造成膠水的作用。著名的理論物理學家安德森堅持他早期提出的共振價鍵理論（RVB）[15]，他大膽認為有沒有膠水根本不重要。電子之間的電荷相互作用和自旋相互作用能量都在電子伏特（eV）量級，而超導能隙則在毫電子伏特（meV）量級，

如果把這三種相互作用都關在低溫的冰箱裡，就像一頭猛獁象和一頭大象塞得滿滿的，誰也不會去注意到它們腳下還有一隻小小的老鼠（圖 26-7）[16]。或者，換而言之，我們有足夠能量大小的電子 - 電子相互作用，只需要「借用」其中一丁點能量，或許就可以形成高溫超導現象。高溫超導背後的原理，或許，其實可以很簡單。

圖 26-7 安德森與他的「RVB 大象論」[16]

（孫靜繪製）

以上 6 個問題，是高溫超導機理研究的核心。需要特別注意的是，對以上 6 個問題的回答，都未必是最後正確的答案。30 餘年來，新的實驗結果和更多的可能理論解釋都在不斷湧現，關於高溫超導問題的爭論，從來就沒有停止過 [17]。山還是那座山，水還是那股水，只是迷失的科學家迷失了，相逢的理論家還會再相逢。終極的高溫超導微觀理論，不僅要全面回答以上問題，還得經得住更多實驗的考驗 [18]。未來新的高溫超導之路，需要不斷探索新型體系的高溫超導家族，需要發展新的實驗探測技術並不斷提升實驗測量精確度，需要建立能夠處理強關聯電子多體系統的理論體系，最終以越來越多的實際例證、不斷清晰的實驗規律、可靠的理論模型來徹底回答高溫超導機理這個物理難題。

參考文獻

[1]   Leggett A. What DO we know about high T_c[J]. Nat. Phys., 2006, 2(3): 134-136.

[2]   Kirtley J R et al. Half-integer flux quantum effect in tricrystal $Bi_2Sr_2CaCu_2O_{8+\delta}$[J]. Europhys. Lett., 1996, 36: 707-712.

[3]   Tsuei C C et al. Pairing Symmetry and Flux Quantization in a Tricrystal Superconducting Ring of $YBa_2Cu_3O_{7\delta}$[J]. Phys. Rev. Lett., 1994, 73: 593.

[4]   Kohsaka Y et al. How Cooper pairs vanish approaching the Mott insulator in $Bi_2Sr_2CaCu_2O_{8+\delta}$[J]. Nature, 2008, 454, 1072-1078.

[5]   Tinkham M. Introduction to Superconductivity[M], Dover Publications Inc., 2004.

[6]   Uemura Y J. Condensation, excitation, pairing, and superfluid density in high-T_c superconductors: the magnetic resonance mode as a roton analogue and a possible spin-mediated pairing[J]. J. Phys. Condens. Matter., 2004, 16: S4515.

[7]   Hashimoto K et al. A sharp peak of the zero-temperature penetration depth at optimal composition in $BaFe_2(As_{1-x}P_x)_2$[J]. Science, 2012, 336: 1554-1557.

[8]   Božović I et al. Dependence of the critical temperature in overdoped copper oxides on superfluid density[J]. Nature, 2016, 536: 309-311.

[9]   https://physics.illinois.edu/people/directory/profile/dimer.

[10]   Gomes K K et al. Visualizing pair formation on the atomic scale in the high-T_c superconductor $Bi_2Sr_2CaCu_2O_{8+\delta}$[J]. Nature, 2007, 447: 569-572.

[11]   Hanaguri T et al. Quasiparticle interference and superconducting gap in $Ca_{2-x}Na_xCuO_2Cl_2$[J]. Nat. Phys., 2007, 3: 865.

[12]　Wang Y Y et al. Field-Enhanced Diamagnetism in the Pseudogap State of the Cuprate $Bi_2Sr_2CaCu_2O_{8+\delta}$ Superconductor in an Intense Magnetic Field[J]. Phys. Rev. Lett., 2005, 95: 247002.

[13]　Norman M R. Chasing arcs in cuprate superconductors[J]. Science, 2009, 325: 1080-1081.

[14]　Dalla Torre E G et al. Holographic maps of quasiparticle interference[J]. Nat. Phys., 2016, 12: 1052-1056.

[15]　Anderson P W. Twenty-five Years of High-Temperature Superconductivity-A Personal Review[J]. J. Phys.: Conf. Ser., 2013, 449: 012001.

[16]　Anderson P W. Is There Glue in Cuprate Superconductors[J]. Science, 2007, 316: 1705-1707.

[17]　阮威，王亞愚·銅氧化物高溫超導體中的電子有序態 [J]·物理，2017，46（8）：521·

[18]　向濤，薛健·高溫超導研究面臨的挑戰 [J]·物理，2017，46（8）：514·

27　盲人摸象：超導研究的基本技術手段

　　據《大般涅槃經》記載，古代印度有位叫做「鏡面」的國王，為了勸誡百姓皈依佛法，特舉辦了一場「盲人摸象」活動，找了十數位盲人來摸大象的一部分，讓他們說出大象的模樣。結果答案是：「其觸牙者即言象形如蘆菔根，其觸耳者言象如箕，其觸頭者言象如石，其觸鼻者言象如杵，其觸腳者言象如木臼，其觸脊者言象如床，其觸腹者言象如甕，其觸尾者言象如繩。」摸到不同部位，道出的大象形狀完全不同 [1]。真的大象長什麼樣，顯然單靠一個盲人說辭是不可靠的，而若綜合各位盲人的意見，大象的雛形也許就勾勒出來了（圖 27-1）。

　　在高溫超導這個「龐然大象」面前，其複雜多變和難以認知程度已經遠遠超出人們的理解能力，科學家能做的，也只能充當盲人，用各種實驗工具來測量這個「大象」，然後綜合各種結果來推斷「大象」的模樣。令人抓狂的是，高溫超導「大象」並不會引導科學家們去摸哪個部位，誰也看不見誰。令人慶幸的是，在摸索高溫超導「大象」的過程中，科學測量技術的精度和能力與日俱增，「科學盲人」的手越來越敏感和精細。隨著「盲人摸瞎象」發展革新出來的各種凝聚態物理測量技術，已經廣泛應用到多個研究領域，催生了許多新物理現象的發現。雖然說高溫超導這頭「大象」至今沒有徹底摸清楚，但由此錘煉出來的數十種摸象盲人，已經成為當今凝聚態物理研究的重要兵器。

　　在這一節，我們暫且不介紹超導研究歷史和具體物理問題，先來認識清楚一部分神奇的摸象盲人，看看他們各自的神通，特別是在超導研究中的作用。希望讀者能借此了解一些超導研究實驗手段，進而促進對超導物理的深入理解。

圖 27-1 盲人摸瞎象
（孫靜繪製）

「透視盲人」 —— 晶體繞射技術

　　摸象盲人雖無可見光視力，但在非可見光範圍或借用其他工具，仍能產生強大的「透視」功能，這就是各種晶體繞射技術。在第 5 節中，已經簡單介紹了關於 X 射線繞射、電子繞射和中子繞射的基本原理。大致來說，晶體中的原子分布是存在一定規律的，因為原子尺度非常小，原子間距也在奈米量級甚至更小，要「透視」原子分布結構，就必須尋找到和原子尺度相當的尺子。量子力學告訴我們，微觀粒子也存在波動性，光子是波，電子也是波，區別在於光子靜止質量為零，電子靜止質量不為零，所以真空中的光子速度為最快的光速。微觀粒子的波長，就相當於一把非常精密的尺。波長範圍正好覆蓋原子尺度，包括 X 射線（光子）、電子和中子等，也是我們常用的繞射媒介。原子中的電子會對 X 射線發生散射作用，原子序數越大，電子數目越多，X 射線散射強度越強，所以 X 射線繞射對原子序數大的元素極其敏感。利用高通量同步輻射光源上的高精度 X 射線繞射，可以分辨 10^{-12} 公尺以下的晶體結構參數及其變化 [2]。電子相對 X 射線的能量要低，也會受到原子中電子的強烈散射，只是穿透能力有限，只能對很薄的材料如薄膜樣品等進行繞射，透過分析電子繞射斑點同樣可以給出晶體結構的對稱性 [3]。中子繞射要更為強大，因為中子不帶電，所以不會發生電荷相互作用，而是如入「無電之境」抵達原子核發生相互作用而散射，因此可以非常精確地給出原子核的排布，也即是材料的晶體結構。而且，中子因為有磁矩，它還會和電子的自旋發生強烈的散射，如果原子磁矩不為零（主要是電子自旋排布不均造成），那麼中子同樣會對原子磁矩發生散射，從而獲得材料內部磁矩排列結構 —— 磁結構 [4]。三大晶體繞射技術，能夠讓材料內部的原子、磁矩等微觀結構無所遁形，這種「透視」技術也是了解材料的第一步。

「辨味盲人」 —— 成分分析技術

　　要想了解清楚材料內部的原子分布結構，不僅要知道它們的排列順序，還要知道它們各自屬於什麼元素，實際配比是多少，也就是辨別材料的各種「味道」。原理上來說，繞射技術也能給出材料的成分配比，因為不同元素或不同組分的材料形成的繞射圖譜是有所區別的，但若需要進一步更準確地給出元素組成訊息，就需要化學成分分析技術來幫忙了。常用的元素化學成分分析技術有 EDS、WDS、ICP 等，基本原理都類似：尋找各種元素的「身分證」 —— 特徵光譜，並測量其整體比重，從而給出元素含量。對於一種特定的元素，它有固定的原子序數（核內質子數）和確定的核外電子排布方式，在受外界干擾情況下，就會產生特定能量的光譜。如利用高能電子將內層電子打出去，外層電子回來填充過程會發射一組固定能量特徵 X 射線。測量這些光譜分布，就可以找出對應的元素，而光譜的權重分布，就對應該元素的含量。一般來說，EDS 和 WDS 可以直接在固體樣品表面開展測試，EDS 精確度在 2% 以上，WDS 精確度在 0.5% 左右。ICP 技術則需要將樣品熔化或製成溶液再測量其發光光譜，精確度在 1% 左右。特徵光譜分析技術對一些輕元素並不敏感，特別是對於氧含量的測定相對困難。而在銅氧化物高溫超導體中，氧含量對超導體的摻雜濃度有著至關重要的作用，測定氧含量非常重要。常用的測定氧含量有熱重法和碘滴定法等。因為銅氧化物材料的氧可以透過加熱和真空退火的方式來調節，如果將其置於非常靈敏（毫微克量級）的天平上進行熱處理，就可以精確測量質量變化，推斷出氧含量的變化。碘滴定法是常用的化學成分分析方法，就是讓碘和材料中的氧發生化學反應，只要測量加入的碘含量，就能推斷出材料中的氧含量 [5]。成分分析技術還有很多，不再一一介紹了。

「顯微盲人」 —— 電子顯微技術

　　要想看清微觀物質，如細胞、細菌、病毒、花粉等，我們通常可以借助光學顯微鏡來實現。由於可見光波長的限制（390 ～ 780 奈米 ），光學顯微鏡的最大放大倍數在 2,000 倍左右，要想繼續放大，就需要借助電子顯微鏡了。電子顯微鏡主要分為掃描電子顯微鏡（SEM）和透射電子顯微鏡（TEM）兩種。前者原理和光學顯微鏡類似，不過顯微媒介從光子換成了電子，透過對電子的高解析（奈米量級）聚焦和掃描，可以得到幾十萬倍的放大倍數。後者則需要將電子束穿透樣品，類似拍 X 光片一樣，利用電子給材料拍攝一張照片，透過反演得到材料內部原子排布結構，精確度可達 0.24 奈米。電子顯微技術可以直接觀測到材料的外觀形貌、微觀結構、晶粒取向、晶界分布等 [6]，如 EDS 和 WDS 的成分分析技術也常常和 SEM 搭配使用，結構和成分分析可以在同臺儀器上完成（ 圖 27-2 ）。隨著分析測試需求的不斷提升，電鏡的發展也是非常之迅速。例如冷凍電鏡技術成功實現了對生物大分子的三維高解析造像，勞侖茲電鏡技術可以清晰觀測材料表面磁性物理過程，球差色差矯正電鏡將分辨率提高到 0.08 奈米以下，這些尖端顯微兵器是我們了解物質微觀性質的「 第三隻眼 」。

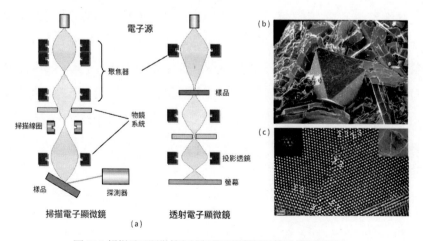

圖 27-2 掃描電子顯微鏡和透射電子顯微鏡結構及其測量圖片
（ 孫靜繪製 ）

「搬運盲人」 —— 輸運測量

　　要證明一個材料是超導體，首先必須給出的證據就是零電阻效應和邁斯納效應，也即需要測量電阻率和磁化率隨溫度的變化，電阻率必須在臨界溫度附近降為 0，體積磁化率則因完全抗磁變成 -1。這意味著，電阻測量和磁化測量是超導研究中極其基礎的手段，此外由於超導相變過程也往往對應熱學變化，熱學測量同樣對超導研究有重要作用。因為大部分電、磁、熱測量都是描述材料中電子運動過程受到電場、磁場和溫度場的影響，其中電和熱的測量可統稱為「輸運測量」，簡而言之就是「電子的搬運工」。嚴格來說，比熱測量並不屬於輸運測量，它只是測量材料對外界溫度變化的響應，因其對應的是材料內部的準粒子基本激發過程，意味著比熱測量可以給出超導材料的相變訊息（如超導相變附近的比熱躍變）和能隙對稱性（準粒子激發模式）。類似的結果也能從熱導率的測量給出，透過分析熱流在材料中的輸運過程，分辨出材料中電子、原子、磁矩等各自的貢獻，測定超導前後電子態的變化，從而得到能隙訊息。磁化率和電阻率的輸運測量除了能夠定出超導臨界溫度之外，還能給出超導體的臨界磁場、臨界電流密度以及各種磁通動力學參數，在正常態下的磁化和電阻行為同樣能夠反映電子體系從微觀到宏觀的物理性質，如贋能隙、非費米液體態等。霍爾測量則是透過測量材料在磁場下輸運電流產生的橫向電壓，標定材料中的載流子類型和濃度，類似的訊息可以從熱測量的塞貝克係數得到。除此之外，還有微波電導測量、電阻噪音測量、交流電感和阻抗測量等都屬於輸運測量手段，前面第 22 節提及的能斯特效應和艾廷斯豪森效應也是熱輸運測量的方法之一 [7]。輸運測量的手段多樣，也是超導研究中最為基本的方法，展現了做大事要從「搬磚」開始的精神（圖 27-3）。

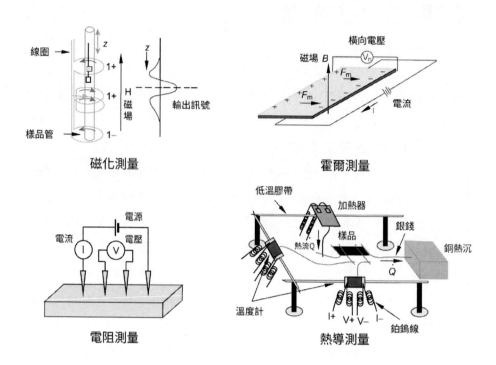

圖 27-3 磁化、霍爾、電阻、熱導等輸運測量原理
（孫靜繪製）

「光電盲人」 ── 光電子能譜

　　以上介紹的都是超導研究的基本手段，包括結構、成分、輸運等，但要進一步認識材料中電子體系微觀物理過程，還需要借助各種譜學手段，即針對電子的電荷、自旋、軌道等本徵物理性質的能量和動量分布進行分析。光電子能譜即是對材料中電子本身能量和動量資訊測量的一種手段，其原理來自「光電效應」──一束光子打到材料表面，只要能量足夠大，就能把材料中的電子打飛出來，形成「光電子」。因為光電子同樣攜帶了材料中電子的能量和動量資訊，透過測量光電子的能量和動量分布就可以反演出材料內部電子的相關資訊。其中動量資訊可以透過電子飛行的角度來測定（角分

辨），能量資訊可以透過電子能譜儀來測定（能量分辨）。利用光電子能譜儀，可以直接告訴我們材料內部的電子能帶結構和費米面，更是能直接測量超導能隙在動量空間的分布情況[8]。隨著光源和光電子分析技術的進步，特別是在追求超導體能帶結構和能隙的極致測量推動下，分辨率不斷獲得提高，如從最初的能量分辨僅 50meV 已經推進到了 1meV 以內。光電子能譜技術從早期能量分辨、角分辨，更是集成了自旋分辨和時間分辨等更強大功能，探測效率也是從點到線、從線到面不斷提升，測量環境溫度也從 10K 左右推進到了 1K 以下。可以說，光電子能譜技術就是一面神奇的「照妖鏡」，在光的照射下讓材料的電子系統現出原形，而且還是高解析度的（圖 27-4）。

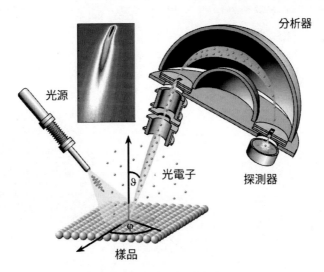

圖 27-4 光電子能譜儀及其測量原理
（由中國科學院物理研究所周興江研究組提供）

「多面盲人」── 中子散射譜

如前文所述，中子不帶電且具有磁矩，意味著把它打入材料內部可以造成「雙重偵探」身分 ── 測量原子核的位置和相互作用，以及測量電子自旋（原子磁矩）的位置和相互作用。透過測量入射材料之前和出射材料之

後的中子發生的能量和動量變化，就可以直接告訴我們材料內部原子／自旋「在哪裡」（排布方式）和「做什麼」（相互作用），這就是中子散射技術。中子散射在超導研究歷程中造成了非常關鍵的作用，最早根據中子散射譜測量出的金屬單質聲子譜，證明了常規金屬超導體中的電子 - 聲子耦合相互作用對超導形成有重要作用，也是催生 BCS 理論的關鍵實驗證據之一。在高溫超導研究中，因為超導起源於反鐵磁莫特絕緣體，理解其磁性相互作用是高溫超導機理必不可少的環節，中子散射可謂是必備武器。中子散射在測量材料中自旋動力學方面有著不可替代的作用，因為它不僅能覆蓋 μeV 到 eV 大尺度能量範圍，而且能覆蓋材料幾乎所有動量範圍，同時還具有極高的能量、動量分辨率甚至是空間、時間分辨率，測量環境還可以結合低溫、高溫、高壓、磁場、電場、應力等，非常靈活方便[9]。它是研究材料物性的「多面手」，讓材料的各種相互作用現出原形，而且能借助各種外界環境「調戲」材料，從其反饋中獲得更進一步的資訊（圖 27-5）。

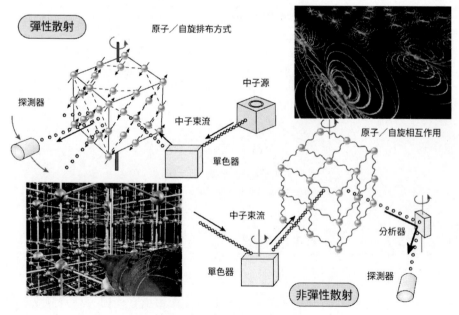

圖 27-5 中子散射譜儀及其測量原理
（來自英國散裂中子源／作者繪製）

「顫核盲人」 —— 核磁共振譜

測量材料的磁性物理不僅可以利用中子散射對電子自旋相互作用進行研究，還可以測量原子核本身，只要採取合適的電磁波頻率讓原子核也能一起顫抖共振起來，就能告訴我們原子核周圍磁場環境的變化，這就是核磁共振技術。也就是說，材料內部的微觀晶體結構或磁

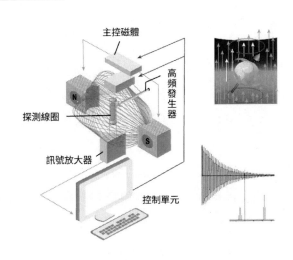

圖 27-6 核磁共振譜儀及其測量原理
（孫靜繪製）

性結構一旦發生變化，相當於原子核所處的環境發生了變化，那麼必然會對原子核的狀態造成細微影響。透過與原子核產生共振的辦法，可以極其精確地測量原子核周圍環境的變化，同樣告訴我們材料的微觀動力學。我們知道原子核的磁矩非常之小，是電子自旋磁矩的千分之一以下，因此核磁共振的電磁波頻率、磁場環境均勻度都有極高的要求，也意味著核磁共振有極高的解析度。在自旋動力學方面，核磁共振和中子散射的區別在於，前者測量的主要是零能量附近的自旋相互作用，後者則可以測量全部能量段的自旋相互作用。透過超導體的核磁共振譜，可以得到相變類型、相變溫度、能隙對稱性等重要資訊。類似於核磁共振，如果原子核周圍電場梯度不為零，還可以進行核四極共振測量，從中可以得到化學鍵、晶體結構畸變等訊息[10]。核磁共振同樣可以結合磁場、低溫、高壓等各種外界環境，讓「顫抖」中的原子核悄悄告訴科學家它的處境，也是固體物理研究的神兵利器之一（圖27-6）。

「觸電盲人」 ── 掃描穿隧能譜

原子那麼小，但是有沒有一種辦法，可以讓我們直接「感知」原子的存在呢？確實有！這就是掃描穿隧顯微鏡。利用一根極小的針尖，頭上僅有一個或數個原子，只要足夠靠近材料表面的原子，材料中的電子就會透過量子穿隧效應跑到針尖上，從而獲得電流，再進一步放大就可以被測量。針尖和材料的微觀距離或者相對電壓決定了隧道電流的大小，如果保持穿隧電流不變掃過材料表面，測量針尖的上下起伏，就像摸到了材料表面「凹凸不平」的原子們；如果保持針尖高度不變掃過材料表面，測量針尖電流的大小，就像「觸電」感覺到了材料內部電子的分布情況；如果保持針尖位置不變，改變相對電壓，就測量了不同能量的隧道電流，對應材料中不同能量的電子，這就是掃描穿隧能譜。要做到以上三點絕非易事，因為任何一點外界干擾都會造成測量噪音，掃描穿隧能譜的測量需要隔絕外界環境的一切振動，還需要用壓電陶瓷精密控制針尖的移動，還需要極高精確度測量電流大小。利用掃描穿隧顯微技術，可以告訴我們材料表面的原子分布和表面重構現象，甚至可以操縱單個原子構建「量子圍欄」、「量子文字」、「量子海市蜃樓」等。利用掃描穿隧能譜，可以測量超導材料的能隙空間分布、雜質態、磁通束縛態等。尤其是在高溫超導研究需求的推動下，如今的掃描穿隧能譜技術已經達到至臻之境，數十奈米見方的面積可以來來回回掃描幾天都能重複結果（圖 27-7）。前面第 25 節提及的結果大部分都是掃描穿隧能譜，每一張圖都精彩絕倫 [11]。

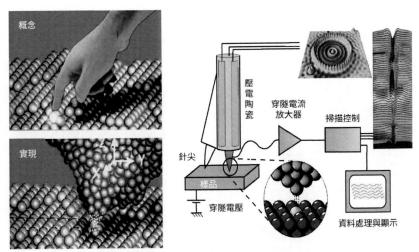

圖 27-7 掃描穿隧能譜儀及其測量原理
（孫靜繪製）

「電動盲人」 ── 拉曼和紅外光譜

　　將一束光打到樣品上，會發生反射、透射、折射等現象，說明光和樣品物質發生了相互作用，透過測量光散射前後的頻率和強度變化，同樣可以得到物質內部的資訊，這就是光譜學。我們知道材料中的原子／分子時刻都在熱振動，對於分子為單位組成的材料，分子是有固定的振動模式的，對於原子／離子為單位組成的材料，每個結構單元內部的原子群體也是有固定的振動模式的，後者就是我們常說的「聲子」。進入樣品中的光子會與材料內部熱振動模式發生耦合，從而得到或失去相應的振動能量，比較出射和入射的光頻率／強度變化，就會發現某些特定頻率出現一些峰，這就是拉曼散射。透過拉曼散射可以告訴我們材料的聲子模式，進一步分析也可以得到材料內部結構的訊息。因為光是一種電磁波，材料內部的電子激發和磁激發也同樣可以和其發生耦合，產生非彈性散射，並在拉曼散射譜觀察到一些特徵，因此電子和磁的拉曼散射也是研究材料電子態和磁性的手段之一 [12]。紅外光譜儀則主要是利用紅外線入射，透過分析反射或透射光的頻譜及強度，得到材料的光電導率，來研究材料中內部的電荷動力學過程。和拉曼光譜得到的特

徵峰不同的是，紅外光譜得到的是連續譜，透過分析譜形狀和權重的變化，就可以得知材料中是否存在電荷能隙，以及電導率、遷移率、弛豫率等相關物理參數等 [13]。無論是拉曼光譜還是紅外光譜，都要用到一系列光學裝置，進行出射、反射、分光、干涉、偏振、濾光等操作，最終透過電腦分析得到相關資訊（圖 27-8）。

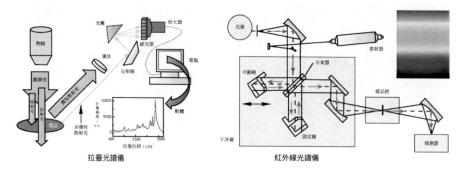

圖 27-8 拉曼光譜儀和紅外光譜儀及其測量原理
（孫靜繪製）

「磁敏盲人」 —— 緲子自旋共振／旋轉／弛豫譜

　　除了利用光子、電子、中子作為探測媒介外，還可以利用緲子（μ）。它和電子同屬於三大輕子之一，也同樣帶有電荷，由於弱相互作用中宇稱不守恆定律，緲子天生就可以做到 100% 極化。極化正緲子打進樣品內部，會迅速衰變成正電子，而出射正電子在空間的球分布是不均勻的，這與材料中內部磁場有關。因此，一旦材料存在內部磁有序結構，或者如超導體混合態中的磁通渦旋格子等，就會造成正電子的不對稱分布，透過對其不對稱性的分析就可以得到材料中磁有序的體積、相變溫度、磁矩大小、超導穿透深度、超流密度等訊息，進一步分析得到超導能隙對稱性和磁性 - 超導體積比等。緲子散射技術包括緲子自旋的共振、旋轉、弛豫等，統稱為 μSR，是對材料磁性最為敏感的探測技術之一 [14]。因大量產生緲子的方法有限，也是少有的探測手段之一（圖 27-9）。

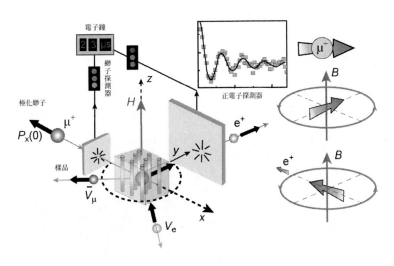

圖 27-9 緲子自旋共振／旋轉及其測量原理
（孫靜繪製）

「振 X 盲人」 ── 共振非彈性 X 射線譜

最後，簡要介紹近年來新發展的一種測量技術 ── 共振非彈性 X 射線譜。早期的時候，X 射線光源主要來自射線管，其能量和通量都較低，也主要用於繞射（即彈性散射）的研究。後來基於同步輻射裝置，X 射線的能量和通量都有了數量級的提高，足以開展非彈性散射的研究。利用非彈性 X 射線散射（IXS），同樣可以測量體系中電荷動力學和電荷密度波等物性。近年來，一種基於共振技術的非彈性 X 射線散射技術（RIXS）得到了迅速發展，雖然它同樣是測量入射 X 光和出射 X 光的能量和動量分布，但因為與材料中電子能階發生了共振效應，間接獲得了電子的激發態能量，從而可以得到材料內部關於電子動力學的一切資訊，包括電荷激發和自旋激發在內，且覆蓋能量範圍極廣。因此，RIXS 技術既可以測量電荷動力學，又可以測量自旋動力學，可以說充分結合了光譜學和中子散射等多種技術手段。該技術發展的最主要原因，也是測量銅氧化物高溫超導材料中的高能自旋激發，因為其訊號極弱，中子散射在沒有大量樣品的情況下幾乎無能為力，但 RIXS 測

量在極小樣品甚至薄膜中就能夠開展。經過數年的發展，RIXS 技術的解析度已經從最初的 300meV 進化到了 30meV。雖然目前 RIXS 尚不能和低能段中子散射媲美，且世界上已有的譜儀尚處於個位數，但其發展不容小覷。需要指出的是，RIXS 和中子散射技術覆蓋的動量空間是不一樣的，而且前者是在所有能量段解析度一樣，後者是不同能量段可以根據入射能量調整解析度，兩者可謂是優勢互補、相得益彰（圖 27-10）[15]。

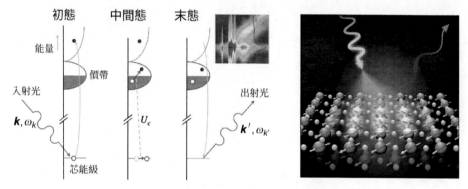

圖 27-10 共振非彈性 X 射線散射譜儀及其測量原理
（由北京師範大學魯興業提供）

大致總結來說，超導研究中常用的手段可以分為三類：表徵手段、輸運手段和譜學手段。表徵即對材料形貌、結構、成分等進行初步的測量，說明材料的基本性質；輸運手段是測量材料在電、磁、熱等宏觀上的物理特性；譜學手段是利用光子、電子、中子、緲子等各種探測媒介與材料發生相互作用，從而測量其內部的微觀結構和動力學過程。無論是什麼手段，都只是一種測量方法或了解物性的途徑，也就是說，其中一位「摸象盲人」。要想徹底理解超導這頭大象，需要各位「摸象盲人」的全面配合，得到多角度全方位的綜合資訊，從中提取出有用且準確的部分，最終才能得出「大象是什麼樣」這個結論。

參考文獻

[1] https://baike.baidu.com/item/ 盲人摸象．

[2] Suzuki H et al. X-Ray Diffraction Study of Correlated Electron System at Low Temperatures[J]. J. Supercond. Nov. Magn., 2006, 19: 89.

[3] Feynman R P. The Feynman Lectures on Physics, Vol. I[M]. Addison-Wesley, 1963.

[4] Price D L, Fernandez-Alonso F. Neutron Scattering-Magnetic and Quantum Phenomena[M]. Elsevier, 2015.

[5] Blackstead H A et al. Iodometric titration of copper-oxide superconductors and Tokura's rule[J]. Physica C, 1996, 265(1): 143.

[6] Marks L D et al. High-resolution electron microscopy of high-temperature superconductors[J]. J Electron Microsc Tech. 1988, 8(3): 297.

[7] Hussey N E. Phenomenology of the normal state in-plane transport properties of high-T_c cuprates[J]. J. Phys: Condens. Matter, 2008, 20: 123201.

[8] Damascelli A, Hussain Z, Shen Z-X. Angle-resolved photoemission studies of the cuprate superconductors[J]. Rev. Mod. Phys., 2003, 75: 473.

[9] Fujita M et al. Progress in Neutron Scattering Studies of Spin Excitations in High-T_c Cuprates[J]. J. Phys. Soc. Jpn., 2012, 81: 011007.

[10] Rigamonti A, Tedoldi F. Phases, phase transitions and spin dynamics in strongly correlated electron systems, from antiferromagnets to HTC superconductors: NMR-NQR insights[M]. In: NMR-MRI, µSR and Mössbauer Spectroscopies in Molecular Magnets. Springer, Milano, 2007.

[11]　阮威，王亞愚 · 銅氧化物高溫超導體中的電子有序態 [J] · 物理，2017，46（8）：521 ·

[12]　張安民，張清明 · 關聯電子體系中電子和磁的拉曼散射 [J] · 物理，2011，40（2）：71 ·

[13]　王楠林 · 用紅外光譜研究高溫超導機理的一些進展 [J] · 世界科技研究與發展，2002，01：18 ·

[14]　Dai Y X. Magnetic Field Distributions of High-T_c Superconductors: μSR Study on Internal Magnetic Field Distributions of a Type Ⅱ High-T_c Superconductor with Non-conducting Inclusions Paperback[M]. LAMBERT Academic Publishing, 2016.

[15]　Schuelke W, Electron Dynamics by Inelastic X-Ray Scattering[M]. Oxford University Press, 2007.

第 5 章　白鐵時代

　　幾千年前，人類歷史從銅器時代進入鐵器時代，生產力得到了極大的提升，社會發展更加迅速。

　　銅氧化物高溫超導的研究，讓超導進入一個嶄新的時代，因為銅基超導材料屬於氧化物陶瓷類，大都是黑漆漆的，所以前面我們稱之為「黑銅時代」。

　　就在銅基高溫超導研究陷入極度困惑和迷茫的時候，第二個高溫超導家族 —— 鐵基超導體應運而生，開啟了超導的另一個新時代。鐵基超導材料大部分屬於金屬化合物，甚至有的還偏白色金屬光澤，所以我們稱之為「白鐵時代」。

　　從黑銅到白鐵，高溫超導的家族成員達到了空前的繁榮。從不斷湧現的新超導體，到略見曙光的高溫超導機理研究，再到更具潛力的超導線材和磁體應用，鐵基超導都給我們帶來了許多新的機遇。

28 費米海裡釣魚：鐵基超導材料的發現

　　材料和物態探索是凝聚態物理學的核心，就像「姜太公釣魚」一樣，科學家們戲稱為 —— 費米海裡釣魚。何解？我們知道在固體材料裡面，有紛繁複雜的「原子八卦陣」 —— 原子晶格結構。自然也存在許多電子，並不是所有的電子都會老老實實陪伴孤獨的原子們，而不少電子是能夠遠離原子的約束到處亂跑的。能走動的電子數目之多，以至於可以用「電子海洋」來形容，能量最低的電子喜歡沉在海底，能量最高的電子喜歡浮在海面。因為電子屬於費米子，服從費米 - 狄拉克統計規律，故而俗稱電子海洋為「費米海」。費米海裡的「魚」其實就是各種電子相互作用狀態，它們一旦釣離海面，就可以成為「準粒子」 —— 帶著相互作用「海水」的電子。固體材料中的電子感受的相互作用非常複雜，準粒子也是千奇百怪。在費米海裡釣魚，不僅是願者上鉤，而且是變幻莫測。釣上來的，可以是五邊形的「準晶魚」、吃了磁雜質的「近藤魚」、自帶指南針的「磁性魚」、兩兩配對的「超導魚」等（圖 28-1）[1]。

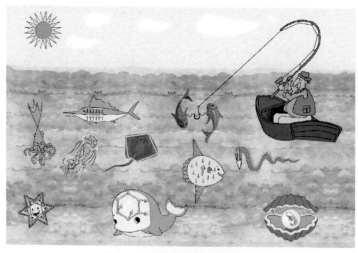

圖 28-1 物理學家在費米海裡釣魚
（孫靜繪製）

多少年來，科學家在費米海世界，找到了各式各樣的「魚」—— 以各種電子狀態命名的新材料。就像釣魚那樣需要耐心，也充滿著偶然機遇，超導材料的探索之路，同樣也是耐心和意外並存。重費米子材料剛發現時候也伴隨著超導電性的出現，卻被科學家誤認為是雜質效應。有機超導體和有機導體之間一步之遙，終在高壓下被發現。在探索本該絕緣的氧化物陶瓷材料尋找導電性時，偶然撿到了高溫超導這條大魚。一個 1954 年就已經發現並合成的二硼化鎂，成了超導探索的「漏網之

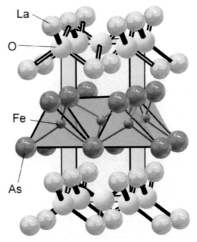

圖 28-2 LaFeAsO 結構
（孫靜繪製）

魚」，直到 2001 年才發現，而且臨界溫度還不低，到了 39K[2]！在此之後，超導材料的探索之路再度陷入沉寂，費米海裡釣魚難，釣大魚更難。

2008 年 2 月 18 日，日本科學振興機構宣布發現「新型高溫超導材料」，是一類含鐵砷層狀化合物 LaOFeAs（注：後寫作 LaFeAsO）[3]。緊接著 2 月 19 日下午，中國新華社也發表了相關報導，題目為〈日本科學家發現高溫超導新物質，名為：「LaOFeAs」〉（圖 28-2）。新的超導材料臨界溫度高達 26K，這實在是令人振奮的消息！臨界溫度在 20K 以上的超導體非常稀少，也有科學家就此稱它們為「高溫超導體」，絕對是費米海中的一條大魚。發現這個新型超導體的科學家，名叫細野秀雄（Hideo Hosono），來自東京工業大學（圖 28-3）。這個名字，不禁令人聯想到風靡世界的日本漫畫《哆啦A 夢》裡的主角野比大雄，一個隨時可以擁有未來設備的平常人家小孩，看似平凡卻又不尋常。漫畫裡的大雄或許有點可愛加懶惰，但也是執著且充滿夢想的。正是因為如此，現實世界裡細野秀雄的成功，就來自他的執著和認真 —— 釣大魚必備精神。

細野秀雄能夠成為「超導姜太公」，絕非偶然！歷史上，許多發現新超

導體系的科學家並不是長期從事超導領域研究的。細野秀雄在發現這個新系列超導材料之前，他早已是日本科學界鼎鼎大名的材料科學家了，他們研究組的目標，是尋找透明導體。一般來說，許多透明材料都是絕緣體，比如常見的玻璃、金剛石、塑料、氧化鋁等。如果能找到可導電的透明玻璃，各種透明材料都可以搖身一變成為顯示器，科幻世界裡的透明玻璃平板電腦就會成為現實。頭上戴的眼鏡，只要一按開關，就可以開啟 Google 地圖模式，直接搜尋街上你感興趣的地方。在飛馳的列車上看報紙無聊吧？輕輕觸摸玻璃窗戶，就可以欣賞到最新電影大片或者虛擬美麗風景。夢想總歸是美好的，實現起來卻十分艱辛，細野秀雄的研究小組奮鬥數年，終於找到一種可行的途徑 —— 想辦法部分移除層狀氧化物材料中的氧原子，就可以獲得透明度較高的導體。為此，細野帶領他的團隊開始搜尋各種具有層狀結構的氧化物材料（圖 28-4）。2000 年，他們合成了 LaOCuS 體系，並把它進一步做成了透明的半導體材料，距離導體一步之遙 [4]。隨後，從 2000 年到 2006 年，他們先後合成了 LnOCuS、LnOCuSe、LaOMnP 等材料 [5]，主要就研究它們的透明度和導電性，甚至還申請了專利 [6]。費米海中垂釣六餘年，新時代「大雄」終於在 2006 年得到了意外的收穫 —— LaOFeP 體系存在很好的金屬導電性，而且電阻測量表明這類材料具有 3K 左右的超導電性！為了進一步移除其中的氧，他們想到用 F 元素替代 O 元素，發現超導的臨界溫度獲得了提升 [7]！作為一名材料學家，細野秀雄深知釣魚要訣，沒有輕易地放過這條小魚，而是堅信類似的大魚一定還會有的。他也沒有執拗地去把這類 FeP 材料透明化，而是順其自然去探索可能的超導電性。果不其然，兩年後的 2008 年，他們又發現了 LaONiP 體系同樣具有超導電性 [8]，緊接著 2008 年 2 月 23 日，正式報導了一類新型超導材料 —— LaOFeAs 體系 [3]。LaOFeAs 本身並不超導，根據前面的經驗，經過 F 替代摻雜引入電子後，該材料超導臨界溫度達到了 26K，實現了超導探索的新跨越。細野秀雄在多年的費米海釣魚征途中，終於釣上來一條「大鐵魚」，他將其稱為「鐵基層狀超導體」，後簡稱為「鐵基超導體」。

圖 28-3 鐵基超導發現者細野秀雄

（來自東京工業大學主頁）

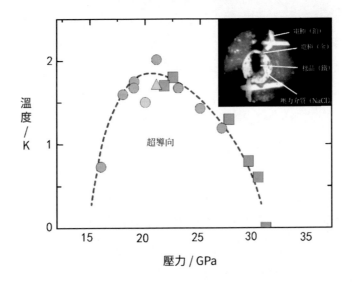

圖 28-4 純鐵在高壓下的超導 [13]

（孫靜繪製）

　　同一片海域，同一種夢想。有成功的姜太公，就有失敗的無名叟。讓時光機把我們帶到 1974 年，那個年代還沒有發現銅氧化物高溫超導體，也沒有發現重費米子超導體或有機超導體。距離 1972 年 BCS 理論獲得諾貝爾獎剛剛過去兩年，超導研究正處於低迷狀態，大家既沒有興趣也沒有動力去探索新的超導材料 —— 因為理論已經建立並被廣泛接受了，何必費心費力去

證明一個理論是多麼正確呢？令所有人都意想不到的是，就在這個風平浪靜時期，一顆代表新型超導材料的魚卵，已悄然正在費米海中孕育著。德國化學家傑奇科（W. Jeitschko）和他的研究團隊從 1974 年開始發現一類新材料，其晶體結構非常簡潔 —— 用兩個變數參數就可以描述的一種四方結構，起初他們稱之為「填充的」PbFCl 結構，後來改叫做 ZrCuSiAs 結構 [9]。這類材料的元素配比很簡單，就是 4 個 1：「1111」，代表性的有 LaOAgS、LaOCuS、BiOCuSe、ThCuPO、ThCuAsO、UCuPO 等 [10]。20 年後，他們依然在這類結構材料中發現了許多新的家族成員。化學家做研究的思路很簡潔，就是不斷合成新結構的材料，測定其結構和基本性質，證明這類新材料的存在。傑奇科教授也不外乎如此，他們在 1995 年大量合成了許多具有「1111」結構的新材料，如 LnOFeP、LnORuP、LnOCoP 等，其中 Ln 代表鑭系稀土元素，可以是 La、Ce、Pr、Nd、Sm、Gd 等，此外，他們還費心盡力測定了這些材料的晶體結構和原子位置，說明這類材料的普遍性 [11]。5 年後的 2000 年，傑奇科研究團隊再次合成了 LnOFeAs 體系材料，其實無非就是把磷元素換成了砷元素，說明「1111」的結構在 FeAs 系統中依然可以穩定地存在 [12]。原來，傑奇科等人早就找到了 LaOFeAs！

不識此魚真面目，只緣身非物理家。或許真的是因為傑奇科教授主要從事材料化學研究，並沒有思考測量這個體系的電阻，否則，具有 ZrCuSiAs 結構的氧化物半導體甚至是氧化物超導體，早就被發現了！據說，他們研究組的某研究生其實測量過 LaOFeP 的電阻，並認為存在超導電性的可能，只是臨界溫度太低，或數據太糟糕，沒有正式發表，而是扔進了畢業論文裡去就再也沒去管它。一條大魚，就此悄悄溜走，不無遺憾。而同樣身為材料學家的細野秀雄就是多了一份信念和執著，在注意到傑奇科等人的研究工作之後，毅然堅持繼續做這個材料體系的探索研究，哪怕超導並非他研究的初衷，哪怕要冒險把磷替換成有劇毒的砷，勇敢地走出了下一步，並獲得了成功！

為什麼鐵基超導體沒有被長期從事超導研究的科學家們最先找到？這也與科學家的「執念」有關係。大部分情況下，鐵元素對超導並不友好。特別

是在一些金屬或合金類超導體中，鐵元素的引入往往意味著磁性的出現，對超導是造成破壞作用的。所以，很多時候，超導研究者都潛意識地認為引入鐵似乎只有壞處。其實，也有意外的時候。儘管鐵的化合物如氧化鐵、硫化鐵等都具有磁性，鐵的混合物如鋼也容易被磁化，但是純鐵是可以沒有磁性的！一般來說，純度極高

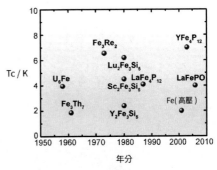

圖 28-5 2008 年之前發現的「鐵基」超導體
（作者繪製）

的鐵是軟磁體，它會被外磁場磁化，但撤離外場後磁性很容易就會消失。在高壓下，鐵完全可以是無磁性的。直到 2001 年，日本大阪大學的清水等科學家才發現高壓下的純鐵也是超導的！只是臨界溫度很低，最高只有 2K 左右（圖 28-4）[13]。這至少說明，鐵對超導，並非是水火不相容的！非常有趣的是，超導不僅和鐵可以相容，而且含鐵的超導體，實際上，在 2008 年之前就早已被發現，而且有很多種！如鐵的二元合金材料 U_6Fe、Fe_3Re_2、Fe_3Th_7 等，鐵的一些化合物如 $Lu_2Fe_3Si_5$ 和 $LaFe_4P_{12}$ 等 [14]。之所以沒被人注意，是因為它們的超導臨界溫度特別低，都小於 10K（圖 28-5）。年年月月都有新超導材料湧現，這麼低溫度的合金超導體，被遺忘的可能性更大。其中 YFe_4P_{12} 的臨界溫度達到了 7K[15]，正是啟發細野秀雄小組發現鐵磷化物材料超導電性的材料之一。所以，非常有趣的是，細究下來，「鐵基」超導體貌似早在 1958 年就被發現了，只是幾乎無人問津而已。更有趣的是，一系列具有鐵砷層狀結構的材料在 2008 年之前就已經被發現，包括 $LiFeAs$（1968年）、$EuFe_2As_2$（1978 年）、KFe_2As_2（1981 年）、$RbFe_2As_2$（1984 年）、$CsFe_2As_2$（1992 年）等 [16],[17]，然而就是沒有人意圖去測量這類材料的電阻，其實它們全是鐵基超導體 [18-25]！其中 KFe_2As_2 的臨界溫度為 3.8K[23]，$LiFeAs$ 的臨界溫度為 18K[18]，在 2008 年受到細野秀雄等研究的啟示，這些隱藏的鐵基超導體一下子就被重新挖掘了出來（圖 28-6）。

圖 28-6 鐵基超導晶體

（來自中國科學院物理研究所、美國洛斯阿拉莫斯國家實驗室、瑞士保羅謝勒研究所等）

　　如果說德國人的三十年如一日悶頭苦煉鐵基化合物錯失超導的發現，日本人的勤奮執著外加敏銳的直覺帶來了運氣，那麼中國人在面對鐵基超導襲來的時候，卻也是遺憾與興奮並存。在具有 ZrCuSiAs 結構的材料中探索超導電性，並不全是日本科學家的獨創發明[9][10]。事實上，不少長期從事超導材料探索的科學家都大抵有些共識，其中一條就是：具有四方結構的準二維層狀化合物就可能出現較高臨界溫度的超導電性。所謂 ZrCuSiAs 結構的「1111」體系材料也正是具有這個典型的特徵，具有高溫超導電性，也就不奇怪了。中國的趙忠賢研究團隊早在 1994 年就研究過 LaOCuSe 材料[26]，和細野秀雄小組最初研究的 LaOCuS 如出一轍，只是他們當時並未在該類材料中找到超導電性，也不夠大膽突破思維把銅換成鐵，而細野秀雄團隊則因為尋找導電氧化物歪打正著找到了超導。德國吉貝爾（C. Geibel）和斯蒂格利茲（F. Steglich）研究組，作為重費米子超導材料的第一發現人，也曾經研究過 CeRuPO、CeFePO 等材料[27]，同屬「1111」體系，不過他們更加關注其重費米子物性，而忽略了可能的超導電性。在 2006 年發現 LaOFeP 中存在 3 K 左右的超導電性之後，中國的一批年輕科學家也曾摩拳擦掌在努力嘗試。

問題在於，這類材料需要在嚴格保護的手套箱中配製，然後在密封狀態下合成，存在許多困難。中國的大部分超導實驗室因為長期從事不需要保護的銅氧化物超導材料研究，而不具備合適的實驗條件，要建立相關實驗條件，難免耽誤不少時間。已經擁有實驗條件的實驗室，又希望能夠獲得高品質的單晶樣品，來做更精細的物性測量和機理研究，卻沒想到遇到了更多的困難。總之，中國科學家在 2006 至 2008 年鐵基超導不被人注意階段，做了許多努力和嘗試，卻仍然在首場競賽中落後於日本科學家，遺憾與教訓並存。

鐵基超導材料的發現，開啟了超導研究歷史的一個嶄新的時代「鐵器時代」。超導研究從「銅器時代」跨越到「鐵器時代」花了 20 餘年，終於找到了另一大類可以參照研究的高溫超導體系，在銅氧化物超導研究中累積的種種困惑，或許能夠在此找到答案 [28]。

參考文獻

[1] Canfield P C. Fishing the Fermi sea[J]. Nat. Phys., 2008, 4: 167.

[2] Nagamatsu J et al. Superconductivity at 39 K in magnesium diboride[J]. Nature, 2001, 410: 63-64.

[3] Kamihara Y et al. Iron-Based Layered Superconductor La[$O_{1-x}F_x$]FeAs(x=0.05-0.12) with T_c=26 K[J]. J. Am. Chem. Soc., 2008, 130: 3296.

[4] Ueda K et al. Single-atomic-layered quantum wells built in wide-gap semiconductors LnCuOCh (Ln=lanthanide, Ch=chalcogen)[J]. Phys. Rev. B, 2004, 69, 155305.

[5] Hiramatsu H et al. Degenerate p-type conductivity in wide-gap LaCuOS$_{1-x}$Se$_x$(x=0-1) epitaxial films[J]. Appl. Phys. Lett., 2003, 82: 1048.

[6] Hosono H et al. European Patent Application. EP1868215, 2006.

[7] Kamihara Y et al. Iron-Based Layered Superconductor: LaOFeP[J]. J. Am. Chem. Soc., 2006, 128: 10012.

[8]　Watanabe T et al. Nickel-based oxyphosphide superconductor with a layered crystal structure, LaNiOP[J]. Inorg. Chem., 2007, 46: 7719.

[9]　Pottgen R, Johrendt D. Materials with ZrCuSiAs-type Structure[J]. Z. Naturforsch. 2008. 63b: 1135-1148.

[10]　Muir S, Subramanian M A. ZrCuSiAs type layered oxypnictides: a bird's eye view of LnMPnO compositions[J]. Prog. Solid State Chem., 2012, 40: 41-56.

[11]　Zimmer B I et al. The rare-earth transition-metal phosphide oxide LnFePO, LnRuPO and LnCoPO with ZrCuSiAs-type structure[J]. J. Alloys Compd., 1995, 229: 238.

[12]　Quebe P et al. Quaternary rare earth transition metal arsenide oxides RTAsO (T=Fe, Ru, Co) with ZrCuSiAs type structure[J]. J. Alloys Compd. 2000. 302: 70-74.

[13]　Shimizu K et al. Superconductivity in the non-magnetic state of iron under pressure[J]. Nature, 2011, 412: 316-318.

[14]　Meisner G P. Superconductivity and magnetic order in ternary rare earth transition metal phosphides[J]. Phys. B and C, 1981, 108: 763.

[15]　Shirotani I et al. Superconductivity of new filled skutterudite YFe_4P_{12} prepared at high pressure[J]. J. Phys.: Condens. Matter, 2003, 15: S2201.

[16]　Juza Von R, Langer K. Ternäre Phosphide und Arsenide des Lithiums mit Eisen, Kobalt oder Chrom im Cu_2Sb-Typ[J]. Z. Anorg. Allg. Chem., 1968, 361: 58.

[17]　Wenz P, Schuster H U. Neue ternäre intermetallische Phasen von Kalium und Rubidium mit 8b-und 5b-Elementen/New Ternary Intermetallic Phases of Potassium and Rubidium with 8b-and 5b-Elements[J]. Z. Naturforsch. B, 1984, 39: 1816.

[18] Wang X C et al. Superconducting properties of "111" type LiFeAs iron arsenide single crystals[J]. Solid State Commun., 2008, 148: 538.

[19] Tapp J H et al. LiFeAs: An intrinsic FeAs-based superconductor with-T_c=18 K[J]. Phys. Rev. B, 2008, 78: 060505.

[20] Deng Z et al. A new "111" type iron pnictide superconductor LiFeP[J]. EPL, 2009, 87: 3704.

[21] Rotter M et al. Superconductivity at 38 K in the Iron Arsenide $(Ba_{1-x}K_x)Fe_2As_2$[J]. Phys. Rev. Lett., 2008, 101: 107006.

[22] Bukowski Z et al. Bulk superconductivity at 2.6 K in undoped $Rb-Fe_2As_2$[J]. Physica C, 2010, 470: S328-S329.

[23] Sasmal K et al. Superconducting Fe-Based Compounds $(A_{1-x}Sr_x)Fe_2As_2$ with A=K and Cs with Transition Temperatures up to 37 K[J]. Phys. Rev. Lett., 2008, 101: 107007.

[24] Krzton-Maziopa A et al. Synthesis and crystal growth of $Cs_{0.8}(FeSe_{0.98})_2$: a new iron-based superconductor with T_c=27 K[J]. J. Phys. : Condens. Matter, 2011, 23, 052203.

[25] Cho K et al. Energy gap evolution across the superconductivity dome in single crystals of $(Ba_{1-x}K_x)Fe_2As_2$[J]. Sci. Adv., 2016, 2(9): e1600807.

[26] Zhu W J, Huang Y Z, Dong C, Zhao Z X. Synthesis and crystal structure of new rare-earth copper oxyselenides: RCuSeO (R=La, Sm, Gd and Y)[J]. Mat. Res. Bul.: 1994, 29: 143.

[27] Krellner C et al. CeRuPO: A rare example of a ferromagnetic Kondo lattice[J]. Phys. Rev. B, 2007, 76: 104418.

[28] 羅會仟·鐵基超導的前世今生 [J] ·物理，2014，43（07）：430-438·

29 高溫超導新通路：鐵基超導材料的突破

2008 年，是不平凡的一年。因為這一年裡，鐵基高溫超導體，被正式宣布發現，高溫超導從此打開一條新通路。

2008 年 3 月 1 至 5 日，中國高等科學技術中心和中國科學院物理研究所超導國家重點實驗室、北京大學物理學院、清華大學高等研究中心聯合舉辦了一場題為「高溫超導機制研究態勢評估研討會」的學術會議，會議地點在中國科學院物理研究所的 D 樓 212 會議室。會議的主旨是：「邀請實驗方面和理論方面第一線的專家作綜述介紹，企圖從全局的視角回顧高溫超導 20 多年來研究取得共識的主要結果和分歧的要點，以及有影響的理論模型可解決和無力解決的方面。從而明確進一步努力的方向並激發起對高溫超導研究新的熱情和動力。」當時面臨的情境是，20 多年來，銅氧化物高溫超導研究已經陷入困境，世界的科學家們群體陷入迷惘，不少科學家已經紛紛轉向其他研究方向。此次會議邀請了國內頂尖的超導研究專家，商議中國的高溫超導研究在這種大環境下何去何從。如何尋找突破點，前方路在何方，未來是否還值得期待……會議討論非常熱烈，然而基調卻有著些許悲觀。會議討論內容後來被整理成了一本書，《銅氧化物高溫超導電性實驗與理論研究》，可謂是中國超導研究的一個里程碑[1]。

往往在你已經幾乎看不到希望的時候，希望就悄然降臨了。

就在「高溫超導機制研究態勢評估研討會」的會場這棟樓，也就在會議進行期間，一群年輕科學家們正在緊張地忙碌著。他們，正在合成並研究一種新的超導體。此時，距離 2 月 23 日日本細野秀雄宣布發現 $LaFeAsO_{1-x}F_x$ 材料具有 26K 超導電性剛剛過去一週。就在會議結束這一天，這類新型超導材料，在中國科學院物理研究所的實驗室裡，被宣布成功合成。根據多年來高溫超導研究的經驗，中國科學家透過初步的物性表徵數據，很快就判定這類材料並不像以前偶爾冒出的新超導材料那麼簡單。它具有層狀材料結構，

很高的上臨界場，較低的電子型載流子濃度[2][3]。一句話，它很像銅氧化物高溫超導體！這類鐵砷化物新超導體，後來被人們稱為「鐵基超導體」，就是高溫超導新的希望所在！

鐵基超導的研究洪流，就這樣在不平凡的 2008 年裡，拉開了帷幕。

2008 年 3 月初，中國科學院物理研究所的聞海虎研究組和王楠林研究組率先合成了 $LaO_{1-x}F_xFeAs$ 材料並研究了其超導物性（注：後來化學式寫成 $LaFeAsO_{1-x}F_x$，即 O 因電負性放在最後，下同）[2]、[3]；聞海虎研究組隨後合成了第一個電洞摻雜的 $La_{1-x}Sr_xOFeAs$ 超導體[4]；3 月 25 日，中國科學技術大學陳仙輝小組宣布在 $SmO_{1-x}F_xFeAs$ 獲得 43K 常壓下超導電性[5]；3 月 26 日，王楠林和陳根富等宣布 $CeO_{1-x}F_xFeAs$ 中存在 41K 常壓超導電性[6]，$LnO_{1-x}F_x$-FeAs 中 Ln 可以是 La、Ce、Nd、Eu、Gd、Tm 等多種元素，其中 $NdO_{1-x}F_x$-FeAs 臨界溫度能達到 50K[7]；3 月 29 日，中國科學院物理研究所的趙忠賢和任治安研究組宣布在 $PrO_{1-x}F_xFeAs$ 中發現 52K 超導[8]，4 月 13 日，又發現 $SmO_{1-x}F_xFeAs$ 中 55K 超導[9]，4 月 16 至 23 日，再次宣布在無氟的缺氧體系 $ReFeAO_{1-x}$（Re = La，Ce，Pr，Nd，Sm，Gd，Ho，Y，Dy，Tb）中同樣存在 40K 以上超導[10][11]；4 月 28 日，浙江大學的許祝安研究組和曹光旱研究組宣布 $Gd_{1-x}Th_xFeAsO$ 中 56K 的超導電性[12]，隨後又發現 $Tb_{1-x}Th_xFeAsO$ 中 52K 的超導[13]，11 月下旬再次宣布同價摻雜的 $LaFeAs_{1-x}P_xO$ 超導體系[14]；6 月中旬，中國科學技術大學阮可青研究組認為共摻雜的 $Sm_{0.95}La_{0.05}O_{0.85}F_{0.15}FeAs$ 中存在 57.3K 的超導電性[15]。新的超導材料在中國上不斷湧現，幾乎每週都是驚喜（圖 29-1）[16]、[17]。以 $LaO_{1-x}F_xFeAs$ 為基礎發展出了一系列鐵基超導體，都具有 ZrCuSiAs 結構，被稱為「1111」型鐵基超導材料[18]。

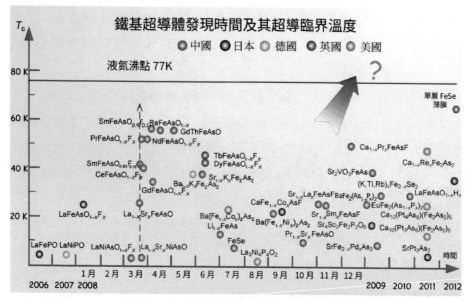

圖 29-1 鐵基超導材料的發現時間及臨界溫度
（作者繪製）

　　從起初發現的 26K 的 $LaO_{1-x}F_xFeAs$ 超導電性，到之後 55K 左右的一系列超導電性的發現，前後不超過 2 個月的時間，臨界溫度翻了一番還多。更重要的是，如果 $LaO_{1-x}F_xFeAs$ 這類材料屬於傳統的 BCS 理論描述的常規超導體，那麼人們將預期它會遭遇 40K 的麥克米倫極限。既然它能如此輕鬆地突破 40K 的「天花板」，必然是一個非常規超導體，而且是「高溫超導體」！新的高溫超導家族，在銅氧化物高溫超導體研究幾乎陷入絕境之際，就這樣被發現了。如此振奮人心的消息來得如此之快也是超乎想像的 [19]。當初第一個銅氧化物超導體 Ba-La-Cu-O 體系發現 35K 的超導電性，到 Ba-Y-Cu-O 體系 90K 以上的超導電性被發現，是間隔了大半年時間的，而後刷新臨界溫度的頻率也是以月為時間單位。如今，在鐵基超導體中，刷新臨界溫度的頻率竟然以天為時間單位，而且迅速在短短的幾週內，就斷定其為高溫超導體，其速度令全世界刮目相看。在中國科學家不斷研究 T_c 的同時，世界上的許多研究小組也把注意力轉移到了鐵基超導材料上來。鐵基超導發現

人細野秀雄的研究組首當其衝，他們很快利用高壓把 $LaO_{1-x}F_xFeAs$ 的超導電性提升到了 43K[20]，並在 8 月發現了無氧的 $CaFe_{1-x}Co_xAsF$ 和 $SrFe_{1-x}Co_xAsF$ 超導體系[21][22]。日本、美國、英國、德國等其他研究小組也相繼發現並研究了多個「1111」型鐵基超導材料[23][24]。

　　為什麼中國科學家能夠如此迅速反應，並在短時間內推進對鐵基超導材料的探索？原因有很多，特別是「高溫超導機制研究態勢評估研討會」上造成的焦慮情緒不可忽略——中國科學家急迫想以自己的行動證明高溫超導研究還沒有走入死路。事實上，高溫超導多年來的「冷板凳」造就了一群不怕苦不怕累的中國研究團隊，也累積了非常豐富的超導研究經驗，敏銳地辨別科技前沿能力和勇於突破的嘗試勇氣更是成功的要訣。正如細野秀雄注意到德國傑奇科研究組在 LnOFeAs（Ln = La，Ce，Pr，Nd，Sm，Gd……）體系的研究工作一樣[25], [26]，中國科學家同樣注意到細野秀雄在 2006 年和 2008 年兩篇鐵基超導論文中的幾篇引用德國研究組的論文。既然 $LaO_{1-x}F_x$-FeAs 存在 26K 超導，那麼 La 換成其他稀土元素，當然也有希望超導。只是，在銅氧化物研究的多年經驗告訴我們，稀土元素替換對臨界溫度幾乎沒有影響，例如著名的 $YBa_2Cu_3O_{6+x}$ 體系就是如此，換作 Nd、Sm、Eu、Yb、Gd、Dy、Ho、Tm 等，最高臨界溫度幾乎都在 90K 以上[1]。原本中國科學家也未曾意料到對這類材料能突破 40K 的麥克米倫極限，在陳根富等忙著合成了多個稀土化合物 $LnO_{1-x}F_xFeAs$ 體系之後，還沒來得及測量其超導特性，就著手生長單晶樣品去了，到 3 月底才意識到競爭的激烈性，熬夜測量發現了它們幾乎都有 40K 以上的超導電性。

　　中國科學家在超導材料探索上率先確立了鐵基超導體屬於新一類高溫超導家族，在其物理機制研究上同樣迅速走在世界前列。具有良好科學研究環境的中國科學院物理研究所最大的特點就在於，無處不在有人在討論前沿物理問題，如辦公室、實驗室、走廊、餐廳裡、廁所裡、球場上等。據說，一次在活動室的牌桌上，他們談起最近發現的鐵基超導體，王楠林提及在細野秀雄的論文裡 LaOFeAs 電阻存在一個轉折點，但並沒有什麼物理解釋，理

論家方忠立刻指出了可能是密度波有序態造成的 [27]。兩個研究組一拍即合，充分結合實驗數據和理論計算，很快就發現這類材料具有多套費米面，因為鐵原子的特殊性，極有可能存在自旋密度波序，也就是磁有序態的一種。果不其然，在美國田納西大學的戴鵬程研究組（現為萊斯大學研究組）開展的首個中子散射實驗中，就成功發現了 $LaO_{1-x}F_xFeAs$ 中的反鐵磁有序態 [28]（圖 29-2）。這意味著，鐵基材料中的超導，也是來自對反鐵磁母體的載流子摻雜效應。跟銅氧化物高溫超導體的物理機制極其有可能是一樣的！鐵基高溫超導體，名副其實！

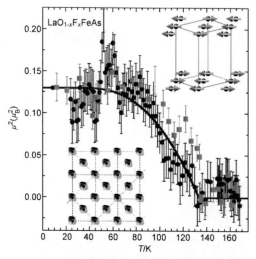

圖 29-2 鐵基超導體中的磁有序和密度波結構
（由萊斯大學戴鵬程提供）

　　中國科學家對鐵基超導研究的貢獻並沒有止步於 2008 年的熱潮，而是一直走在世界隊伍的前列。除了「1111」型鐵基超導材料中的多個發現之外，中國科學家還獨立發現了多個鐵基超導體系，占據了目前已發現的鐵基超導家族的半壁江山 [29]。中國科學家最早生長了高品質的鐵基超導單晶樣品，對其基本物理性質開展了詳細的研究，提出了多個鐵基超導機理的理論，發展了鐵基超導線材的製備等，這一系列的研究我們將在後面篇幅陸續介紹。

　　可以說，正是由於科學家集體的努力，鐵基超導才在非常短的時間內聚焦了全世界超導研究學者的目光，並極大地推動了其研究進展。鐵基超導在 2008 年被多家媒體評為世界十大科學進展之一，也被譽為超導研究領域最具可能的下一個諾貝爾獎。美國《科學》雜誌以「新超體把中國物理學家推向世界最前沿」為題（圖 29-3），如此評價中國科學家的貢獻：「中國如洪流般不斷湧現的研究結果象徵著在凝聚態物理領域，中國已經成為一個強國。」[30] 中國鐵基超導研究團隊獲得了 2009 年度「求是傑出科學成就集體獎」（王楠林、任治安、吳剛、祝熙宇、陳仙輝、陳根富、聞海虎、趙忠賢），「40K 以上鐵基高溫超導體的發現及若干基本物理性質研究」獲得 2013 年度國家自然科學獎一等獎（趙忠賢、陳仙輝、王楠林、聞海虎、方忠），超導材料探索的國際最高大獎馬蒂亞斯獎在 2015 年度國際超導材料和機理大會頒發給中國科學家（趙忠賢、陳仙輝）。因為在銅氧化物和鐵基高溫超導體中的突出貢獻，趙忠賢榮獲 2016 年度國家最高科學技術獎。儘管獲獎名額有限，難以全部展現所有中國科學家群體在鐵基超導研究中的貢獻，但這一系列的獎項足以說明中國科學家的傑出成就。中國的超導研究，在鐵基超導的推動下，走在了世界領跑行列裡（圖 29-4、圖 29-5）。

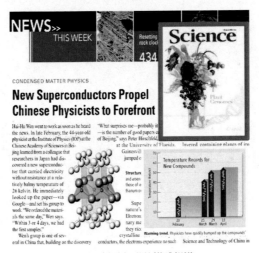

圖 29-3 鐵基超導的媒體報導
（由中國科學院物理研究所提供）

圖 29-4 2009 年度「求是傑出科技成就集體獎」
（由中國科學院物理研究所提供）

圖 29-5 中國鐵基超導研究團隊
（由中國科學院物理研究所提供）

　　美國《科學》和《今日物理》等雜誌特別提到，鐵基超導的研究加速了高溫超導機理的解決進程，使得人們完全有理由相信在不久的將來，室溫超導可以被實現並被廣泛應用。隨著越來越多的中國科學家引領世界超導前沿，中國人在國際超導舞臺上的角色也越來越重要。2008 年第一場鐵（鎳）基超導的國際研討會在中國科學院物理研究所舉行，國際頂級的超導研究學者展開了熱烈的討論（圖 29-6）。10 年後的 2018 年，代表超導研究最高水準的第 12 屆國際超導材料與機理大會在北京召開，中國科學家不僅是主角而且是統合者。相信在未來，中國的超導之路，將走得更遠更廣！

圖 29-6 2008 年 10 月 17 日國際鐵（鎳）基超導研討會在中國科學院物理研究所召開
（由中國科學院物理研究所提供）

參考文獻

[1]　韓汝珊，聞海虎，向濤·銅氧化物高溫超導電性實驗與理論研究
　　　[M]·北京：科學出版社，2009·

[2]   Chen G F et al. Superconducting Properties of the Fe-Based Layered
      Superconductor $LaFeAsO_{0.9}F_{0.1\delta}$[J]. Phys. Rev. Lett., 2008, 101:
      057007.

[3]   Zhu X Y et al. Upper critical field, Hall effect and magnetoresistance
      in the iron-based layered superconductor $LaFeAsO_{0.9}F_{0.1\delta}$[J]. Super-
      cond. Sci. Tech., 2008, 21(10): 105001.

[4]   Wen H-H et al. Superconductivity at 25 K in hole-doped (La1-xSrx)
      OFeAs[J]. Europhys. Lett, 2008, 82(1): 17009.

[5]   Chen X H et al. Superconductivity at 43 K in $SmFeAsO_{1-x}F_x$[J]. Na-
      ture, 2008, 453(7193): 761-762.

[6]   Chen G F et al. Superconductivity at 41 K and Its Competition with
      Spin-Density-Wave Instability in Layered $CeO_{1-x}F_xFeAs$[J]. Phys.
      Rev. Lett., 2008, 100(24): 247002.

[7]   Chen G F et al. Element Substitution Effect in Transition Metal Oxy-
      pnictide $Re(O_{1-x}F_x)$ TAs (Re=rare earth, T=transition metal)[J]. Chin.
      Phys. Lett., 2008, 25(6): 2235-2238

[8]   Ren Z A et al. Superconductivity at 52 K in iron based F doped lay-
      ered quaternary compound $Pr[O_{1-x}F_x]FeAs$[J]. Mater. Res. Innov.,
      2008, 12(3): 105-106.

[9]   Ren Z A et al. Superconductivity at 55 K in Iron-Based F-Doped Lay-
      ered Quaternary Compound $Sm[O_{1-x}F_x]FeAs$[J]. Chin. Phys. Lett.,
      2008, 25(6): 2215-2216.

[10] Ren Z A et al. Superconductivity and phase diagram in iron-based
      arsenic-oxides $ReFeAsO_{1\delta}$ (Re=rare-earth metal) without fluorine dop-
      ing[J]. Europhys. Lett., 2008, 83(1): 17002.

[11] Yang J et al. Superconductivity in some heavy rare-earth iron arsenide
      $REFeAsO_{1-\delta}$ (RE=Ho, Y, Dy and Tb) compounds[J]. New J. Phys.,
      2008, 11: 025005.

[12] Wang C et al. Thorium-doping-induced superconductivity up to 56 K in $Gd_{1-x}Th_xFeAsO$[J]. Europhys. Lett., 2008, 83(6): 67006.

[13] Li L J et al. Superconductivity above 50 K in Tb1-xThxFeAsO[J]. Phys. Rev. B, 2008, 78(13): 132506.

[14] Wang C et al. Superconductivity in $LaFeAs_{1-x}P_xO$: Effect of chemical pressures and bond covalency[J]. Europhys. Lett., 2009, 86, 47002.

[15] Wei Z et al. Superconductivity at 57.3 K in La-Doped Iron-Based Layered Compound $Sm_{0.95}La_{0.05}O_{0.85}F_{0.15}FeAs$[J]. J. Supercond. Nov. Magn., 2008, 21(4): 213-215.

[16] 馬廷燦，萬勇，姜山．鐵基超導材料製備研究進展［J］．科學通報，2009，54（5）：557-568．

[17] Wen H-H. Developments and Perspectives of Iron-based High-Temperature Superconductors[J]. Adv. Mater., 2008, 20: 3764.

[18] Stewart G R. Superconductivity in iron compounds[J]. Rev. Mod. Phys., 2011, 83: 1589.

[19] 羅會仟．鐵基超導的前世今生［J］．物理，2014，43（07）：430-438．

[20] Takahashi T et al. Superconductivity at 43 K in an iron-based layered compound $LaO_{1-x}F_xFeAs$[J]. Nature, 2008, 453(7193): 376-378.

[21] Matsuishi S et al. Superconductivity induced by Co-doping in quaternary fluoroarsenide CaFeAsF[J]. J. Am. Chem. Soc., 2008, 130(44): 14428-14429.

[22] Matsuishi S et al. Effect of 3d transition metal doping on the superconductivity in quaternary fluoroarsenide CaFeAsF[J]. New J. Phys., 2009, 11: 025012.

[23] Sefat A S et al. Electronic correlations in the superconductor $LaFeAsO_{0.89}F_{0.11}$ with low carrier density[J]. Phys Rev B, 2008, 77(17): 174503.

[24]　Bos J W et al. High pressure synthesis of late rare earth RFeAs (O, F) superconductors; R=Tb and Dy[J]. Chem Commun, 2008, 31: 3634-3635.

[25]　Quebe P et al. Quaternary rare earth transition metal arsenide oxides RTAsO (T=Fe, Ru, Co) with ZrCuSiAs type structure[J]. J. Alloys Compd., 2000, 302: 72.

[26]　Zimmer B I et al. The rare-earth transition-metal phosphide oxide LnFePO, LnRuPO and LnCoPO with ZrCuSiAs-type structure[J]. J. Alloys Compd., 1995, 229: 238.

[27]　Dong J et al. Competing orders and spin-density-wave instability in La $(O_{1-x}F_x)$ FeAs[J]. Europhys. Lett., 2008, 83(2): 27006.

[28]　de la Cruz C et al. Magnetic order close to superconductivity in the iron-based layered $LaO_{1-x}F_xFeAs$ systems[J]. Nature, 2008, 453(7197): 899-902.

[29]　Chen X H et al. Iron-based high transition temperature superconductors[J]. Nat. Sci. Rev., 2014, 1: 371-395.

[30]　Cho A. New Superconductors Propel Chinese Physicists to Forefront[J]. Science, 2008, 320(5875): 432-433.

30 雨後春筍處處翠：鐵基超導材料的典型結構

　　每年的大地回春，伴隨著萬物復甦、嫩芽新綠、繁花盛開、鶯歌燕舞，一切都是令人愉悅的。探索超導的道路上，似乎也有類似的春夏秋冬輪轉。銅氧化物高溫超導體自 1986 年發現以來，經歷了一波高溫超導研究的熱潮，隨後在 1990 年代末逐漸退去。在 21 世紀初，高溫超導的研究逐漸陷入寒冷的冬季，剩下的物理問題變得艱深而高冷，越來越多的科學家選擇別的領域求生存。2008 年，鐵基超導的發現再次讓超導研究回暖。20 餘年銅氧化物高溫超導研究中打出來的基礎，在一場甘霖中爆發，催生了眾多雨後春筍 —— 構成一個龐大的鐵基超導家族 [1]。

　　中國科學家發現，簡單的稀土元素替換，在並不改變材料整體結構的情形下，原先 26K 超導的 $LaFeAsO_{1-x}F_x$ 就可以在 $SmFeAsO_{1-x}F_x$ 中提升到 55K 的 T_c[2]。更多的研究顯示，實際上 LaFeAsO 這個材料的「可塑性」非常之強，La 位幾乎可以換成所有 La 系稀土金屬元素，如 Ce、Pr、Nb、Pm、Sm、Eu、Gd、Tb、Dy、Ho、Th 等，仍然構成 ZrCuSiAs 的「1111」型結構 [3]。在 La 位也可以部分替換 Ca、Sr、Ba 等構成電洞型摻雜，在 Fe 位可以部分替換成 Co、Ni、Rh、Ru、Pd、Ir、Pt 等構成電子型摻雜，在 As 位可以部分替換 Sb、P 等，在 O 位可以換成 F、H 等，結果都能超導 [4]！如果 O 全部換成 F 或 H，可以構成 CaFeAsH、SrFeAsF 等母體材料，同樣可以摻雜電子（如 Fe 位摻 Co）或電洞（如 Sr 位摻 K）獲得超導 [5]。O 甚至可以換成 N，構成 ThFeAsN 也是超導體 [6]！摻雜或元素替換的思路還可以更廣，簡單來說，就是稀土元素或鹼土金屬或鹼金屬＋過渡金屬＋磷族或硫族元素＋氧／氮／氟／氫等氣體元素，這種元素排列組合有千種以上，其中絕大部分應該都是超導體，雖然許多目前並未完全發現！單純一個「1111」體系材料，就顯現出鐵基超導家族的龐大，也意味著，鐵基超導的研究空間是非常巨大的（圖 30-1）。

除了最早發現的「1111」體系鐵基超導外，如今的鐵基超導譜系已經
非常龐雜，典型的結構包括「11」、「111」、「122」、「112」、「123」、
「1144」、「21311」、「12442」等（圖 30-2）[7]，以下做一些簡略的介紹。

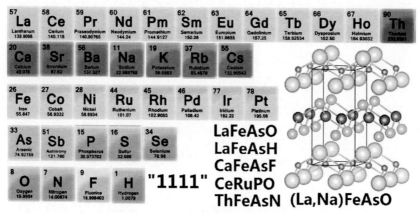

圖 30-1　「1111」型鐵基超導體的元素排列組合
（作者繪製）

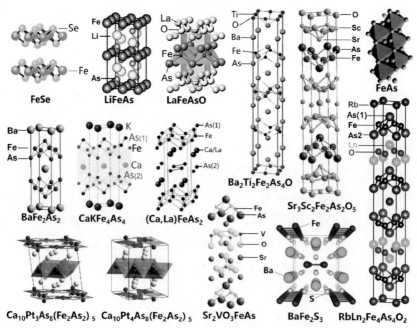

圖 30-2　各種結構的鐵基超導體及其代表化合物
（作者組合繪製）

▶ 「11」體系可謂是最簡單的鐵基超導體，只有兩個元素 Fe 和 Se 構成 $FeSe_4$ 四面體堆疊，為 PbO 型結構，又稱為 β-FeSe[8]。FeSe 超導體由臺灣「中央研究院」物理研究所吳茂昆研究組在 2008 年 7 月發現 [9]，吳茂昆也是 1987 年 $YBa_2Cu_3O_{7-\delta}$ 體系高溫超導體發現者之一。FeSe 材料相對有毒性的 FeAs 材料要更為安全，只是臨界溫度要低，T_c 約為 9K。美國杜蘭大學的毛志強和浙江大學的方明虎等很快就發現 $FeSe_{1-x}Te_x$ 體系也是超導體，T_c 能達到 14K[10]。而 $Fe_{1+y}Te$ 則是不超導的反鐵磁母體，其中 Fe 含量可以變化，形成多餘 Fe 在材料中 [11]。所以，$Fe_{1+y}Te$ 更像是「11」體系的母體，確實在其中摻入 S，即 $FeTe_{1-x}S_x$ 也是 10K 左右的超導體 [12]。類似地，$FeSe_{1-x}S_x$ 也是超導體 [13]。和「1111」體系不一樣的是，「11」體系中在 Fe 位摻雜 Co 或 Ni，將很快抑制超導電性 [14]。

▶ 「111」體系相比「1111」體系少了一個「1」，不含有氧元素，代表性材料主要有 $Li_{1-x}FeAs$ 和 $Na_{1-x}FeAs$[4]，同樣具有四方晶系結構，這類材料早在 1968 年就被發現 [15]，但其超導電性直到 2008 年 6 月才被中國科學院物理研究所的望賢成和靳常青等發現，其中 $Li_{0.6}FeAs$ 的 T_c 可達 18 K[16]。也在差不多同時，7 月初英國牛津大學的克拉克（Simon J. Clarke）研究組和美國休士頓大學的朱經武研究組（也是 $YBa_2Cu_3O_{7-\delta}$ 體系的發現者之一）也報導了 $Li_{1-x}FeAs$ 體系以及單晶樣品，並確定其結構為 PbFCl 型，Li 的缺位對超導至關重要 [17]，[18]。「111」體系和「1111」體系最大的不同在於，它不需要摻雜就能夠實現較高溫度的超導，其中 $Li_{1-x}FeAs$ 不存在磁有序 [19]，NaFeAs 則具有類似「1111」體系的磁結構 [20]。

▶ 「122」體系更是一個被「再次發現」的鐵基超導體，典型的材料有 Ba-Fe_2As_2，為 $ThCr_2Si_2$ 型結構。Ba 可以換成 Ca、Sr、Na、K、Rb、Cs、Eu、La、Ce、Pr、Nd、Sm 等元素，Fe 可以換成 Co、Ni、Ru、Rh、Pt、Pd、Ir 等元素，As 可以換成 P、Sb 等元素，通通都可以是超導體 [4][19]！例如 KFe_2As_2 中 3K 左右的超導早在 1980 年代就被發現 [21]。「122」是第二被發現的鐵基超導系列，於 2008 年 5 月由德國的約倫特

(Dirk Johrendt) 研究組發現 [22]，該研究組常年以來就研究 $ThCr_2Si_2$ 型結構材料。受到 LaFeAsO 中摻雜電子或電洞產生超導的啟發，約倫特等很快意識到 $BaFe_2As_2$ 具有完全類似的物理性質，摻雜 K 之後的 $Ba_{1-x}K_x$-$Fe_2As_2T_c$ 可達 38K[23][24]。同樣，Fe 部分被 Co 或 Ni 等替換摻雜電子也能實現 20K 以上的超導 [4],[25]。

▶ 「112」體系發現得較晚（2013 年），與前面幾類體系結構也非常相近，為 $HfCuSi_2$ 型結構 [26]。典型的材料如 $Ca_{1-x}La_xFeAs_2$，和「1111」或「111」體系區別在於在鹼土金屬和 FeAs 層之間多了一層 As-As 鏈 [27]，而且晶格不再是「方正」的，而是 a 軸和 c 軸夾角大於 90°，低溫下 a 軸和 b 軸夾角小於 90° [28]。因此，「112」體系晶體結構對稱性是比較低的。由於化學配位平衡問題，「112」體系很難存在單一鹼土金屬的母體，往往需要和稀土金屬配合才能結構穩定，僅 $EuFeAs_2$ 可以穩定 [29]。

▶ 「123」體系代表化合物主要有 $RbFe_2Se_3$、$BaFe_2S_3$ 等 [30],[31]，屬於「122」體系結構的準一維化，母體為反鐵磁絕緣體，又稱為「鐵基自旋梯材料」。需要施加高壓才能達到 24K 左右的超導 [32]，目前尚未發現該體系的砷化物材料。

▶ 「10-3-8」和「10-4-8」體系結構比較複雜，分為兩種：$Ca_{10}Pt_3As_8(Fe_2As_2)_5$（$T_c$=11K）和 $Ca_{10}Pt_4As_8(Fe_2As_2)_5$（$T_c$=25K）[33]。它的結構也不是正交結構晶系，而是對稱性比較低的單斜結構 [34]。

▶ 「1144」體系就是由兩個不同的「122」交錯堆疊而成，如 $CaKFe_4As_4$，其中 Ca 可以是 Sr、Ba、Eu 等，K 可以是 Rb、Cs 等，超導臨界溫度大都在 30 ～ 38K[35][36]。

▶ 更多複雜結構的鐵基超導體系，如「21311」、「12442」、「22241」、「32522」等，則可以看作「111」、「122」、「1111」之間的「混搭」或者是複雜插層 [7][37]，它們同樣具有較高的臨界溫度，例如 Sr_2VO_3FeAs 的 T_c=37.2K[38]。

　　和以上鐵基超導體具有類似結構，但成分中不含鐵的一些化合物也具有超導電性[39]。例如同樣為 ThCr$_2$Si$_2$ 型結構的 BaNi$_2$As$_2$$T_c$=0.7K[40]，類似有 CaBe$_2Ge_2$ 型結構的 SrPt$_2$As$_2$$T_c$=5.2K[41]、BaPt$_2Sb_2$$T_c$=1.8K[42]，新型結構的 La$_3Ni_4P_4O_2$$T_c$=3K[43]。這些材料的 T_c 偏低，而且沒有磁性，也不禁令人懷疑它們屬於常規的 BCS 超導體。有意思的是，在探索新型結構的鐵基超導體的過程中，科學家也試圖尋找非鐵基超導體。對於過渡金屬材料來說，Fe、Cu、Co、Ni 等為基的超導體都先後找到，但是磁性很強的元素 Cr 和 Mn 等為基的超導體卻一直在人們視線範圍之外[44]。直到近期，浙江大學的曹光旱研究組發現在準一維的 K$_2$Cr$_3$As$_3$ 和 KCr$_3$As$_3$ 兩個體系中存在 3K 左右的超導電性[45][46]，中國科學院物理研究所的程金光和雒建林等發現簡單的 CrAs 和 MnP 在高壓下也能實現超導，T_c 分別為 2K 和 1K[47]'[48]。這些材料我們姑且稱為「類鐵基超導體」，目前它們的物理性質與鐵基超導材料是否一致尚不清楚（圖 30-3）。

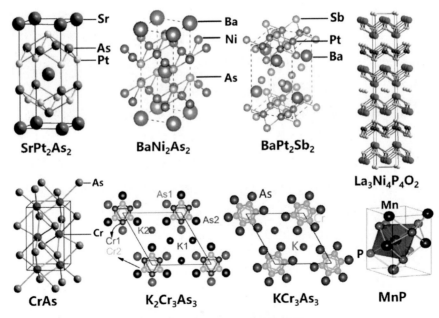

圖 30-3 幾類不含鐵的「類鐵基超導體」
（作者組合繪製）

從以上舉的例子可以發現，鐵基超導體從「母體」到超導可以借助多種多樣的摻雜方式。換而言之，鐵基超導體從母體實現超導並不困難，幾乎任何原子位置的多種摻雜都可以，甚至要不超導都很困難，某些材料甚至完全不需要摻雜就已經超導！事實上，鐵基超導從母體出發進行元素替代的話，既可以摻雜電子，也可以摻雜電洞，兩個途徑得到的最佳超導溫度有所區別，超導區域大小也不同。值得注意的是，鐵基超導材料除了電子和電洞摻雜外，還能同價摻雜，即摻雜替代的原子價態並不發生改變，但是同樣能夠形成超導電性，這三個摻雜變數共同構成了鐵基超導體的「三維」摻雜相圖 [49]。在多個原子位置同時進行摻雜，例如 $Ca_{1-y}La_yFe_{1-x}Ni_xAs_2$ 體系，Ca 位摻 La 和 Fe 位摻 Ni 都是電子型摻雜，同樣可以構造「三維」摻雜相圖（圖 30-4）[50]。這種複雜的摻雜相圖說明鐵基超導體的多樣化超導，和之前我們熟悉的銅氧化物、重費米子、有機超導是有不同之處的。除了化學摻雜之外，鐵基材料也可以從母體出發，透過加壓來實現超導。

鐵基超導材料的化學摻雜還有另一個非常有趣的事情，就是在「1111」體系中存在兩個相連的摻雜超導區，分別對應著兩個反鐵磁母體。例如 $LaFeAsO_{1-x}H_x$ 體系，在 H 含量較少時候就是 LaFeAsO 的反鐵磁性結構母體，隨後出現第一個超導區。繼續摻雜 H 超導 T_c 會降低，然後又升高再降低，形成第二個超導區。更高的 H 摻雜就形成了另一種反鐵磁結構母體（圖 30-5）[51]。有意思的是，這類雙母體和雙超導區並存現象，在 $LaFeAsO_{1-x}F_x$、$LaFeAs_{1-x}P_xO$、$ThFeAsN_{1-x}O_x$ 等體系都存在，La 換成其他稀土元素化合物也同樣有，幾乎是「1111」體系的一個共性 [52-55]。鐵基超導發現者細野秀雄最早發現這個現象，他戲稱這是「一家四口」：父母兩個在左右兩邊牽著兩個孩子。

總之，鐵基超導家族成員和體系的龐大是前所未有的，摻雜帶來的複雜現象也突破了之前超導研究的「老經驗」。這為高溫超導的研究帶來了非常好的契機，任何一個普遍規律或理論體系將需要經受更多的實際材料體系的考驗，得到的結論也將更為可靠。

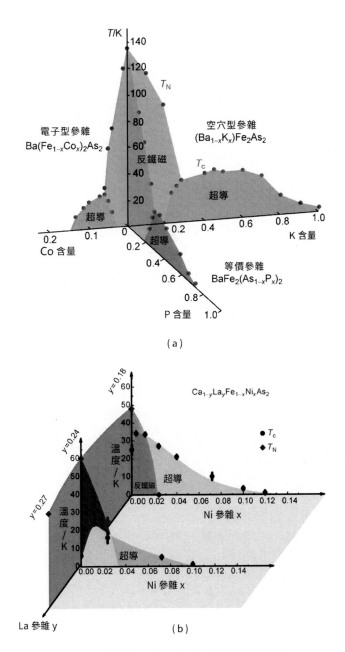

圖 30-4 鐵基超導體的「三維」摻雜相圖[49], [50]

（作者繪製）

圖 30-5 鐵基超導材料中雙母體與雙超導區現象 [51]

（孫靜繪製）

參考文獻

[1]　Paglione J, Greene R L. High-temperature superconductivity in iron-based materials[J]. Nat. Phys., 2010, 6: 645-658.

[2]　Ren Z A et al. Superconductivity at 55 K in Iron-Based F-Doped Layered Quaternary Compound $Sm[O_{1-x}F_x]FeAs$[J]. Chin. Phys. Lett., 2008, 25(6): 2215-2216.

[3]　馬廷燦，萬勇，姜山·鐵基超導材料製備研究進展 [J]·科學通報，2009，54（5）：557-568·

[4]　Chen X H et al. Iron-based high transition temperature superconductors[J]. Nat. Sci. Rev., 2014, 1: 371-395.

[5]　Hanna T et al. Hydrogen in layered iron arsenides: Indirect electron doping to induce superconductivity[J]. Phys. Rev. B, 2011, 84: 024521.

[6]　Wang C et al. A New ZrCuSiAs-Type Superconductor: ThFeAsN[J]. J. Am. Chem. Soc., 2016, 138: 2170-2173.

[7]　Stewart G R. Superconductivity in iron compounds[J]. Rev. Mod. Phys., 2011, 83: 1589.

[8]　Schuster W et al. Transition metal-chalcogen systems, Ⅶ .: The iron-selenium phase diagram[J]. Monatshefte für Chemie, 1979, 110: 1153-1170.

[9]　Hsu F C et al. Superconductivity in the PbO-type structure α-FeSe[J]. Proc. Natl. Acad. Sci. USA, 2008, 105: 14262-14264.

[10]　Fang M H et al. Superconductivity close to magnetic instability in Fe $(Se_{1-x}Te_x)_{0.82}$[J]. Phys Rev B, 2008, 78: 224503.

[11]　Li S L et al. First-order magnetic and structural phase transitions in $Fe_{1+y}Se_xTe_{1-x}$[J]. Phys Rev B, 2009, 79: 054503.

[12]　Mizuguchi Y et al. Superconductivity in S-substituted FeTe[J]. Appl. Phys. Lett., 2009, 94: 012503.

[13]　Mizuguchi Y et al. Substitution Effects on FeSe Superconductor[J]. J. Phys. Soc. Jpn., 2009, 78: 074712.

[14]　Wen J S et al. Interplay between magnetism and superconductivity in ironchalcogenide superconductors: crystal growth and characterizations[J]. Rep. Prog. Phys., 2011, 74: 124503.

[15]　Juza R et al. Über ternäre Phasen im System Lithium-Mangan-Arsen[J]. Z. Anorg. Allg. Chem, 1968, 356: 253.

[16]　Wang X C et al. Superconducting properties of "111" type LiFeAs iron arsenide single crystals[J]. Solid State Commun., 2008, 148: 538.

[17]　Pitcher M J et al. Structure and superconductivity of LiFeAs[J]. Chem. Commun, 2008, 45: 5918-5920.

[18]　Tapp J H et al. LiFeAs: An intrinsic FeAs-based superconductor with T_c=18 K[J]. Phys. Rev. B, 2008, 78(6): 060505.

[19]　Johnson P D, Xu G, Yin W-G et al. Iron-Based Superconductivity[M]. Springer, New York, 2015.

[20]　Li S L et al. Structural and magnetic phase transitions in $Na_{1\delta}FeAs$[J]. Phys. Rev. B, 2009, 80: 020504(R).

[21] Johnston D C et al. The puzzle of high temperature superconductivity in layered iron pnictides and chalcogenides[J]. Adv. Phys., 2010, 59: 803-1061.

[22] Rotter M et al. Spin-density-wave anomaly at 140 K in the ternary iron arsenide $BaFe_2As_2$[J]. Phys. Rev. B, 2008, 78: 020503.

[23] Rotter M et al. Superconductivity at 38 K in the Iron Arsenide $(Ba_{1-x}K_x)$ Fe_2As_2[J]. Phys. Rev. Lett., 2008, 101: 107006.

[24] Rotter M et al. Superconductivity and Crystal Structures of $(Ba_{1-x}K_x)$ Fe_2As_2 (x=0-1)[J]. Angew. Chem. Int. Ed., 2008, 47: 7949-7952.

[25] Li L J et al. Superconductivity induced by Ni doping in $BaFe_2As_2$ single crystals[J]. New J. Phys., 2009, 11: 025008.

[26] Katayama N et al. Superconductivity in $Ca_{1-x}La_xFeAs_2$: a novel 112-type iron pnictide with arsenic zigzag bonds[J]. J. Phys. Soc. Jpn., 2013, 82: 123702.

[27] Yakita H et al. A New Layered Iron Arsenide Superconductor: (Ca, Pr) $FeAs_2$[J]. J. Am. Chem. Soc., 2014, 136: 846.

[28] Jiang S et al. Structural and magnetic phase transitions in $Ca_{0.73}La_{0.27}FeAs_2$ with electron-overdoped FeAs layers[J]. Phys. Rev. B, 2016, 93: 054522.

[29] Yu J et al. Discovery of a novel 112-type iron-pnictide and La-doping induced superconductivity in $Eu_{1-x}La_xFeAs_2$ (x=0-0.15)[J]. Sci. Bull., 2017, 62: 218.

[30] Takahashi H et al. Pressure-induced superconductivity in the iron-based ladder material $BaFe_2S_3$[J]. Nat. Mater., 2015, 14: 1008-1012.

[31] Saparov B et al. Spin glass and semiconducting behavior in one-dimensional $BaFe_{2\delta}Se_3$ ($\delta\approx0.2$) crystals[J]. Phys. Rev. B, 2011, 84: 245132.

[32] Yamauchi T et al. Pressure-Induced Mott Transition Followed by a

24K Superconducting Phase in BaFe$_2$S$_3$[J]. Phys. Rev. Lett., 2015, 115: 246402.

[33]　Ni N et al. High Tc electron doped Ca10(Pt$_3$As$_8$)(Fe$_2$As$_2$)$_5$ and Ca10 (Pt$_4$As$_8$) (Fe$_2$As$_2$)$_5$ superconductors with skutterudite intermediary layers[J]. Proc. Natl. Acad. Sci, 2011, 108: E1019-E1026.

[34]　Ni N et al. Transport and thermodynamic properties of (Ca$_{1-x}$La$_x$)$_{10}$ (Pt$_3$As$_8$) (Fe$_2$As$_2$)$_5$ superconductors[J]. Phys. Rev. B, 2013, 87: 060507.

[35]　Iyo A et al. New-Structure-Type Fe-Based Superconductors: CaAFe$_4$As$_4$ (A=K, Rb, Cs) and SrAFe$_4$As$_4$ (A=Rb, Cs)[J]. J. Am. Chem. Soc., 2016, 138: 3410-3415.

[36]　Liu Y et al. A new ferromagnetic superconductor: CsEuFe$_4$As$_4$[J]. Sci. Bull., 2016, 61: 1213-1220.

[37]　Jiang H et al. Crystal chemistry and structural design of iron-based superconductors[J]. Chin. Phys. B, 2013: 22: 087410.

[38]　Zhu X Y et al. Transition of stoichiometric Sr$_2$VO$_3$FeAs to a superconducting state at 37.2 K[J]. Phys. Rev. B, 2009, 79: 220512(R).

[39]　Zhang P and Zhai H-f. Superconductivity in 122-Type Pnictides without Iron[J]. Condens. Matter, 2017, 2: 28.

[40]　Ronning F et al. The first order phase transition and superconductivity in BaNi$_2$As$_2$ single crystals[J]. J. Phys. Condens. Matter, 2008, 20: 342203.

[41]　Kudo K et al. Coexistence of superconductivity and charge density wave in SrPt$_2$As$_2$[J]. J. Phys. Soc. Jpn., 2010, 79:123710.

[42]　Imai M et al. Superconductivity in 122-type antimonide BaPt$_2$Sb$_2$[J]. Phys. Rev. B, 2015, 91: 014513.

[43]　Klimczuk T et al. Superconductivity at 2.2 K in the layered oxypnic-

tide $La_3Ni_4P_4O_2$[J]. Phys. Rev. B, 2009, 79: 012505.

[44] Hott R et al. Applied Superconductivity: Handbook on Devices and Applications[M]. Wiley-VCH, 2013.

[45] Bao J K et al. Superconductivity in Quasi-One-Dimensional $K_2Cr_3As_3$ with Significant Electron Correlations[J]. Phys. Rev. X, 2015, 5: 011013.

[46] Bao J K et al. Cluster spin-glass ground state in quasi-one-dimensional $K_2Cr_3As_3$[J]. Phys. Rev. B, 2015, 91: 180404(R).

[47] Wu W et al. Superconductivity in the vicinity of antiferromagnetic order in CrAs[J]. Nat. Commun., 2014, 5: 5508.

[48] Cheng J-G et al. Pressure Induced Superconductivity on the border of Magnetic Order in MnP[J]. Phys. Rev. Lett., 2015, 114: 117001.

[49] Shibauchi T et al. A Quantum Critical Point Lying Beneath the Superconducting Dome in Iron Pnictides[J]. Annu. Rev. Condens. Matter Phys., 2014, 5: 113-135.

[50] Xie T et al. Crystal growth and phase diagram of 112-type iron pnictide superconductor $Ca_{1-y}La_yFe_{1-x}Ni_xAs_2$[J]. Supercond. Sci. Technol., 2017, 30: 095002.

[51] Hiraishi M et al. Bipartite magnetic parent phases in the iron oxypnictide superconductor[J]. Nat. Phys., 2014, 10: 300.

[52] Yang J et al. New Superconductivity Dome in $LaFeAsO_{1-x}F_x$ Accompanied by Structural Transition[J]. Chin. Phys. Lett., 2015, 32: 107401.

[53] Mukuda H et al. Enhancement of superconducting transition temperature due to antiferromagnetic spin fluctuations in iron pnictides $LaFe(As_{1-x}P_x)(O_{1-y}F_y)$: ^{31}P-NMR studies[J]. Phys. Rev. B, 2014, 89: 064511.

[54] Muraba Y et al. Hydrogensubstituted superconductors $SmFeAsO_{1-x}Hx$-

misidentified as oxygen-deficient $SmFeAsO_{1-x}$[J]. Inorg. Chem., 2015, 54: 11567.

[55] Miyasaka S et al. Three superconducting phases with different categories of pairing in hole-and electron-doped $LaFeAs_{1-x}P_{-x}O$[J]. Phys. Rev. B, 2017, 95: 214515.

31　硒天取經：鐵硒基超導材料

　　說起西天取經，許多人第一印象就是《西遊記》裡的唐三藏。歷史上，唐僧是真有其人，實名唐玄奘。但唐玄奘並不是史上取經第一人，更不是西域取經唯一者。從三國魏晉南北朝開始，就有近 170 名僧人陸續赴西域取經，平安返回的僅有 43 人，大部分在奔波的路上犧牲了。玄奘取經並不是奉旨唐太宗，而是為了尋找經文的「原始文獻」，得到最準確最原始的解釋，從而更好地弘揚佛法 [1]。在當時大唐盛世，思想非常開放，一部僅 5,000 多字的《金剛經》卻有無數個解讀的版本，很難令世人知道其本源的含義。這點和科學研究中追求讀「原汁原味」原始文獻的精神是一致的，許多翻譯和引用非常容易造成「以訛傳訛」而曲解了原文。如果一味地追求「文獻速食」，最終只能造成對知識本身的不知甚解。

　　在鐵基超導研究中，就有一類材料非常類似佛經所說的「無法相，亦無非法相」，看似結構非常簡單，但是表現出來的化學和物理性質卻非常複雜多變。多年來的研究只能越來越糊塗，至今無人取得真經。這類材料，就是鐵硒化物超導體，主要包括鐵硒及其變體、鐵硫化物等。

　　最簡單的鐵硒化物超導體就是鐵硒本身 —— FeSe。

　　FeSe 是一個非常簡單的二元化合物，早在 1978 年就已合成並開展了其相圖的相關研究 [2-4]。FeSe 具有多種相，如 α、β、γ、δ 等，其中 β 相具有典型的 PbO 型結構，即 $FeSe_4$ 正四面體共邊結構組成 Fe-Se 層狀結構堆疊而成，和 LaFeAsO 中的 FeAs 層非常類似。正是因為如此，臺灣「中央研究院」物理研究所的吳茂昆小組在鐵基超導發現之後就注意到這個材料。和當年吳茂昆等人發現 $YBa_2Cu_3O_{7-x}$ 超導電性的思路類似，如果認為鐵砷化物超導主要來自層狀結構中的 Fe-As 四面體層，那麼具有類似簡單 Fe-Se 層的 FeSe 材料也可能是超導體。果不其然，吳茂昆小組很快在 2008 年 7 月就發現了 FeSe 材料具有 8K 左右的超導電性（圖 31-1）[5]。同月下旬，日本國立材

料科學研究所高野研究小組也成功合成了 FeSe 多晶塊材，並發現在高壓下其 T_c 能達到 27K，說明這個材料的臨界溫度有極大的提升空間[6]。麥昆（T. M. McQueen）和菲斯（C. Felser）等隨後在更高壓力下獲得了臨界溫度為 36.7K 的 FeSe[7]。

FeSe 超導的發現開啟了鐵基超導研究的新天地，雖然目前發現的鐵硒基超導體並不如鐵砷基超導體數量多，但其變數和物性卻是非常豐富多彩的（圖 31-2）。以下將簡要逐一介紹。

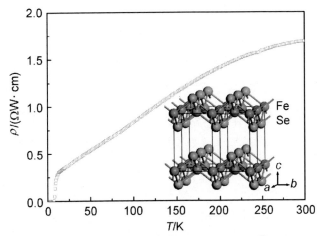

圖 31-1 正交相 FeSe 的基本結構與超導電性[5]
（來自 PNAS）

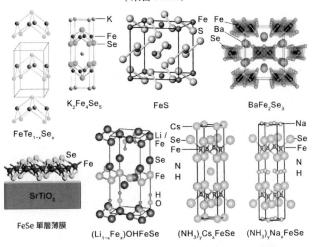

圖 31-2 各種結構的鐵硒基超導體及其代表化合物[8-30]
（作者組合繪製）

「七十二變」的晶體結構

正如唐僧高徒孫悟空善於「七十二變」一樣，鐵硒化物超導體最大的特點就是善變。單純最簡單的 FeSe 來說，Se 的缺失或 Fe 的多餘會造成 $FeSe_{1-x}$ 或 $Fe_{1+x}Se$ 的情況。可別小看這一點點的化學配比失衡，對其超導電性可謂是極其重要的，稍有不慎就會落入不超導的 α 相或 γ 相，或者產生於 β 相的

混合導致超導電性變差［圖 31-3（a）］[8]。隨著溫度的降低，FeSe 還會在90K 經歷一個結構相變，原本 Fe-Fe 組成的正方形格子會被拉伸成長方形，形成四方相到正交相的相變，導致晶體結構對稱性變差 [9]。和 FeSe 結構類似的，還有正交相的 FeS 體系，也是超導體，T_c 為 5K[10]。和 FeSe 類似結構的還有 FeTe，然而計算表明 FeTe 是一個具有很強反鐵磁性的不超導材料，摻雜 Se 形成 $FeTe_{1-x}Se_x$ 結構則有可能實現比 FeS 更高 T_c 的超導 [11]。美國杜蘭大學的毛志強和浙江大學的方明虎等在 2008 年實現了最佳超導為 14K 的 $FeTe_{1-x}Se_x$ 材料 [12][13]。$FeTe_{1-x}Se_x$ 材料中同樣存在剩餘 Fe 的問題，$Fe_{1+x}Te$ 和 $Fe_{1+y}Te_{1-x}Se_x$ 中偏離 1：1 配比的剩餘 Fe 將會對系統的磁性和超導造成巨大的影響。如形成自旋玻璃態等中間過渡態，只有剩餘 Fe 幾乎沒有時超導電性才能實現體超導［圖 31-3（b）］[14]。FeSe、FeS、FeTe 三個材料及其互相摻雜構成了鐵基超導家族的「11」體系 [15]，相對其他鐵基超導體系它們的結構最為簡單，單位晶格元胞中只有一個 Fe-Se 原子層 [16]。對比鐵砷化物超導體，除了「1111」和「111」體系是單層 Fe-As 結構外，還有「122」體系是雙層 Fe-As 結構，那麼鐵硒化物超導體中是否存在類似「122」鐵砷超導體的結構呢？這個答案直到 2010 年才被揭曉，中國科學院物理研究所陳小龍研究組的郭建剛等人成功發現了 KFe_2Se_2 超導體，T_c 達到了 30K 以上 [17]。國內多個研究小組也同時在尋求鐵硒類的「122」結構超導體，很快就發現這個家族的其他成員，如方明虎研究組發現的 $(Tl, K)_xFe_2Se_2$[18]、陳仙輝研究組和聞海虎研究組發現的 $Rb_xFe_2Se_2$ 和 $Cs_xFe_2Se_2$ 等 [19-21]，臨界溫度都在 30K以上！粗看起來，「122」型鐵硒超導體和「122」型鐵砷超導體結構幾乎一致，就是夾層中有一個鹼金屬原子。然而人們很快意識到，這類超導體並不容易實現 100% 體超導，原因是存在 Fe 空位 [18]，[21]。實際上，如果配比是 $K_{0.8}Fe_{1.6}Se_2$ 就是一個很好的反鐵磁絕緣體，具有與眾不同的磁結構，後來被改寫成 $K_2Fe_4Se_5$ 相，意味著每 5 個 Fe 裡面存在一個 Fe 空位 [22-25]。真正的超導相，需要 Fe 含量足夠多，如 Fe 為 1.8 以上，更接近「122」相。類似地，在 KFe_2S_2 體系也存在鐵空位的問題，但是結構的變體將更為複雜。把

$K_2Fe_4Se_5$ 相結構一維化，就可以形成準一維的 $BaFe_2Se_3$ 相，被稱為鐵基自旋梯材料[26]。這些情況只是 FeSe 層間夾入了一個鹼金屬原子，因為 FeSe 層間耦合很弱，其實可以塞進更多的複雜結構，比如中國科學技術大學陳仙輝組發現的 $(Li_{1-x}Fe_x)OHFeSe$，即所謂「11111」型鐵基超導體，T_c 高達 43 K[27]。又如插入液氨分子，可以引入多種鹼金屬原子，構成 $(NH_3)_yA_xFeSe$ 結構，A = Li、Na、K、Ba、Sr、Ca、Eu、Yb 等，臨界溫度從 5K 到 40K 不等（圖 31-2）[28]，[29]。FeSe 結構應該還能做更多類型的插層，可探索的材料空間依舊很大[30]。

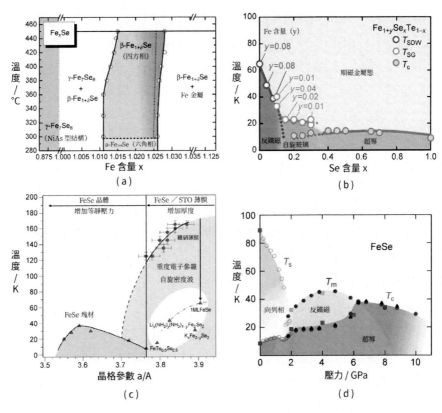

圖 31-3 鐵硒超導體成分結構、化學摻雜與外部壓力相圖[8]，[30]，[31]

（來自 APS ／ JPS ／中國科學技術大學封東來／中國科學院物理研究所孫建平等）

「蛛網交織」的物理相圖

　　鐵硒超導體的物理相圖要比鐵砷化物更為複雜，各種電子態就像蜘蛛網一樣交織在一起。如前面所述，FeSe 或 $FeTe_{1-x}Se_x$ 的超導電性對剩餘 Fe 的存在極其敏感，而 KFe_2Se_2 等又對 Fe 空位極其敏感，似乎只有 Fe：Se＝1：1 的時候，超導才能維持最佳狀態（圖 31-2）[30]。透過分析 FeSe 塊材在高壓下以及 FeSe 薄膜和其他插層鐵硒超導體的晶格參數，還可以構造出一個嶄新的相圖，其中電子摻雜造成了關鍵作用［圖 31-3（c）］[37][42]。不僅是超導，反鐵磁性在鐵硒化物中也是如此，FeSe 本身並不具有磁性，然而隨著外界壓力的增加，其超導臨界溫度會隨之增加然後再減小，在 2GPa 壓力下的超導區之上，反鐵磁性突然出現了[31]。這種反鐵磁結構與鐵砷化物母體中極為類似，超導 T_c 最高能達到 38K，反鐵磁轉變溫度 T_m 最高能達到 45K ［圖31-3（d）］。這種「憑空出現」的反鐵磁區非常令人困惑，關於它的起源理論上有許多猜測，目前實驗尚無統一結論[32]。

「單薄纖毫」的高溫超導

　　優化製備方法後的 FeSe 塊體最高 T_c 是 9K，高壓下能達到 38K，還能不能進一步提高？答案是肯定的。這需要小到 FeSe 的「一根毫毛」——只有一個 Fe 和 Se 原子層的材料：FeSe 單原子層薄膜，簡直是一層薄到無法再薄的薄膜[33]。清華大學的薛其坤研究組發現，如果把 FeSe 單原子層薄膜鍍在 $SrTiO_3$ 襯底上，其超導能隙最大能達到 20meV，T_c 將可以突破 65K 以上（圖 31-4）[34]！更神奇的是，如果鍍上兩個原子層的 FeSe 薄膜，它就不超導了；如果鍍在其他襯底如石墨烯等上，它也不超導！中國科學院物理研究所的周興江研究組以及復旦大學的封東來研究組等對其微觀電子態的研究顯示，單層 FeSe 薄膜是電子型的鐵基超導體，其物理相圖和銅氧化物高溫超導有所類似，$SrTiO_3$ 襯底或許在載流子或電子 - 聲子耦合方面幫助了超導的實現[35-37]。上海交通大學的賈金鋒研究組的輸運實驗還說明，該材料有可

能具有 100K 以上的超導跡象[38]，說明單層 FeSe 薄膜有可能存在更高溫度的超導電性。至今，為何如此「單薄」的鐵硒超導體具有如此之高的 T_c，仍然是一個謎團。單層 FeSe 的探索之路給科學家們許多重要的啟示，尋找高溫超導，或許可以「直搗底層」從原子層和界面上去設計材料，而不是單純尋找塊體材料的超導電性[39]。

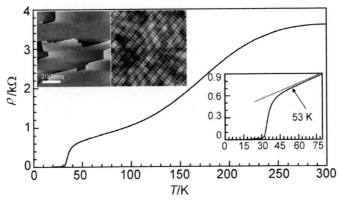

圖 31-4 鐵硒單層薄膜結構與超導能隙[34]
（來自清華大學薛其坤研究組）

「兩頭多臂」的孿生超導

和「1111」型鐵砷化物超導體中「父母帶兩個孩子」的一家四口雙超導區類似，鐵硒化物超導體也被發現常有兩個超導區，而且實現的途徑可以各式各樣。清華大學的薛其坤研究組對 FeSe 薄膜研究情有獨鍾，他們直接在 FeSe 厚膜上撒下電子的「種子」——如 K 原子，就可以實現連續調控的電子摻雜，兩個超導相——低溫超導相和高溫超導相也隨之出現，對應不同的電子濃度[40-42]。中國科學院物理研究所的孫力玲研究組直接對電子摻雜的 $K_{1-x}Fe_{2-y}Se_2$ 體系施加高壓，也能出現雙超導區：原先 30K 左右的超導電性會消失，繼而在 12GPa 附近出現一個高達 48K 的新超導區［圖 31-5（a）］[43]。中國科學院物理研究所的程金光研究組發現，對於重度電子摻雜的 $(Li_{1-x}Fe_x)OHFe_{1-y}Se$，雙超導區現象依然存在，其中第二超導區最高 T_c 達到了 52K，比

第一超導區最高 T_c 提高了 10K 左右〔圖 31-5（b）〕[44]。這一現象同樣適用於插層鐵硒超導體 $Li_{0.36}(NH_3)_yFe_2Se_2$，第二超導區最高 T_c 達到了 55K[45]。出現鐵硒超導體「兩頭多臂」超導的關鍵，就是要合適調控單位體積的載流子濃度，可以透過費米面重構或者晶格壓縮來實現。

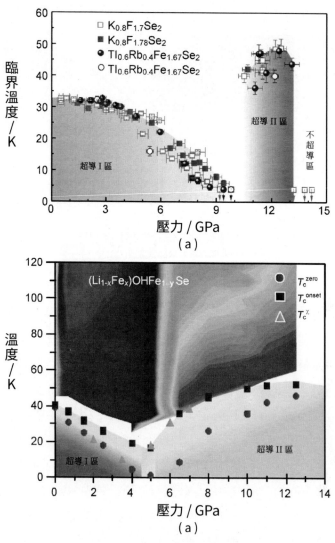

圖 31-5 鐵硒基超導體在摻雜和壓力下的雙超導區 [40-45]

（由中國科學院物理研究所孫力玲／程金光提供）

「流量可控」的超導電性

　　既然載流子濃度對 FeSe 超導電性影響至關重要，那如果繞開化學摻雜和高壓，直接對其進行載流子濃度調控會如何呢？中國科學技術大學的陳仙輝研究組率先開展了 FeSe 超導體的離子門調控，該方法借鑑自半導體物理的研究。利用離子液體門電壓調控可以在材料表面構造一層高電子濃度的結構，果不其然，FeSe 薄層的 T_c 從 10K 迅速提升到了 48K[46]。進一步，採用固體離子門技術，可以輕鬆地把 Li、Na 等固體離子注入到 FeSe 材料內部，不僅增強了超導電性，而且高濃度的離子注入使體系變成具有「122」型的結構，最終走向了絕緣體的命運（圖 31-6）[47]。在 FeSe 薄膜上透過離子液體的電場調控，同樣可以實現 35K 的超導電性[48]。清華大學的于浦和、中國人民大學的于偉強「二於合作」，採取了更為簡單粗暴的電化學法，直接透過離子液體電化學把氫離子注入到樣品體內[49]。該方法同樣成功調節了電子載流子濃度，把體系的超導電性大大提高，可謂是「氫我一下就超導」（圖 31-7）[50]。

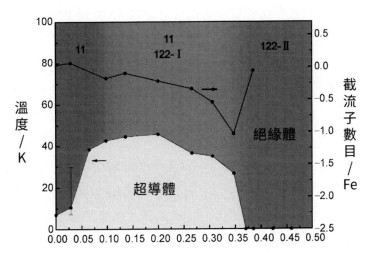

圖 31-6 鐵硒薄層的門電壓離子調控[47]
（來自中國科學技術大學陳仙輝研究組）

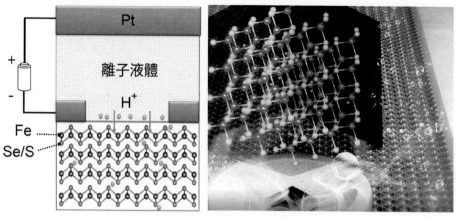

圖 31-7 鐵硒基超導體的氫化離子調控 [49]

（由中國人民大學于偉強提供）

「扭曲破缺」的能隙結構

鐵硒超導體和鐵砷超導體之間最大的不同，就是前者更偏好電子摻雜，後者則電子和電洞皆可超導。儘管 FeSe 塊體的載流子類型同時包括電子和電洞，即同時存在電洞型費米面和電子型費米面，但其常壓超導 T_c 卻在 10K 以下。而單層 FeSe 薄膜、$K_{1-x}Fe_{2-y}Se_2$ 體系、$(Li_{1-x}Fe_x)OHFe_{1-y}Se$ 體系、$Li_{0.36}(NH_3)_yFe_2Se_2$ 體系等，都是電子型甚至是重度電子摻雜的，費米面僅僅剩下了單一電子型的 [33-37][51-56]。即使對同樣存在電洞型費米面的 FeSe 單疇晶體而言，其電洞費米面也不是簡單的圓形，而是縱向拉伸的橢圓形，對應的超導能隙恰恰是橫向扭曲的紡錘形（圖 31-8）[57]。如此高度各向異性的費米面和超導能隙，說明體系中電子軌道有序對超導的影響非常大，這也是為何體系僅有結構相變但無磁性相變的原因 [58]。由此涉及鐵基超導體中的一個重要概念 —— 電子向列相，和晶格固有的四重旋轉對稱性不同，電子性質（如面內電阻、光電導、超導能隙、電子軌道、自旋激發等）將呈現二重對稱性，即電子態發生了對稱性破缺 [59]、[60]。

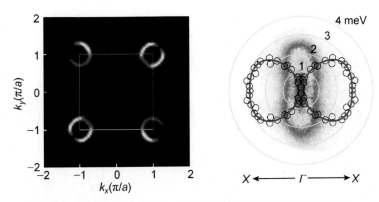

圖 31-8 插層鐵硒超導體的單一電子型費米面與電洞型費米面能隙分布
（來自 APS/ 中國科學院物理研究所周興江研究組）

「實有其表」的拓撲超導

　　鐵硒超導體還有許多更迷人的物理性質，理論上預言該類超導體很有可能實現一種特殊的超導態「拓撲超導」，即能帶結構上會在表面形成拓撲保護的表面態，可以穩定地存在，也極有可能實現馬約拉納費米子 —— 一種正反粒子都是它自己的粒子。這意味著，鐵硒超導材料有可能實現狀態穩定的拓撲量子計算。實驗物理學家經過多年的努力，確實獲得了有關拓撲超導的一些訊息。例如，中國科學院物理研究所的潘庶亨研究組和丁洪研究組合作在 $Fe_{1+y}Te_{1-x}Se_x$ 中發現了馬約拉納費米子的表現之一 —— 零能束縛態[61]，中國科學技術大學王征飛、美國猶他大學劉鋒、清華大學薛其坤、中國科學院物理研究所周興江等合作發現 $FeSe/SrTiO_3$ 薄膜中的一維拓撲邊界態[62]，中國科學院物理研究所丁洪和日本東京大學 Shik Shin 研究組的張鵬等發現 $FeTe_{1-x}Se_x$ 和 $LiFe_{1-x}Co_xAs$ 均存在拓撲表面態[63][64]（圖 31-9）。這些發現說明，拓撲超導或許在鐵基超導體尤其是鐵硒超導體中廣泛存在，如何操控並應用該奇異的電子態成為鐵基超導弱電應用研究的重大課題之一。

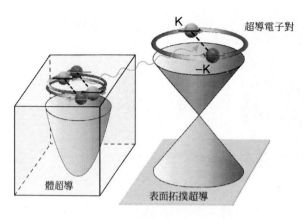
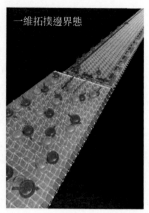

圖 31-9 FeTe$_{1-x}$Se$_x$ 體系中的拓撲超導態 [63]、[64]

（來自中國科學院物理研究所丁洪／孫靜重繪）

　　總結來說，鐵硒化物超導體「看似簡單」，實則「內涵豐富」。是否存在更多體系或更多形式的鐵硒類超導體，臨界溫度是否可能突破液氮溫區，微觀電子態是否可能存在更多的新奇量子物性？這些問題都尚待回答，有關鐵硒基超導體的研究也正在持續不斷地進行中 [65]。

參考文獻

[1]　　唐・釋道宣・續高僧傳・玄奘傳［M］・

[2]　　Terzieff P and Komarek K L. The Paramagnetic Properties of Iron Selenides With NiAs-Type Structure[J]. Monatsheftef für Chemie, 1978, 109: 651-659.

[3]　　Schuster W, MiMer H, Komarek K L. Transition Metal-Chalcogen Systems, Ⅶ.: The Iron ～ elenium Phase Diagram[J]. Monatshefte für Chemie, 1979, 110: 1153.

[4]　　Okamoto H. The FeSe (iron selenium) system[J]. Journal of Phase Equilibria, 1991, 12(3): 383.

[5]　　Hsu F C et al. Superconductivity in the PbO-type structure α-FeSe[J]. Proc. Natl. Acad. Sci. USA, 2008, 105: 14262-14264.

[6]　Mizuguchi Y et al. Superconductivity at 27K in tetragonal FeSe under high pressure[J]. Appl. Phys. Lett., 2008, 93(15):152505.

[7]　Medvedev S et al. Electronic and magnetic phase diagram of β-Fe$_{1.01}$Se with superconductivity at 36.7 K under pressure[J]. Nat. Mat., 2009, 8: 630-633.

[8]　McQueen T M et al. Extreme sensitivity of superconductivity to stoichiometry in Fe$_{1+\delta}$Se[J]. Phys. Rev. B, 2009, 79: 014522.

[9]　McQueen T M et al. Tetragonal-to-Orthorhombic Structural Phase Transition at 90 K in the Superconductor Fe$_{1.01}$Se[J]. Phys. Rev. Lett., 2009, 103: 057002.

[10]　Lai X F et al. Observation of superconductivity in tetragonal FeS[J]. J. Am. Chem. Soc., 2015, 137(32): 10148.

[11]　Subedi A et al. Density functional study of FeS, FeSe, and FeTe: Electronic structure, magnetism, phonons, and superconductivity[J]. Phys. Rev. B., 2008, 78(13): 134514.

[12]　Fang M H et al. Superconductivity close to magnetic instability in Fe(Se$_{1-x}$Te$_x$)$_{0.82}$[J]. Phys. Rev. B, 2008, 78(22): 224503.

[13]　Yeh K W et al. Tellurium substitution effect on superconductivity of the α-phase iron selenide[J]. Europhys. Lett., 2008, 84(3): 37002.

[14]　Katayama N et al. Investigation of the Spin-Glass Regime between the Antiferromagnetic and Superconducting Phases in Fe$_{1+y}$Se$_x$Te$_{1-x}$[J]. J. Phys. Soc. Jpn., 2010, 79: 113702.

[15]　Paglione J, Greene R L. High-temperature superconductivity in iron-based materials[J]. Nat. Phys., 2010, 6: 645-658.

[16]　馬廷燦，萬勇，姜山·鐵基超導材料製備研究進展［J］·科學通報，2009，54（5）：557-568·

[17]　Guo J G et al. Superconductivity in the iron selenide K$_x$Fe$_2$Se$_2$ $(0 \leq x \leq 1.0)$[J]. Phys. Rev. B, 2010, 82: 180520(R).

[18] Fang M Het al. Fe-based superconductivity with T_c=31 K bordering an antiferromagnetic insulator in (Tl, K) Fe_xSe_2[J]. Europhys. Lett., 2011, 94, 27009.

[19] Wang A F et al. Superconductivity at 32 K in single-crystalline Rbx-$Fe_{2y}Se_2$[J]. Phys. Rev. B, 2011, 83: 060512.

[20] Li C H et al. Transport properties and anisotropy of $Rb_{1-x}Fe_{2-y}Se_2$ single crystals[J]. Phys. Rev. B, 2011, 83: 184521.

[21] Ying J J et al. Superconductivity and magnetic properties of single crystals of $K_{0.75}Fe_{1.66}Se_2$ and $Cs_{0.81}Fe_{1.61}Se_2$[J]. Phys. Rev. B, 2011, 83: 212502.

[22] Wang D M et al. Effect of varying iron content on the transport properties of the potassium-intercalated iron selenide $K_xFe_{2-y}Se_2$[J]. Phys. Rev. B, 2011, 83: 132502.

[23] Bacsa J et al. vacancy order in the $K_{0.8+x}Fe_{1.6-y}Se_2$ system: Five-foldcell expansion accommodates 20% tetrahedral vacancies[J]. Chem. Sci., 2011, 2(6): 1054.

[24] Bao W et al. A Novel Large Moment Antiferromagnetic Order in $K_{0.8}Fe_{1.6}Se_2$ Superconductor[J]. Chin. Phys. Lett., 2011, 28: 086104.

[25] Wang M et al. Antiferromagnetic order and superlattice structure in nonsuperconducting and superconducting $Rb_yFe_{1.6+x}Se_2$[J]. Phys. Rev. B, 2011, 84: 094504.

[26] Nambu Y et al. Block magnetism coupled with local distortion in the iron-based spin-ladder compound $BaFe_2Se_3$[J]. Phys. Rev. B, 2012, 85: 064413.

[27] Lu X F et al. Coexistence of superconductivity and antiferromagnetism in $(Li_{0.8}Fe_{0.2})$ OHFeSe[J]. Nat. Mater., 2014, 14: 325.

[28] Ying T P et al. Observation of superconductivity at 30~46 K in Ax-Fe_2Se_2 (A=Li, Na, Ba, Sr, Ca, Yb and Eu)[J]. Sci. Rep., 2012, 2:

426.

[29] Zheng L et al. Emergence of Multiple Superconducting Phases in $(NH_3)_yM_xFeSe$ (M: Na and Li)[J]. Sci. Rep., 2015, 5: 12774.

[30] Pustovit Yu V, Kordyuk A A. Metamorphoses of electronic structure of FeSe-based superconductors[J]. Low Temp. Phys., 2016, 42: 1268-1283.

[31] Sun J P et al. Dome-shaped magnetic order competing with high-temperature superconductivity at high pressures in FeSe[J]. Nat. Commun., 2016, 7: 12146.

[32] Si Q, Yu R, Abrahams E. High-temperature superconductivity in iron pnictides and chalcogenides[J]. Nature Rev. Mater., 2016, 1: 16017.

[33] Liu X et al. Electronic structure and superconductivity of FeSe-related superconductors[J]. J. Phys.: Condens. Matter, 2015, 27: 183201.

[34] Wang Q Y et al. Interface-Induced High-Temperature Superconductivity in Single Unit-Cell FeSe Films on $SrTiO_3$[J]. Chin. Phys. Lett., 2012, 29: 037402.

[35] Liu D F et al. Electronic origin of high-temperature superconductivity in single-layer FeSe superconductor[J]. Nat. Commun., 2012, 3: 931.

[36] He S L et al. Phase diagram and electronic indication of high-temperature superconductivity at 65K in single-layer FeSe films[J]. Nat. Mater., 2013, 12: 605.

[37] Tan S Y et al. Interface-induced superconductivity and strain-dependent spin density waves in $FeSe/SrTiO_3$ thin films[J]. Nat. Mater., 2013, 12: 634.

[38] Ge J-F et al. Superconductivity above 100K in single-layer FeSe films on doped $SrTiO_3$[J]. Nat. Mater., 2015, 14: 285.

[39] Huang D, Hoffman J E. Monolayer FeSe on $SrTiO_3$[J]. Annu. Rev. Condens. Matter Phys., 2017, 8: 311.

[40] Song C-L et al. Observation of Double-Dome Superconductivity in Potassium-Doped FeSe Thin Films[J]. Phys. Rev. Lett., 2016, 116: 157001.

[41] Huang D, Hoffmany J E. A Tale of Two Domes[J]. Physics, 2016, 9: 38.

[42] Peng R et al. Tuning the band structure and superconductivity in single-layer FeSe by interface engineering[J]. Nat. Commun., 2014, 5: 5044.

[43] Sun L-L et al. Re-emerging superconductivity at 48 kelvin in iron chalcogenides[J]. Nature, 2012, 483: 67.

[44] Sun J P et al. Reemergence of high-T_c superconductivity in the $(Li1-_xFe_x)$ $OHFe_{1-y}Se$ under high pressure[J]. Nat. Commun., 2018, 9: 380.

[45] Shahi P et al. High-$T_c$superconductivity up to 55K under high pressure in a heavily electron doped $Li_{0.36}(NH_3)_yFe_2Se_2$ single crystal[J]. Phys. Rev. B, 2018, 97: 020508(R).

[46] Lei B et al. Evolution of High-Temperature Superconductivity from a Low-T_c Phase Tuned by Carrier Concentration in FeSe Thin Flakes[J]. Phys. Rev. Lett., 2016, 116: 077002.

[47] Lei B et al. Tuning phase transitions in FeSe thin flakes by field-effect transistor with solid ion conductor as the gate dielectric[J]. Phys. Rev. B, 2017, 95: 020503(R).

[48] Hanzawa K et al. Electric field-induced superconducting transition of insulating FeSe thin film at 35K[J]. Proc. Natl. Acad. Sci. USA, 2016, 113: 3986.

[49] Cui Y et al. Protonation induced high-T_c phases in iron-based superconductors evidenced by NMR and magnetization measurements[J]. Sci. Bull., 2018, 63: 11.

[50] https://www.sohu.com/a/218374235_199523.

[51] Zhao L et al. Common electronic origin of superconductivity in (Li, Fe)OHFeSe bulk superconductor and single-layer FeSe/SrTiO$_3$ films[J]. Nat. Commun., 2016, 7: 10608.

[52] Mou D X et al. Structural, magnetic and electronic properties of the iron-chalcogenide A$_x$Fe$_{2-y}$Se$_2$ (A=K, Cs, Rb, and Tl, etc.) superconductors[J]. Front. Phys., 2011, 6: 410.

[53] Qian T et al. Absence of a Holelike Fermi Surface for the Iron-Based K$_{0.8}$Fe$_{1.7}$Se$_2$ Superconductor Revealed by Angle-Resolved Photoemission Spectroscopy[J]. Phys. Rev. Lett., 2011, 106: 187001.

[54] Zhang Y et al. Nodeless superconducting gap in A$_x$Fe$_2$Se$_2$ (A=K, Cs) revealed by angle-resolved photoemission spectroscopy[J]. Nat. Mater., 2011, 10: 273.

[55] Mou D X et al. Distinct Fermi Surface Topology and Nodeless Superconducting Gap in a (Tl$_{0.58}$Rb$_{0.42}$) Fe$_{1.72}$Se$_2$ Superconductor[J]. Phys. Rev. Lett., 2011, 106: 107001.

[56] Yan Y J et al. Electronic and magnetic phase diagram in K$_x$Fe$_{2-y}$Se$_2$ superconductors[J]. Sci. Rep. 2, 212(2012).

[57] Liu D F et al. Orbital Origin of Extremely Anisotropic Superconducting Gap in Nematic Phase of FeSe Superconductor[J]. Phys. Rev. X, 2018, 8: 031033.

[58] Wang Q S et al. Magnetic ground state of FeSe[J]. Nat. Commun., 2016, 7: 12182.

[59] Fernandes R M, Chubukov A V, Schmalian J. What drives nematic order in iron-based superconductors[J]. Nat. Phys., 2014, 10: 97.

[60] Yi M, Zhang Y, Shen Z-X and Lu D H. Role of the orbital degree of freedom in iron-based superconductors[J]. npj Quant. Mater., 2017, 2: 57.

[61] Ying J X et al. Observation of a robust zero-energy bound state in

iron-based superconductor Fe(Te, Se)[J]. Nat. Phys., 2015, 11: 543.

[62]　Wang Z F et al. Topological edge states in a high-temperature super-conductor FeSe/SrTiO$_3$ (001) film[J]. Nat. Mat., 2016, 15: 968.

[63]　Zhang P et al. Multiple topological states in iron-based superconduc-tors[J]. Science, 2018, 360: 182.

[64]　Zhang P et al. Multiple topological states in iron-based superconduc-tors[J]. Nat. Phys., 2019, 15: 41.

[65]　Chen X H et al. Iron-based high transition temperature superconduc-tors[J]. Nat. Sci. Rev., 2014, 1: 371-395.

32 鐵匠多面手：鐵基超導材料的基本性質

　　凝聚態物質中的一個非常重要的物理現象就是「層展」（emergency）
[1]。用理論物理大家安德森（P. W. Anderson）的話來說就是「多則不同」
（more is different）[2]。凝聚態物理學的研究源自這樣一個問題：微觀世界的
每一個電子或原子，原則上都可以用量子力學基本方程式 —— 薛丁格方程
式來描述，宏觀物質無非是一個龐大微觀粒子體系，其物理性質是否就可以
用一個龐雜的薛丁格方程組來解釋？答案是否定的。凝聚態物理最重要的特
點就是：「知其一，難知其二，不知其三，甚至 1 ＋ 1 遠大於 2。」首先，
我們現在的物理學並沒有一個很好處理三體以上問題的工具，即使我們知道
單個物體的運動規律，卻無法嚴格解析出多個對象中每個個體的運動規律。
其次，凝聚態物質中粒子數目至少是 10^{23} 量級，它們之間的相互作用是極其
複雜的，構造方程組容易，但是卻無法給出它的嚴格解。再者，在不同粒子
數、空間大小、維度的情形下，物質表現出的性質是可以截然不同的[1]。這
就像哪吒三太子的「三頭六臂」一樣，面臨敵情不同，功能則不同。總之，
在凝聚態物質中，個體行為永遠代替不了整體性質，許多物理現象只有在粒
子群體層面才能展現，而每一層對應的具體微觀理論都不盡相同。

　　我們常說，超導是一種宏觀量子行為，指的是一大群庫珀電子對集體行
為，用電子兩兩配對來描述只不過是一種理想情形下的極度簡化。物理學家
早就認識到了這點，只是面臨實際物理問題的時候，他們仍不自覺地傾向於
用簡單的物理模型。對於大部分超導理論而言，都簡單認為參與超導電性的
電子都是「一類」電子，即屬於單帶超導。這種思想從金屬合金到銅氧化物
超導體研究過程幾乎都是適用的，因為大部分超導體都是單一費米面，很少
人懷疑它的局限性[3]。直到遇見了超導界著名的「二師兄」—— MgB_2，人
們才意識到原來材料裡可以存在多個費米面同時參與超導，即 MgB_2 是一個
兩帶超導體[4]。確實「多了就是不一樣」，同樣是在電子 - 聲子相互作用下

353

形成的超導，單帶情形下的金屬單質鈮 T_c=9K，金屬合金 Nb$_3$GeT_c=23K，多帶體系 MgB$_2$ 就能達到 T_c=39K ！更多的多帶超導體隨後被確認，這些材料具有多個費米面和超導能隙等，尋找合適的多帶超導體系，或許是突破臨界溫度的一種途徑 [5][6]。基於此鋪墊，在鐵基超導體發現之後，科學家們很快就意識到這個新的高溫超導家族，也屬於多帶超導體。原因在於鐵原子內部的電子排布，鐵基超導體中一般為 Fe^{2+} 離子，剝掉最外層 2 個電子後，次外層處於 $3d$ 軌道上的 6 個電子就被「暴露」出來了，它們都有機會參與超導 [7]。

　　鐵基超導材料的「多面手」特徵其實在前面幾節已經提及，如它具有很多個材料體系，每個元素位置都有多種摻雜方式來誘發超導，電子態相圖可以是多維度構造，超導和磁性母體區域可以是多個並存等 [8]。本節不再重複介紹這些內容，而是探討它的另外幾種性質上的「多」。

多電子軌道

　　如前所述，鐵基超導體核心導電的就是 Fe^{2+} 離子，屬於 $3d$ 過渡金屬元素。按照原子中電子軌道（s、p、d、f 等）排布方式，鐵原子的 $3d$ 電子軌道有 5 個：$3d_{xy}$，$3d_{xz}$，$3d_{yz}$， $3d_{x^2-y^2}$，$3d_{z^2}$。前 4 者的軌道電子雲形狀都是十字梅花形，只是分別處於 xy、xz、yz 平面和 xy 平面對角線而已，最後一個軌道電子雲是一個紡錘形（圖 32-1）[9]。這些 $3d$ 電子軌道具有一定的節點和節線，在某些特殊的位置出現機率為零。這 5 類電子都可以參與鐵基超導電性的形成，造成了鐵基超導理論研究的多參數局面，困難頓時翻了好幾倍。此外，xz 和 yz 的電子軌道還容易發生簡併，即從能量上無法區分。因此，鐵基超導體中的多軌道物理，從一開始就給研究者帶來了困擾。

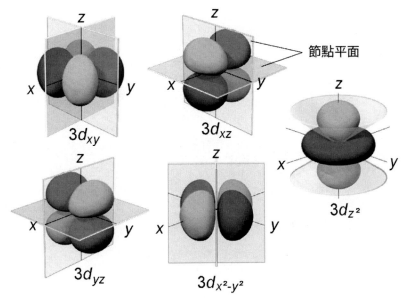

圖 32-1 3d 電子軌道（電子雲）
（孫靜繪製）

多載流子類型

　　因為鐵基超導體的多軌道物理，參與導電的載流子也可以是兩類共存：電洞和電子。所謂「電洞」，指的是電子群體的一種等效描述，如一群（價帶）電子失去一個電子，就等效於產生一個帶正電的電洞。在鐵基超導體中，鐵離子既容易得到電子，也容易失去電子，所以參與的載流子數目有帶負電的電子，也有帶正電的電洞（圖 32-2）。這有點類似於半導體中的電洞和電子的概念，只是在鐵基超導體中，電洞或電子的濃度都遠遠超過了半導體[10]。尚未摻雜的鐵基超導母體從一開始就是壞金屬，不是半導體或絕緣體，也不是導電能力強的「好」金屬。傳統的電荷輸運理論在鐵基超導裡面變得非常複雜起來，例如對於單帶體系，利用霍爾效應可以很輕鬆判斷載流子類型，但在多帶的鐵基超導體中，卻可能出現非線性的霍爾效應和多變的霍爾係數[11]。

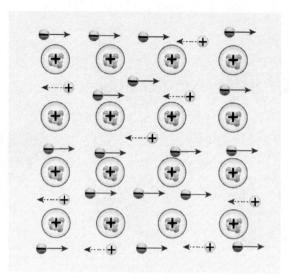

圖 32-2 電洞和電子載流子共存

（孫靜繪製）

多費米面／能帶

　　鐵基超導體的多軌道和多載流子特性深刻展現在了電子能帶和費米面結構上。確實就像哪吒的「三頭六臂」，對於鐵基超導體來說，其每一條電子能帶就可能由多個軌道組成，即不同能量和動量處由不同的電子軌道占據。到了費米能，就會有多個軌道的多個電子能帶穿越，形成多個小的費米面口袋，而不是一個整齊劃一的費米面[12]。一般來說，鐵基超導體的費米面由處於布里淵區中心的 2 ～ 6 個電洞型費米口袋和處於布里淵區角落的 1 ～ 4 個電子型費米口袋組成，對應著電洞和電子兩類載流子（圖 32-3）[13]。我們通常把同一個費米口袋稱為一個能帶，可能由多個不同的電子軌道組成，而且它們各自的占據率可以不太一樣。儘管鐵基超導體晶體結構是準二維的，每一個費米口袋也往往不是一個非常嚴格的二維圓筒狀，某些材料中甚至可以形成三維結構的費米面[14]。如此複雜的微觀電子態下的導電機制都很難理清楚，要認識超導的形成機理更是充滿困難。

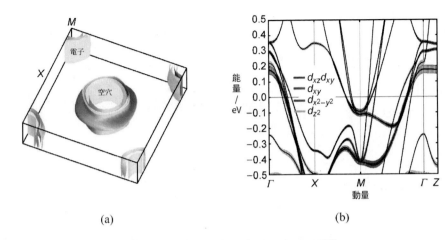

(a)　　　　　　　　　　　　(b)

圖 32-3 CaKFe$_4$As$_4$ 的費米面和電子能帶結構[13]

（來自 APS）

多超導能隙

　　既然鐵基超導體的費米面實際
上是多個小費米口袋的「多面手」，
那麼每個費米口袋上的超導能隙就可
以不盡相同。進入超導態後，幾乎每
一個費米口袋都會形成超導能隙，電
洞型和電子型的超導能隙差異可以很
大（圖 32-4）[15][16]。考慮到費米口袋
的三維特性，在三維布里淵區來看的
話，超導能隙也可以是三維化的，即
在鐵砷面外的方向上存在超導能隙大
小的調變，嚴重情形下甚至可以形成
能隙的節點 —— 某些特殊動量空間
點上的能隙為零[17]。

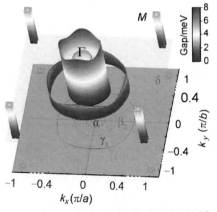

圖 32-4 Ba$_{0.6}$K$_{0.4}$Fe$_2$As$_2$ 費米面上的超導能隙[15]

（洪文山／吳定松繪製）

鐵基超導體的「多面手」特質無疑給鐵基超導機理的研究困難雪上加霜。實驗上，需要精確測量每個費米口袋甚至每個動量點的能隙大小；理論上，需要分析能隙調變的本質原因並探究可能的電子配對模式；進一步，還

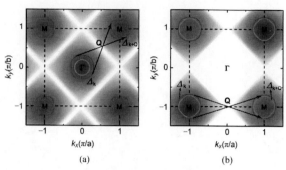

圖 32-5 費米面對應下的 $s\pm$ 超導配對機制 [23]
（謝濤／洪文山繪製）

需要分析不同電子軌道占據和它們各自對超導電性的具體貢獻。即便如此，理論家們根據實驗結果，還是給出了可能的鐵基超導機理模型，其中最被廣泛接受的，就是 $s\pm$ 超導配對機制 [18-22]。我們知道，對於電子 - 聲子配對形成超導的常規金屬超導體而言，它們的能隙往往是各向同性的 s 波。在鐵基超導體裡，大部分實驗都證明超導能隙是「全能隙」形式 —— 不存在能隙的節點或節線。個別情況下會有可能存在能隙節點，也有可能多能帶中某一個能帶的能隙極小。如果考慮到材料中的庫侖排斥作用，不同載流子類型的費米面就會被強行分立，在動量空間形成多個費米口袋，連接它們的是一個有限大小的動量轉移尺度 Q。進一步，因為反鐵磁相互作用的存在，導致 Q 連接下的兩個費米口袋上的能隙符號是相反的，一類是正號，另一類是負號〔圖 32-5（a）〕[23]。如果兩個費米口袋在平移 Q 波向量之後存在某種程度的可重疊效應，那麼就稱為它們之間存在費米面「配套」行為，相應的配對或散射效應會大大增強 [24]。$s\pm$ 超導配對機制又被稱為「符號相反的 s 波超導」，被越來越多的實驗證據所證實。需要特別指出的是，儘管早期的理論要求 $s\pm$ 超導配對必須在對應的電洞和電子口袋上發生，但是之後的實驗證據表明，在兩個電子口袋之間甚至是同個電子口袋的不同部分，也是可以發生 $s\pm$ 超導配對的〔圖 32-5（b）〕[25]。看似簡單的 s 波超導，被鐵基超導體中的「多」玩出來許多花樣，成為鐵基超導機理研究的最大困難。

參考文獻

[1]　于淥，郝柏林・邊緣奇蹟：相變和臨界現象 [M]・北京：科學出版社，2005・

[2]　Anderson P W. More is different[J]. Science, 1972, 177: 393.

[3]　He R H et al. From a single-band metal to a high-temperature superconductor via two thermal phase transitions[J]. Science, 2011, 331: 1579.

[4]　Buzea C, Yamashita T. Review of the superconducting properties of MgB_2[J]. Supercond. Sci. Technol., 2001, 14: R115-R146.

[5]　Nagao H et al. Superconductivity in Two-Band Model by Renormalization Group Approach[J]. Int. J. Mod. Phys. B, 2002, 16: 3419.

[6]　Vagov A et al. Superconductivity between standard types: Multiband versus single-band materials[J]. Phys. Rev. B, 2016, 93: 174503.

[7]　Paglione J, Greene R L. High-temperature superconductivity in iron-based materials[J]. Nat. Phys., 2010, 6: 645-658.

[8]　Chen X H et al. Iron-based high transition temperature superconductors[J]. Nat. Sci. Rev., 2014, 1: 371-395.

[9]　Kotz J C, Treichel P M, Townsend J. Chemistry and Chemical Reactivity[M]. Brooks/Cole Publishing Co., 2012.

[10]　Singh D J and Du M H. Density Functional Study of $LaFeAsO_{1-x}F_x$: A Low Carrier Density Superconductor Near Itinerant Magnetism[J]. Phys. Rev. Lett., 2008, 100: 237003.

[11]　Luo H Q et al. Normal state transport properties in single crystals of $Ba_{1-x}K_xFe_2As_2$ and $NdFeAsO_{1-x}F_x$[J]. Physica C, 2009, 469: 477.

[12]　Stewart G R. Superconductivity in iron compounds[J]. Rev. Mod. Phys., 2011, 83: 1589.

[13]　Mou D et al. Enhancement of the Superconducting Gap by Nesting in $CaKFe_4As_4$: A New High Temperature Superconductor[J]. Phys. Rev. Lett., 2016, 117: 277001.

[14]　Richard P et al. Fe-based superconductors: an angle-resolved photo-emission spectroscopy perspective[J]. Prog. Phys., 2011, 74: 124512.

[15]　Ding H et al. Observation of Fermi-surface-dependent nodeless superconducting gaps in $Ba_{0.6}K_{0.4}Fe_2As_2$[J]. Europhys. Lett., 2008, 83: 47001.

[16]　Wu D et al. Spectroscopic evidence of bilayer splitting and strong interlayer pairing in the superconductor $KCa_2Fe_4As_4F_2$[J], Phys. Rev. B, 2020, 101: 224508.

[17]　Zhang Y et al. Nodal superconducting-gap structure in ferropnictide superconductor $BaFe_2(As_{0.7}P_{0.3})_2$[J]. Nat. Phys., 2012, 8: 371.

[18]　Korshunov M M, Eremin I. Theory of magnetic excitations in iron-based layered superconductors[J]. Phys. Rev. B, 2008, 78: 140509(R).

[19]　Chubukov A V, Efremov D V, Eremin I. Magnetism, superconductivity, and pairing symmetry in iron-based superconductors[J]. Phys. Rev. B, 2008, 78: 134512.

[20]　Maier T A et al. Neutron scattering resonance and the iron-pnictide superconducting gap[J]. Phys. Rev. B, 2009, 79: 134520.

[21]　Mazin I, Schmalian J. Pairing symmetry and pairing state in ferropnictides: Theoretical overview[J]. Physica C, 2009, 469: 614.

[22]　Seo K J et al. Pairing Symmetry in a Two-Orbital Exchange Coupling Model of Oxypnictides[J]. Phys. Rev. Lett., 2008, 101: 206404.

[23]　Aoki H, Hosono H. A superconducting surprise comes of age[J]. Physics World, 2015, 28(2): 31.

[24]　Johnson P D, Xu G, Yin W-G et al. Iron-Based Superconductivity[M]. Springer, New York, 2015.

[25]　Du Z Y et al. Sign reversal of the order parameter in $(Li_{1-x}Fe_x)$ $OHFe_{1-y}Zn_ySe$[J]. Nat. Phys., 2018, 14: 134.

33　銅鐵鄰家親：鐵基和銅基超導材料的異同

　　超導的研究歷程，特別是超導材料的探索之路，總是充滿坎坷和驚喜。1986 年，銅氧化物高溫超導的發現，距離 1911 年發現的第一個超導體──金屬汞已經整整 75 年，此前大家為麥克米倫極限的存在而充滿悲觀。2008 年，鐵基超導的出現，是銅氧化物高溫超導研究步入第 22 個年頭。此刻，高溫超導的研究已陷入一片迷惘和不知所措，BCS 理論在銅氧化物、重費米子、有機超導等非常規超導材料中失效，而高溫超導伴隨的物理現象又極其複雜多變難以理解，加上其天生的易脆和高度各向異性等多種應用缺陷。正在物理學家為要不要放棄高溫超導研究而重度糾結的時候，鐵基超導的出現，恰到好時機地點亮了前所未有的新希望之光[1]。作為新一代高溫超導家族，鐵基超導材料為高溫超導的研究開闢了許多新通路，銅氧化物材料研究累積的大量困惑將可以在這個「高溫二代」中加以檢驗、澄清甚至是完全解答。高溫超導機理，乃至非常規超導機理，有望在鐵基超導研究中最終取得突破[2]。

　　雖然鐵基超導的發現要比銅氧化物超導材料晚了不少年，但是，鐵基超導卻恰如其分地，如同在超導機理已知的 BCS 常規金屬合金超導體，和超導機理充滿爭議的銅氧化物超導體之間，建立了一座堅實的鐵基鋼架橋，讓高溫超導機理研究變得「有路可循」（圖 33-1）。整體來說，一方面是因為鐵基超導的臨界溫度（常壓和高壓下塊體最高均可達 55K）居於常規超導（最高 40K）和銅基高溫超導（常壓下最高 134K，高壓下最高 165K）之間；另一方面是因為鐵基超導材料的結構和物性既像常規金屬超導體也像銅氧化物超導體。例如，鐵基超導材料母體天生就是金屬導體，結構上多為正交相，結構單元以鐵砷或鐵硒面為主，可以透過摻雜來實現超導等[3]。

　　在這一節，將著重對比鐵基和銅基兩大高溫超導家族的異同，部分內容在前面已經出現，此節將較簡略地加以介紹。

結構與費米面

　　對於大部分金屬合金超導體來說，其結構普遍為立方結構（體心或面心立方），電子濃度相對比較高。在銅氧化物中，晶體結構往往是非常典型的準二維層狀結構，即 Cu-O 平面和其他氧化物層的堆疊構成，前者通常稱為「導電層」，後者則稱為「載流子層」。顧名思義，就是 Cu-O 面負責超導電子傳輸導電，而其夾心部分則負責提供盡可能多的載流子 [4]。鐵基超導體同樣是層狀結構，以 Fe-As 或 Fe-Se 層（以下簡稱 Fe-As 層）為基本單元，導電層也主要發生在這個面。區別在於，Cu-O 面往往是比較平整的（$YBa_2Cu_3O_{7-x}$ 除外），但是 Fe-As 層同時考慮 Fe 和 As 的話則是起伏不平的。銅氧化物的載流子可以來自載流子庫，也可以來自 Cu-O 面的氧空位，鐵基超導體中引入載流子同樣可以在 Fe-As 面內和面外實現。因為 As 原子的存在，Fe-As-Fe 這類間接相互作用也就顯得重要起來，研究發現，As-Fe-As 的鍵角對 T_c 的影響非常大 [2][5]，似乎只有在 $FeAs_4$ 為完美正四面體時才具備最高的 T_c。對應地，銅氧化物中則是 Cu-O 面的層數越多，T_c 越高（僅在三層以內適用）。雖然 Cu 和 Fe 同屬於 $3d$ 過渡金屬，但是銅基和鐵基超導體的費米面則從單帶變成了多帶。鐵基超導體的多重費米面，意味著多電子軌道和多能帶的參與對超導或許是有利的。從這個意義上來說，鐵基超導最接近的常規超導體應該是 MgB_2 —— 一個同樣具有層狀結構和多重費米面的超導材料，臨界溫度非常接近 40K（圖 33-2）[6]。

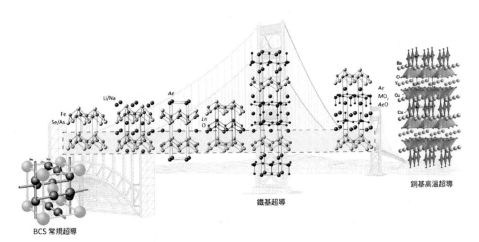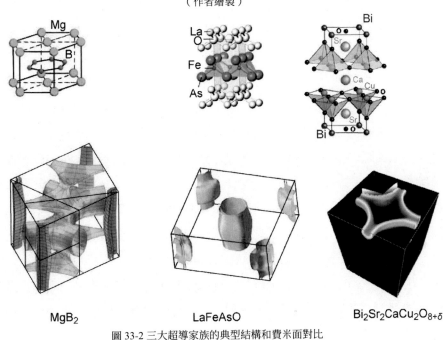

圖 33-1 鐵基超導是連接 BCS 常規超導和銅基高溫超導的橋梁
（作者繪製）

圖 33-2 三大超導家族的典型結構和費米面對比
（孫靜繪製）

電子態與相圖

銅基高溫超導最令人抓狂的特點之一就是它具有非常複雜的電子態相圖，隨著電洞或電子載流子的引入，存在反鐵磁、自旋玻璃、電荷密度波、自旋密度波、贗能隙、超導態等多種電子態，相互之間還存在共存和競爭的關係，要理順都非常困難。如果我們大刀闊斧地把這張複雜的相圖加以簡化，最終留下最顯著的三個特徵：反鐵磁、贗能隙和超導（圖 33-3）。摻雜的意義在於抑制長程的反鐵磁有序態，從而催生超導態的出現，同時不可避免地在超導和反鐵磁相變溫度之上就出現一個贗能隙態。同樣地，也可以簡化鐵基超導體的相圖，它將包括三個基本單元：反鐵磁、電子向列相和超導（圖 33-3）[7]。這與銅氧化物存在驚人的類似，同樣是摻雜抑制反鐵磁而誘發超導，且在相變溫度之上就存在電子態奇異狀態 —— 電子向列相。類似於液晶材料中分子排列對稱性出現無序相、向列相、近晶相、晶體相，電子向列相就是打破晶格四重對稱性下出現的二重對稱電子態，或者說是電子態出現了對稱性破缺（圖 33-4）[8]，[9]。如果說贗能隙態是銅氧化物中電子「預配對」造成的，那麼鐵基超導中的電子向列相就是超導和反鐵磁的「預有序態」，因為後兩者的對稱性與向列相中電子態保持一致 [10]。鐵基超導與銅氧化物的電子態也存在一些差異：銅氧化物中電子摻雜和電洞摻雜的母體實際上結構略有區別，嚴格上來說它們無法算是同一個「母體」（注意圖中電洞和電子摻雜兩側對應母體反鐵磁溫度並不相同）；鐵基超導則完全可以從同一個母體出發，在不同原子位置摻雜來引入電洞或電子載流子。銅基的母體為反鐵磁莫特絕緣體，鐵基的母體則為反鐵磁壞金屬。銅基中贗能隙之下往往出現強烈的超導漲落和複雜的各種電荷有序態（包括電子向列相、電荷密度波等），鐵基中的電子向列相則較為純粹，超導漲落區間也相對要小得多。令人鬱悶的是，銅基和鐵基高溫超導體中的反鐵磁、超導態、贗能隙和向列相，都沒有完全理解其微觀起源問題 [2]，[7]。

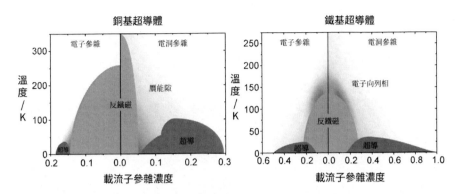

圖 33-3 銅基和鐵基超導的「最簡相圖」對比 [7]
（作者繪製）

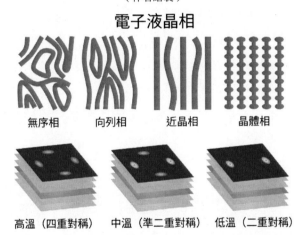

圖 33-4 高溫超導體中的「電子液晶相」（上）及其對稱性（下）[8-10]
（來自萊斯大學）

磁性與自旋漲落

　　既然銅基和鐵基超導電性都起源於對反鐵磁母體的摻雜，而且超導往往出現在反鐵磁被部分甚至全部抑制之後，那麼磁性物理（包括磁結構和磁激發）的研究，對理解高溫超導微觀機理就至關重要了。事實上，不僅是高溫超導體，對於重費米子超導體和有機超導體等非常規超導材料而言，都有類

似的電子態相圖，說明磁性相互作用具有非常重要的作用。回顧常規金屬合金超導體中的 BCS 微觀理論，就可以發現，其實之前僅僅考慮了電荷相互作用——帶負電的電子和帶正電的離子實之間的庫侖相互作用，使得兩個電子之間透過交換虛聲子而發生配對。到了高溫超導，自旋已經成為不得不考慮的一個重要因素，電荷＋自旋的超導配對機理問題也就變得異常複雜起來。對於銅基超導體母體，其反鐵磁結構為「奈爾型」，即 Cu 的四方格子上只要相鄰的兩個磁矩都是反平行的。對於鐵基超導體母體，其反鐵磁結構多為「共線性」，即沿 a 方向為反鐵磁的反平行排列，但是沿著 90°的另一個 b 方向則是鐵磁的平行排列，反鐵磁態下磁結構和晶體結構都是面內二重對稱的。注意鐵砷基超導材料和鐵硒基超導材料的磁結構也存在區別，後者可以是「雙共線型」、「塊狀反鐵磁型」、「準一維自旋梯型」等特殊結構（圖 33-5）。反鐵磁性長程有序結構的存在，意味著強烈的磁性相互作用，它也會在動力學上呈現很強的磁激發（自旋漲落），其激發能量大小大約在 200meV，銅基和鐵基兩者的母體磁激發（即自旋波）無論是強度還是色散關係都非常相近 [11]。

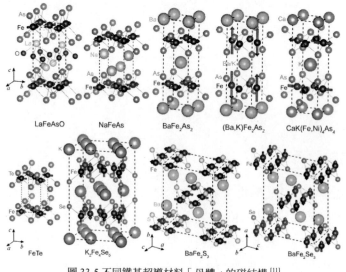

圖 33-5 不同鐵基超導材料「母體」的磁結構 [11]

（龔冬良繪製）

　　高溫超導體中磁性與超導的密切關係，不僅展現在靜態的相圖中反鐵磁序和超導態之間的共存和競爭，還展現在動態的磁激發中對超導態的響應。主要包括兩個方面：一是進入超導態之後因為超導能隙的形成，費米面附近的電子態密度丟失，磁激發在低能段也會消失，形成所謂「自旋能隙」；二是進入超導態之後，在某個能量附近的磁激發會得以增強，其溫度響應關係就像一個超導序參數，稱這個現象為「自旋共振」。自旋共振其實就是超導體中庫珀電子對的一種集體激發模式 —— 當其中一個電子自旋發生翻轉時，與其配對的電子也會發生反應，而量子相干凝聚的電子對群體也會隨之一起響應，形成電子 - 電洞對的一種激發態，也即自旋態發生了共振[12]。非常令人驚奇的是，對於銅氧化物來說，幾乎所有的超導體系都存在自旋共振現象，而且共振的中心能量與 T_c 成一個 5 倍左右的線性正比關係，這個關係在鐵基超導體中仍然成立[13],[14]。不僅如此，考慮到某些材料可能具有多個共振模式和超導能隙，可以發現自旋共振能量也和超導能隙成線性正比，比例係數為 0.64（圖 33-6）[15]。可以說，自旋共振是高溫超導體乃至幾乎所有非常規超導體的「磁性指紋」，是磁性參與超導電性過程的最為有力的證據。一般來說，自旋共振是超導能隙尺度以內的一種行為，但鐵基超導體中的自旋共振差異化比較大。儘管如此，鐵基超導中的自旋共振模在細節上，也能出現類似於雙層銅氧化物中的兩類 c 方向的「奇」、「偶」調變方式，以及特殊的朝下色散關係，說明兩者極有可能存在共同的起源（圖 33-7）[16],[17]。即使進入超導態，長程的反鐵磁序消失了，仍存在很強的自旋漲落，或許是超導配對的關鍵之一。

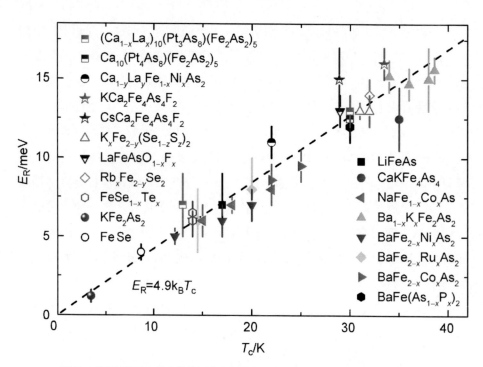

圖 33-6 鐵基超導體中的自旋共振能與超導能隙和臨界溫度的線性標度關係 [14]、[15]
（作者繪製）

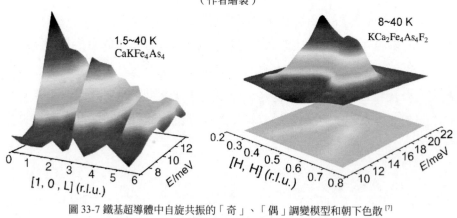

圖 33-7 鐵基超導體中自旋共振的「奇」、「偶」調變模型和朝下色散 [7]
（謝濤／洪文山繪製）

電子關聯強度

　　理解高溫超導最大的困難，在於其電子和電子之間存在強烈的關聯行為。對於電子 - 聲子耦合方式形成的 BCS 超導電性而言，電子配對主要是因為和晶格發生相互作用，因為配對電子實際上仍有相當遠的空間距離（幾倍甚至幾十倍晶格單位長度），電子和電子之間是不存在強烈的相互作用的。然而，到了必須考慮磁性相互作用的高溫超導材料中，一切就變得不一樣了。高溫超導體中強烈的磁性相互作用，導致自旋磁矩靜態上會形成反向排列的反鐵磁態。假如挪動一個電子／電洞的位置，那麼自旋和電荷是一起挪走的，相鄰的兩個位置就突然變成了同向排列的鐵磁態，它將不得不嘗試恢復反鐵磁的狀態 —— 結果就是自旋磁矩發生翻轉，誘發出一串自旋鏈條的「漣漪」 —— 自旋漲落。因為自旋關聯效應是非常強烈且長期的，結果就是「牽一髮而動全身」，幾乎材料中所有的電子磁矩都會為之動盪。此時，我們就稱之為「強關聯效應」，本質在於電子的位能遠大於其動能 [18]。因為強關聯效應的存在，我們不能再像傳統的金屬材料那樣把電子看作「近自由」的，而是必須考慮集體效應，研究對象從 1，一下子就漲到了 10^{23}（亞佛加厥常數）個，理論就此崩潰了。銅基超導體中的電子關聯效應是非常之強的，導致高溫超導微觀機理遲遲得不到解決。而對於鐵基超導體而言，這種關聯效應則要弱得多，但比傳統金屬材料要強。如此關鍵的鐵基超導體，對微觀機理的研究來說是非常有利的，也是「橋梁」作用的重要展現之一 [11]。不過，不能高興太早，因為鐵基超導「中規中矩」的特點，它也具有兩面性 —— 基於費米面附近的巡游電子和基於鐵的局域磁矩同時對超導和磁性有貢獻，兩者很難區分你我，這又為鐵基超導研究帶來了新的煩惱（圖33-8）[3][11][19]。

　　總結來說，鐵基超導體和銅基超導體兩者之間存在多種類似性，但又有明顯的差異性。雖然鐵基超導的臨界溫度遠不如銅基超導的最高臨界溫度，但是它的發現有著非凡的意義。具有多個體系結構的鐵基超導材料可以作為

一面多變的鏡子，把之前銅基超導乃至所有非常規超導研究中的混亂不堪分辨清楚，哪個是特例，哪個符合普遍規律，哪個與超導機制直接相關，都在鏡面下無所遁形[20]。相比較而言，電子關聯強度非常強的銅氧化物超導體對理論挑戰巨大，臨界溫度非常之低的重費米子超導體對實驗測量挑戰巨大，化學性質不太穩定的有機超導體對樣品製備挑戰巨大，這些問題到了鐵基超導體裡都自然迎刃而解。經過數年的鐵基超導基礎研究，必將有效解決高溫超導或非常規超導微觀機理的問題！

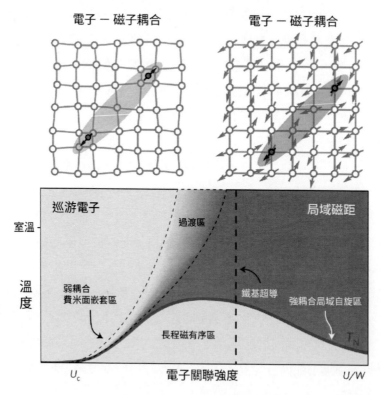

圖 33-8 （上）不同的超導電子配對「膠水」；（下）鐵基超導處於巡游電子與局域磁矩過渡區 [11]，[18]
（由清華大學翁徵宇／萊斯大學戴鵬程提供）

參考文獻

[1] Aoki H, Hosono H. A superconducting surprise comes of age[J]. Physics World, 2015, 28(2): 31.

[2] Chen X H et al. Iron-based high transition temperature superconductors[J]. Nat. Sci. Rev., 2014, 1: 371-395.

[3] Si Q, Yu R, Abrahams E. High-temperature superconductivity in iron pnictides and chalcogenides[J]. Nature Rev. Mater., 2016, 1: 16017.

[4] 張裕恆·超導物理 [M] ·合肥：中國科學技術大學出版社，2009·

[5] Okabe H et al. Pressure-induced high-T_c superconducting phase in FeSe: Correlation between anion height and Tc[J]. Phys. Rev. B, 2010, 81: 205119.

[6] Nagamatsu J et al. Superconductivity at 39 K in magnesium diboride[J]. Nature, 2001, 410: 63-64.

[7] Johnson P D, Xu G, Yin W-G et al. Iron-Based Superconductivity[M]. Springer, New York, 2015.

[8] Qian Q et al. Possible nematic to smectic phase transition in a two-dimensional electron gas at half-filling[J]. Nat. Commun., 2017, 8: 1536.

[9] Kivelson S A, Fradkin E, Emery V J. Electronic liquid-crystal phases of a doped Mott insulator[J]. Nature, 1998, 393: 550-553.

[10] http://news.rice.edu/2014/07/31/study-finds-physical-link-to-strange-electronic-behavior/.

[11] Dai P, Hu J, Dagotto E. Magnetism and its microscopic origin in iron-based high-temperature superconductors[J]. Nat. Phys., 2012, 8: 709.

[12] Eschrig M. The effect of collective spin-1 excitations on electronic spectra in high-T_c superconductors[J]. Adv. Phys., 2006, 55: 47.

[13]　戴鵬程，李世亮．高溫超導體的磁激發：探尋不同體系銅氧化合物的共同特徵 [J]．物理，2006，35：837．

[14]　Xie T et al. Neutron Spin Resonance in the 112-Type Iron-Based Superconductor[J]. Phys. Rev. Lett., 2018, 120: 137001.

[15]　Yu G et al. A universal relationship between magnetic resonance and superconducting gap in unconventional superconductors[J]. Nat. Phys., 2009, 5: 873.

[16]　Xie T et al. Odd and Even Modes of Neutron Spin Resonance in the Bilayer Iron-Based Superconductor $CaKFe_4As_4$[J]. Phys. Rev. Lett. 2018, 120 2: 67003.

[17]　Hong W et al. Neutron Spin Resonance in a Quasi-Two-Dimensional Iron-Based Superconductor[J]. Phys. Rev. Lett. 2020, 125: 117002.

[18]　You Y Z, Weng Z Y. Coexisting Itinerant and Localized Electrons[J]. arXiv: 1311.4094.

[19]　Dai P. Antiferromagnetic order and spin dynamics in iron-based superconductors[J]. Rev. Mod. Phys., 2015, 87: 855.

[20]　羅會仟．鐵基超導的前世今生 [J]．物理，2014，43（07）：430-438．

34 鐵器新時代：鐵基超導材料的應用

　　超導研究的重要目的之一，就是讓超導的零電阻、完全抗磁性、宏觀量子效應等獨特性質得以廣泛應用並造福人類。但是令人十分遺憾的是，超導的應用絕大部分都局限在金石時代的材料——金屬合金超導體。例如，在超導磁體、電動機、儲能等強電應用裝置上使用的大部分是 Nb-Ti 合金或者 Nb₃Sn 等，基於超導約瑟夫森結的超導量子干涉儀（SQUID）等弱電應用組件也是以 Nb 為主，超導高頻微波諧振腔更是以純 Nb 腔體為主要技術。對於銅氧化物高溫超導體，儘管 T_c 要高得多，如第 22 節「天生我材難為用」所講述的，因為天生脆弱和強烈各向異性等問題，其應用也是相當困難的。目前而言，銅氧化物高溫超導體的強電應用遠未能達到 Nb-Ti 線材同等的規模，弱電方面則在超導量子干涉儀和超導濾波器方面有少量應用。鐵基超導材料的發現，意味著超導歷史進入一個嶄新的「白鐵時代」，關於鐵基超導應用方面的研究，也剛剛拉開帷幕 [1]。

　　鐵基超導體具有典型的層狀結構，相當於 Fe-As 或 Fe-Se 層的堆疊，這與銅基超導體類似又不同。儘管鐵基母體就已是巡游性較強的金屬態，在面內仍存在很強的局域相互作用，在面間則可能存在超導相位差甚至能隙變號（注：銅基材料是面內存在能隙變號的 d 波超導體）[2-4]。利用鐵基超導這種獨特的性質，或許可製備新穎的量子組件（圖 34-1）。事實上，因為鐵基超導具有很強的金屬性，部分鐵基超導體就是金屬間化合物，薄膜組件的製備和加工工藝與傳統金屬超導體接近。基於鐵基超導薄膜的直流 SQUID 組件於 2010 年得以研製，並成功觀測到了週期的電壓調變和磁通噪音譜（圖 34-2）[5]。

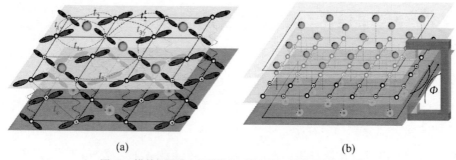

(a)　　　　　　　　　　　　　　(b)

圖 34-1 鐵基超導體中複雜的相互作用和可能的相位組件 [3]

（由中國科學院物理研究所胡江平提供）

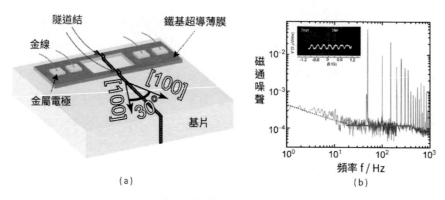

（a）　　　　　　　　　　　　　（b）

圖 34-2 基於鐵基超導薄膜的 SQUID 組件 [5]

（由東京工業大學 Hideo Hosono 提供 (9)）

　　基於 MgO 帶材的鐵基超導塗層導體臨界電流突破了 $10^5 A/cm^2$，預示鐵基超導巨大的應用潛能 [6-9]。類似地，銅基材料中 $YBa_2Cu_3O_{7-x}$ 也適合做塗層導體，主要是為了盡量保持結晶取向一致以克服材料中的強烈各向異性問題 [1]。所謂超導態各向異性，就是面內上臨界場與面外上臨界場的比值 γ，與材料本徵特性以及溫度相關。在各向異性度很大的情形下，面外上臨界場要小得多。如果晶粒取向雜亂無章的話，只要外界磁場高於面外上臨界場，就會徹底破壞超導態，對強電應用是極其不利的。為此，$YBa_2Cu_3O_{7-x}$ 塗層導體的晶粒取向偏差角度必須在 5°以內。鐵基超導材料具有很高的上臨界場，從 50 ～ 200T 不等，幾乎和銅基超導體相當（圖 34-3）[1]。但是，對於鐵基

超導體而言，超導各向異性並不大，例如 $Ba_{1-x}K_xFe_2As_2$ 各向異性度 γ 在低溫下幾乎為 1，其他鐵基超導體的 γ 也不超過 5[10-12]。對於超導區域不同的摻雜點的各向異性度也會略有變化，如 $BaFe_{2-x}Ni_xAs_2$ 中 γ 從 1 變化到 3 左右，與具體的費米面形狀有關（圖 34-3）[13]。正是因為鐵基超導近乎各向同性，意味著可以大大降低工藝的複雜度，晶粒取向偏差約束不再是必須因素，強電應用大有希望[14]。

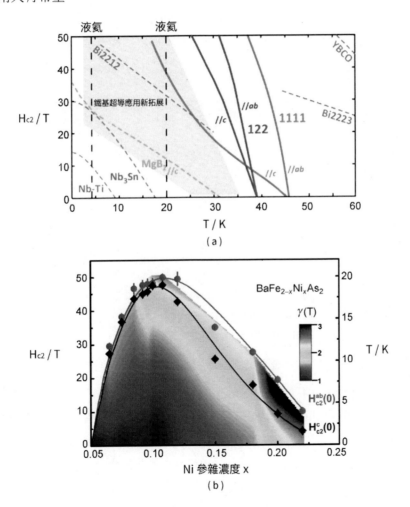

圖 34-3 鐵基超導體的上臨界場及其各向異性[1]、[13]
（來自中國科學院電工研究所馬衍偉／作者繪製）

　　無論是銅基還是鐵基超導體，它們都是二類超導體。因此，對它們的強電應用而言，有關磁通動力學的問題是無法迴避的。銅氧化物屬於極端二類超導體，磁通動力學行為非常豐富，特別是磁通可運動區域非常之大，必定產生很大的能量消耗，也是應用最大的煩惱之一 [15]、[16]。鐵基超導體中的磁通渦旋也能形成三角格子，同樣存在豐富的動力學行為，從磁通固態，到磁通玻璃態，再到磁通液態（圖 34-4）[17-21]。相對來說，鐵基超導的磁通動力學區域範圍並不大，對強電應用也是相對有利的。但是，有關鐵基超導材料磁通運動方面的研究目前非常少，也極其不成系統，或多或少對強電應用的發展造成了障礙。

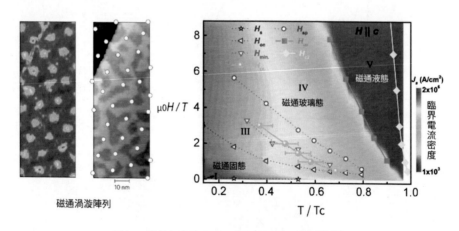

磁通渦旋陣列

圖 34-4 鐵基超導的磁通渦旋陣列和磁通相圖 [17]、[20]
（由安徽大學單磊／東南大學施智祥提供）

　　超導強電應用的一大重要輸出，就是超導磁體，特別是 14T 以上的高場磁體，在高能粒子加速器、高解析功能核磁共振造像、人工可控核融合等方面都具有不可替代的重要用途。超導磁體實現方式有兩種：超導塊磁體和超導線圈磁體 [1]。傳統永磁體如鐵氧體等中原子磁矩排列成方向一致的鐵磁態，超導塊磁體則是由多個超導塊材堆疊在一起來實現的，超導線圈磁體就是基於電磁感應螺線管原理實現的電磁鐵。因為超導材料電阻為零，一旦在線圈磁體內部通入電流並保持線圈閉合，那麼磁體產生的磁場就是穩定存在

不會衰減的（圖 34-5）。如今醫院採用的核磁共振造像儀大都是超導磁體，較強的磁場（約 3T）是一直存在於超導線圈裡，所以檢測房間不能帶入任何金屬或磁性物品。超導磁體的應用極度依賴於超導線材的臨界電流密度，一般來說，在 4.2K 下，臨界電流密度 J_c 在 $10^5 A/cm^2$ 量級被視為滿足應用基本標準 [22]。超導磁體使用最為廣泛的傳統 Nb-Ti 線中的 J_c，隨磁場增加會劇烈衰減。銅基超導體的 J_c 也能滿足甚至超越這一標準，但同樣有隨磁場衰減問題和強烈各向異性的問題。鐵基超導體的 J_c 隨不同體系存在很大差異，其中最強的為「122」型結構的 $Sr_{1-x}K_xFe_2As_2$ 或 $Ba_{1-x}K_xFe_2As_2$，完全達到了 $10^5 A/cm^2$ 的實用化標準，鐵基超導線材在工程臨界電流密度上已經可以和其他實用化超導線帶材相比擬（圖 34-6）[1]。採用類似 Bi2212 圓線製備技術——粉末套管法 [23]，可以製備出多芯的鐵基超導圓線，需要採用銀、銅、鈮等作為包套金屬材料來保護線材。中國科學院電工研究所、日本國立材料研究所、日本東京大學、美國佛羅里達大學等前後成功製備了鐵基超導線材 [1]，J_c 突破了 $10^5 A/cm^2$，進一步實現實用化必須製備盡可能長的線材。2014 年，中國科學院電工研究所馬衍偉團隊成功研製出世界首根基於銀包套的鐵基超導一百公尺級長線（圖 34-7）[24][25]。基於鐵基超導長線技術，中國科學家正在緊鑼密鼓地展開鐵基超導多芯長線和實用磁體的研製。

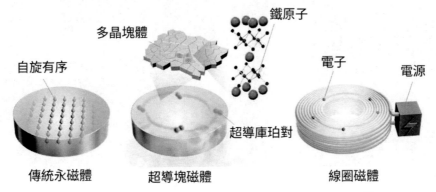

圖 34-5 磁體應用的三種例子：永磁體、超導塊磁體、線圈磁體 [1]

（由東京工業大學 Hideo Hosono 提供）

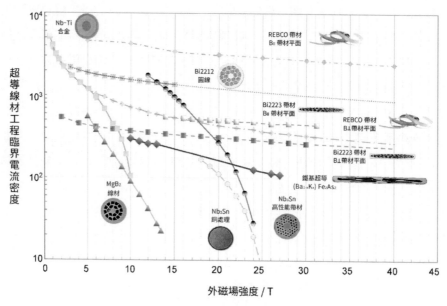

圖 34-6 各種超導線帶材的臨界電流密度 [1]

（由中國科學院電工研究所馬衍偉／作者繪製）

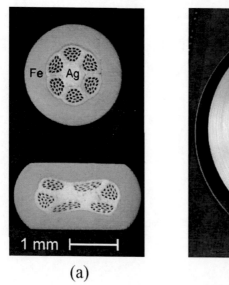

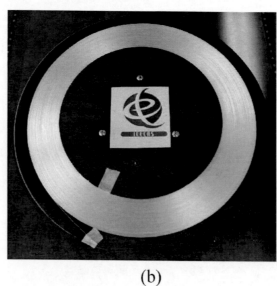

(a)　　　　　　　　　　　　　　　(b)

圖 34-7 鐵基超導線帶材

（a）鐵基超導線帶材剖面圖；（b）世界首根一百公尺鐵基超導線材 [1]

（由中國科學院電工所馬衍偉研究組提供）

　　總之，儘管鐵基超導材料的臨界溫度並不是特別高，它極小的各向異性和優異的加工性能，是強電和弱電應用的重要基礎。我們還要注意的是，大部分鐵基超導材料屬於鐵砷化物，具有很強的毒性，而且含有的鹼金屬或鹼土金屬比較多，對空氣很敏感。因此，大規模製備鐵基超導薄膜、線材、帶材等都是一項非常大的挑戰。相比之下，鐵硒類超導體不具備毒性，部分結構的材料 T_c 能夠達到 40K 以上，也是大有應用前景的，只是臨界電流密度還需要大幅度提高，製備工藝也尚處於摸索階段。希望在未來，鐵基超導也能在新一代超導應用中大展身手。

參考文獻

[1]　Hosono H et al. Recent advances in iron-based superconductors toward applications[J]. Mater. Today, 2018, 21: 278-302.

[2]　Chen X H et al. Iron-based high transition temperature superconductors[J]. Nat. Sci. Rev., 2014, 1: 371-395.

[3]　Hu J, Hao N. S_4 Symmetric Microscopic Model for Iron-Based Superconductors[J]. Phys. Rev. X, 2012, 2: 021009.

[4]　Si Q, Yu R, Abrahams E. High-temperature superconductivity in iron pnictides and chalcogenides[J]. Nature Rev. Mater., 2016, 1: 16017.

[5]　Katase T et al. DC superconducting quantum interference devices fabricated using bicrystal grainboundary junctions in Co-doped $BaFe_2As_2$ epitaxial films[J]. Supercond. Sci. Technol., 2010, 23: 082001.

[6]　Katase T et al. Advantageous grain boundaries in iron pnictide superconductors[J]. Nat. Commun., 2011, 2: 409.

[7]　Iida K et al. Epitaxial Growth of Superconducting $Ba(Fe_{1-x}Co_x)_2As_2$ Thin Films on Technical Ion Beam Assisted Deposition MgO Substrates[J]. Appl. Phys. Express, 2011, 4: 013103.

[8]　Katase T et al. Biaxially textured cobalt-doped $BaFe_2As_2$ films with

high critical current density over 1 MA/cm^2 on MgO-buffered metal-tape flexible substrates[J]. Appl. Phys. Lett., 2011, 98: 242510.

[9]　Trommler S et al. The influence of the buffer layer architecture on transport properties for BaFe$_{1.8}$Co$_{0.2}$As$_2$ films on technical substrates[J]. Appl. Phys. Lett., 2012, 100: 122602.

[10]　Yuan H et al. Nearly isotropic superconductivity in (Ba, K) Fe$_2$As$_2$[J]. Nature (London), 2009, 457: 565.

[11]　Hunte F et al. Two-band superconductivity in LaFeAsO$_{0.89}$F$_{0.11}$ at very high magnetic fields[J]. Nature (London), 2008, 453: 903.

[12]　Zhang J et al. Upper critical field and its anisotropy in LiFeAs[J]. Phys. Rev. B, 2011, 83: 174506.

[13]　Wang Z et al. Electron doping dependence of the anisotropic superconductivity in BaFe$_{2-x}$Ni$_x$As$_2$[J]. Phys. Rev. B, 2015, 92: 174509.

[14]　Sato H et al. Enhanced critical-current in P-doped BaFe$_2$As$_2$ thin films on metal substrates arising from poorly aligned grain boundaries[J]. Sci. Rep., 2006, 6: 36828.

[15]　聞海虎・高溫超導體磁通動力學和混合態相圖（Ⅰ）［J］・物理，2006，35（01）：16-26・

[16]　聞海虎・高溫超導體磁通動力學和混合態相圖（Ⅱ）［J］・物理，2006，35（02）：111-124・

[17]　Shan L et al. Observation of ordered vortices with Andreev bound states in Ba$_{0.6}$K$_{0.4}$Fe$_2$As$_2$[J]. Nat. Phys., 2011, 7: 325.

[18]　Yang H et al. Fishtail effect and the vortex phase diagram of single crystal Ba$_{0.6}$K$_{0.4}$Fe$_2$As$_2$[J]. Appl. Phys. Lett., 2008, 93: 142506.

[19]　Haberkorn N et al. Enhancement of the critical current density by increasing the collective pinning energy in heavy ion irradiated Co-doped BaFe$_2$As$_2$ single crystals[J]. Supercond. Sci. Technol., 2018, 31: 065010.

[20] Zhou W et al. Second magnetization peak effect, vortex dynamics and flux pinning in 112-type superconductor $Ca_{0.8}La_{0.2}Fe_{1-x}Co_xAs_2$[J]. Sci. Rep, 2016, 6: 22278.

[21] Sheng B et al. Multiple Magnetization Peaks and New Type of Vortex Phase Transitions in $Ba_{0.6}K_{0.4}Fe_2As_2$[J]. arXiv: 1111.6105.

[22] Lin H et al. Large transport J_c in Cu-sheathed $Sr_{0.6}K_{0.4}Fe_2As_2$ superconducting tape conductors[J]. Sci. Rep., 2014, 4: 6944.

[23] Scanlan R M et al. Superconducting Materials for Large Scale Applications[J]. Proc. IEEE, 2004, 92: 1639.

[24] Ma Y W. Development of high-performance iron-based superconducting wires and tapes[J]. Physica C, 2015, 516: 17-26.

[25] Zhang X P et al. First performance test of the iron-based superconducting racetrack coils at 10 T[J]. IEEE Trans. Appl. Supercond., 2017, 27: 7300705.

第 6 章　雲夢時代

　　繼鐵基超導材料遍地開花之後，人們探索新超導材料的腳步不曾遲疑。因為人們有一個終極的夢想，像科幻電影裡那樣浮在雲端的室溫超導體終將實現，超導的大規模實用化或將成為可能。

　　激勵人心的是，高壓下的室溫超導探索在近年來進展神速，高壓成為了探索室溫超導體的強大工具之一。常壓室溫超導體的夢想，也許並不遙遠！

　　隨著材料科學技術的進步，各種合成方法和調控手段越來越豐富多元，材料計算和預測能力大大加強，實驗研究手段不斷發展。科學家們找到了許多意料之外的新超導材料或結構，令人困惑許久的非常規超導機理研究突破在即，超導應用在不斷孕育新天地。

　　相信在未來世界，超導一定是矚目的材料明星，終有一天走進千家萬戶，服務於人們工作和生活的各個方面。

35 室溫超導之夢：探索室溫超導體的途徑與實現

　　從事超導研究的科學家們，有一個終極的夢想，那就是尋找到可實用化的室溫超導材料。還記得科幻電影《阿凡達》裡描述的潘朵拉星嗎？那裡有著富饒的室溫超導礦石──Unobtanium，它足以讓一座座大山懸浮在空中（圖 35-1）。地球人類甚至不惜一切代價，哪怕是摧毀外星人的家園，也要掠奪過來。這足以說明，室溫超導材料堪稱無價之寶，人類或許在地球上找不到，也夢想在別的外星球上去獲得[1]。有趣的是，在比特幣盛行之後的今天，Unobtanium 已經搖身一變，成為了眾多虛擬數字貨幣之一──超導幣（UNO）（圖 35-2）。超導幣一共有 25 萬個，目前單個市值 300 元新臺幣左右，遠不及高溫超導材料寶貴。

圖 35-1 電影《阿凡達》裡的神祕懸浮大山
（來自 Avatar Wiki）

圖 35-2 Unobtanium「室溫超導礦石」和虛擬幣
（來自 Avatar Wiki）

所謂室溫超導，指的是在地球室溫環境下（通常默認是 300K，也即 27℃）就能夠實現零電阻和完全抗磁性的超導材料。這意味著，室溫超導材料對應的超導臨界溫度必須在 300K 以上。事實上，自從超導材料被發現以來，人們就沒有停止過對室溫超導的嚮往和探索。甚至可以說，諸如有機超導體、重費米子超導體、銅氧化物高溫超導體、鐵基超導體等都是室溫超導探索之路上的偶然發現 [2]。

圖 35-3 疑似「室溫超導磁懸浮」
（來自 arXiv）

直到最近，人們還在孜孜不倦地追求室溫超導材料。全球最大的論文預印本網站 arXiv.org 經常報導出各種「室溫超導體」，比如 2016 年哥斯達丁洛夫（Ivan Kostadinov）就聲稱他找到了臨界溫度為 373K 的超導體，他沒有公布這個超導體的具體成分，甚至為了保密把他的研究單位寫成了「私人研究所」[3]。又如一隊科學研究人員聲稱在巴西某個石墨礦裡找到了室溫超導體，並且做了相關研究並正式發表了論文 [4]。還有，在 2018 年 8 月，兩位來自印度的科學研究人員號稱在金奈米陣列裡的奈米銀粉存在 236K 甚至是室溫的超導電性，並且有相關的實驗數據 [5]。毫無疑問，這些聲稱的「室溫超導體」，都是很難經得住推敲和考證的，它們很難被重複實驗來驗證。有的根本沒有公布成分結構或者製備方法，就無法重複實驗；有的實驗現象極有可能是假象；有的實驗數據極有可能不可靠。關於 373K 超導的材料，所謂的「室溫超導磁浮」實驗更像是幾塊黑漆漆的材料堆疊在磁鐵上而已（圖 35-3）[6]。關於 236K 超導那篇論文中的數據就被麻省理工學院的科學研究人員質疑，因為實驗數據噪音模式「都是一樣的」，這在真實實驗中是不可能出現的事情 [7]。這確實是令人沮喪的，絕大部分室溫超導體都這麼不可靠，那麼該相信誰？

　　事實的真相比這個還要悲觀，在探索室溫超導之路上，除了我們熟知的那些類別的超導體之外，其實還有許多聲稱超導的材料。科學家借助 UFO（Unidentified Flying Object，不明飛行物）的概念，戲稱這些材料為 USO（Unidentified Superconducting Object），即「不明超導體」[3][8]。的確，這些不明超導體長得千奇百怪，有金屬的液體溶液，有高壓淬火的 CuCl 和 CdS，也有看似正常的過渡金屬氧化物或者其薄膜，還有和銅氧化物等超導材料特別類似的，也有在特殊超導材料基礎上摻雜的。它們的超導臨界溫度，從 35 ～ 100K，甚至到 400K！相關的實驗證據有的是零電阻，有的是抗磁性，也有兩者皆有（圖 35-4）。不明超導體似乎看起來都像是超導體，但是它們有一個共同特徵 —— 無法被科學研究同行的實驗廣泛驗證。關於這些奇怪超導的研究，都因為無法重複而不了了之，最終被大家所恥笑和忘卻。

USO（Undentified Superconducting Objects）

材料成分	疑似 Tc/K	零電阻	抗磁性
金屬 -NH_3 溶液	180 ～ 190	✕	✕
CuCl（高壓淬火）	100	✓	✓
CdS（高壓淬火）	77	✕	✓
$Ca_{10}Cu_{17}O_{29}$	80	✓	✓
Na_xWO_3	90 ～ 130	✕	✓
$Ag_xPbO_{1+6\delta}$	285	✓	✓
$Ag_xPb_6CO_9$	340	✓	✓
Nb-Ge-Al-O 薄膜	44	✓	✓
La-Ca-Cu-O	227	✕	✓
La-Sr-Nb-O	290	✓	✓
C-S	35	✕	✓
$Ag-Sr_2RuO_4$	200 ～ 250	✕	✓
TiB_2	295	✕	✕

材料成分	疑似 Tc/K	零電阻	抗磁性
多壁奈米碳管	400	×	×
Ag-Au 奈米結構	236	√	√

圖 35-4　「不明超導體」（USO）舉例
（作者繪製）

即使如此，人們心目中的那個室溫超導之夢，依舊縈繞不止。無論是美國、日本還是中國，都前後啟動過以室溫超導材料探索為遠景目標的科學研究專案。日本科學界甚至明確指出要探索 400K 以上的超導體，為的就是在室溫下可以規模化應用。只是，這些專案，目前尚未給出任何一個令人驚喜的答案，室溫超導探索，依舊是漫漫長路。

如何尋找到更高臨界溫度甚至是室溫之上的超導材料，科學家們可謂是絞盡腦汁。遙想當年，無論是實驗家馬蒂亞斯總結的「黃金六則」，還是理論家麥克米倫劃定的 40K 紅線作為「看不見的天花板」，都先後被證明並不準確，甚至可能帶來誤導。況且，如重費米子和鐵基超導等，都是打破「禁忌」的超導材料，其發現似乎充滿各種偶然性和意外性。我們還能憑藉經驗尋找到室溫超導體嗎？可以這麼說：沒有任何一種可靠理論說明室溫超導體並不存在，也沒有任何一種限制可以阻止我們追逐室溫超導的夢想，更沒有任何一條有用的經驗能幫助我們尋找到室溫超導體。話雖如此，科學家們還是總結了高溫超導中的若干共性現象，並試圖建立高溫超導的「基因庫」。這些「高溫超導基因」，可以是過渡金屬材料的 $3d$ 電子，可以是電子-電子之間的強關聯效應，可以是準二維的晶體結構和低濃度的載流子數目，可以是強烈的各向異性度和局域的關聯態，可以是多重量子序的複雜競爭……線索有很多，但是哪一條有效尚屬未知 [3]。

尋找室溫超導之路，有三條可以嘗試走：（1）合成新的材料；（2）改進現有材料；（3）特殊條件調控材料 [9]。其中第（2）條是顯而易見的，比如改進現有的銅氧化物高溫超導材料的質量，對其進行化學摻雜等改造，以期獲得更高臨界溫度的超導體。特殊條件調控，指的是利用高溫、高壓、磁場、

光場、電場等方式調控材料的狀態，在更高溫度下形成超導態。合成新的材料是最困難的，因為沒有可靠的經驗能夠告訴我們室溫超導在哪裡，只能「摸黑」去探索。

　　部分科學家認為，有機材料裡面，室溫超導體的可能性最大。原因有很多，最大的原因在於有機材料的種類非常豐富，裡面冒出一兩個室溫超導體，「並不奇怪」。不過也需要特別小心的是，有機材料以及一些碳材料中，非常容易得到微弱的抗磁性或者出現電阻率下降的現象。早在多年以前，就有人認為奈米碳管中存在 262K 甚至 636K 的「室溫超導」，這裡只能說是「疑似」，因為其數據只是電阻存在一個下降而已，零電阻和抗磁性並不同時存在。基於碳單質的材料可以變化多端，也成為大家設計室溫超導體的樂園。科學家基於自己的直覺，設計出了多個苯環化合物、多個富勒烯結構、奈米碳管包覆富勒烯、由富勒烯或奈米碳管為單元的「超級石墨烯」等（圖 35-5）[10-13]。這些材料以目前的技術是難以合成的，但隨著人們對量子操控技術的掌握，也許在將來的某一天真的可以實現，也有可能覓得一兩個室溫超導體呢！

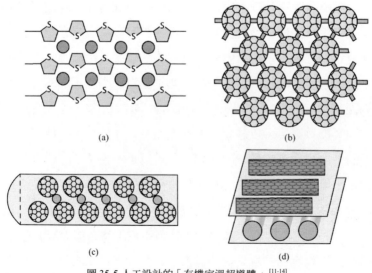

(a)　　(b)　　(c)　　(d)

圖 35-5 人工設計的「有機室溫超導體」[11-14]
（孫靜繪製）

　　如果選取了合適的調控手段，室溫超導也是有機會被發現的。結合 X 射線自由電子雷射和脈衝強磁場，美國史丹佛大學的科學家發現高溫超導體中可以誘導出一種三維的電荷密度波態，意味著電荷相互作用更為強烈，更高臨界溫度的超導電性有可能實現[14]。德國馬普所的科學家們利用紅外線「加熱」高溫超導體內部的電子，讓它們更為活躍地形成庫珀電子對，在增強 Cu-O 面間的耦合前提下，電子對甚至可以存活於室溫之上（圖 35-6）[15]。不過如此形成的室溫超導的壽命是極短的，大概只有 10^{-12} 秒，所以又被稱為「瞬態室溫超導」。尋找到更適合調控電子配對的方法，讓庫珀電子對的相干凝聚更為穩定，或許是走向真正室溫超導的可能道路之一。

　　超導探索之路上的多次驚喜和教訓已經告訴我們，室溫超導之夢並不是遙不可及。隨著人們對超導認識的深入和科學技術的不斷進步，將來必定能夠發現室溫超導，夢想總有成為現實的那一天。

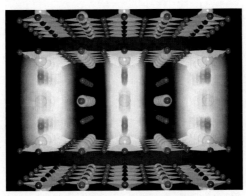

圖 35-6 光增強下的「瞬態室溫超導」[16]

參考文獻

[1]　羅會仟．室溫超導體，科幻還是現實 [N]．科技日報，2016-07-21．

[2]　Marouchkine A. Room-Temperature Superconductivity[M]. Cambridge International Science Publishing, 2004.

[3] Kostadinov I Z. 373 K Superconductors[J]. arXiv: 1603.01482, 2016-03-04.

[4] Precker C E et al. Identification of a possible superconducting transition above room temperature in natural graphite crystals[J]. New J. Phys., 2016, 18: 113041.

[5] Thapa D K et al. Coexistence of Diamagnetism and Vanishingly Small Electrical Resistance at Ambient Temperature and Pressure in Nanostructures[J]. arXiv: 1807.08572, 2018-05-28.

[6] http://www.373k-superconductors.com/.

[7] Skinner B. Repeated noise pattern in the data of arXiv: 1807.08572[J]. arXiv: 1808.02929, 2018-08-08.

[8] Geballe T H. Paths to higher temperature superconductors[J]. Science, 1993, 259: 1550.

[9] Pulizzi F. To high-T_c and beyond[J]. Nat. Mater., 2007, 6: 622.

[10] Heeger A J et al. Solitons in conducting polymers[J]. Rev. Mod. Phys., 1988, 60: 781.

[11] Andriotis A N et al. Magnetic Properties of C_{60} Polymers[J]. Phys. Rev. Lett., 2003, 90: 026801.

[12] Heath J R, Rather M A. Molecular Electronics[J]. Physics Today, 2003, 5: 43.

[13] Mickelson W et al. Packing C_{60} in Boron Nitride Nanotubes[J]. Science, 2003, 300: 467.

[14] Gerber S et al. Three-Dimensional Charge Density Wave Order in $YBa_2Cu_3O_{6.67}$ at High Magnetic Fields[J]. Science, 2015, 350: 949.

[15] Mankowsky R et al. Nonlinear lattice dynamics as a basis for enhanced superconductivity in $YBa_2Cu_3O_{6.5}$[J]. Nature, 2014, 516: 71.

36 壓力山大更超導：壓力對超導的調控

　　壓力，是一種神奇的力量。科學家們認為，地球生命的起源，就極有可能來自大洋深處的高壓熱泉。地球的內部，滾動著高溫高壓的熔岩，形成的地磁場讓生命免遭高能宇宙射線的危害。在材料科學中，壓力是一種高效合成材料和調控其物性的重要手段。壓力能夠讓材料發生許多神奇的變化，比如黑漆漆的一塊石墨，在高溫高壓下，就有可能變成閃閃耀眼的金剛石。所以，鍾情鑽石的朋友們該醒悟到，它和石墨同樣是碳原子組成的，一點也不稀有。如今，這種人工技術合成的鑽石，足以達到 11 克拉以上，看上去和天然鑽石差別並不大，和石墨的區別也僅僅在於「壓力山大」而已。

　　在超導材料研究中，高壓是非常重要的方法。在高壓下，原材料之間互相接觸緊密，化學反應速度要遠遠大於常壓情況，極大地提高了材料製備的效率。常用的高壓合成方法有很多，比如多面頂高溫高壓合成和高壓反應釜合成等 [1]。前者比較複雜，外層是個球殼，傳壓介質包裹著裡面的八面球壓砧，然後頂上六面頂壓砧，再壓上一個四面體的傳壓介質，最裡面才是樣品材料（圖 36-1）。如此設計的層層壓力傳遞，最終就能在比較狹小的空間裡實現幾十萬個大氣壓（約 20GPa）。高壓反應釜則比較適合液相合成，將原料放在液體中並將其高壓密封，溫度升高後壓力會更高，有利於某些樣品的生長（圖 36-1）。借助高溫高壓，能實現不少常壓下得不到的材料。對於某些特殊材料，如一些籠狀化合物，在常壓下是難以穩定存在或合成的。包裹著甲烷等籠狀水合物，又稱為「可燃冰」，就是海洋深處高壓下形成的。一些高壓下合成的籠狀結構超導材料，如 Ba_8Si_{46} 材料，臨界溫度約為 8K（圖 36-2）[2]，[3]。許多硼化物等硬度很高的材料，也需要借助高壓合成來完成。

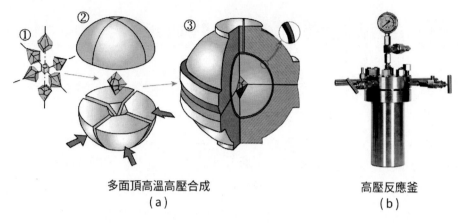

多面頂高溫高壓合成
（a）

高壓反應釜
（b）

圖 36-1 高壓合成裝置舉例
（孫靜繪製）

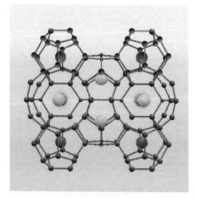

圖 36-2 「籠狀」超導體 Ba_8Si_{46} [2]，[3]
（孫靜繪製）

在高溫超導探索中，高溫高壓合成同樣是神兵利器。鐵基超導材料在 2008 年年初被發現之後，在短短的數週之內，臨界溫度從 26K 提升到了 55K，靠的就是高溫高壓合成的高效率和高純度 $ReFeAsO_{1-x}F_x$（Re = La，Ce，Pr，Nd，Sm……）樣品 [4]。銅氧化物超導材料同樣可以借助高溫高壓合成，例如 $Ca_2CuO_2Cl_2$ 就是一種需要高壓合成的銅氧化物高溫超導體，它的結構與最早發現的銅氧化物超導體 $La_{2-x}Ba_xCuO_4$（214 結構）非常類似 [5]，後者母體為 La_2CuO_4。中國科學院物理研究所的靳常青研究組和日本東京大學的內田慎一等合作，就在高溫高壓下實現了同樣為 214 結構的 $Ba_2CuO_{4-\delta}$ 材料，臨界溫度高達 73K〔圖 36-3（a）〕[6]。這意味著高臨界溫度超導體，未必一定需要借助元素替代摻雜來實現。而南京大學的聞海虎研究組，則借助高溫高壓成功合成了一類液氮溫區的銅氧化物超導體 $(Cu, C)Ba_2Ca_3Cu_4O_{11+\delta}$（$T_c$=116K）[7]，並在此基礎上

發現了類似結構的另一類新高溫超導材料 $GdBa_2Ca_3Cu_4O_{10+\delta}$ 或 $GdBa_2Ca_2Cu_3O_{8+\delta}$（$T_c$=113K）、$GdBa_2Ca_5Cu_6O_{14+\delta}$（$T_c$=82K）等〔圖 36-3（b）〕[8]。這類材料與擁有常壓下最高臨界溫度紀錄的 $HgBa_2Ca_2Cu_3O_{8+\delta}$（Hg-1223 體系，$T_c$=133K）體系具有相似的結構[9]，但並不具有毒性，且具有非常好的超導應用參數。

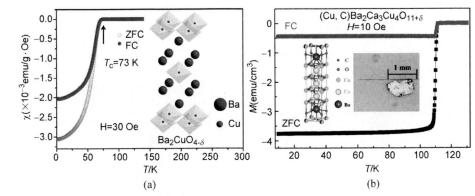

圖 36-3 高壓合成的新型銅氧化物超導體 [6]、[8]
（由中國科學院物理研究所靳常青和南京大學聞海虎提供）

　　和高溫高壓合成的「先天性」高壓相比，「後天性」的高壓也可以調控超導材料的特徵，尤其是臨界溫度。後期加高壓的方法有很多，有類似高溫高壓的多面對頂壓砧（約 30GPa），也有活塞圓筒結構的高壓包（約 2GPa），還有瞬間爆炸釋放的超高壓力（約 1,000GPa）等。最常用的就是金剛石「對頂壓砧」：用將兩塊尖端磨平的金剛石頂對頂壓樣品，最高靜態壓力可以達到數百萬個大氣壓（約 400GPa）。有意思的是，金剛石對頂壓砧靠的就是它的最強硬度，大部分用的是高溫高壓合成的人造金剛石，因為純度要高且價格不太貴。利用金剛石的透光特性，可引入電磁輻射（如 X 射線等）來標定材料受到的實際壓力，或測量材料的光譜特性（圖 36-4）。至於電學或磁學測量，則需要單獨引出測量引線或外加線圈，難度也是非常大的。

　　對於大部分銅氧化物高溫超導體而言，高壓往往有利於提升 T_c，比如利用高壓，Hg-1223 體系的臨界溫度可進一步提高到 164K，是名副其實的高溫

超導體 [10]。於是，在角逐超導臨界溫度紀錄的征途上，高壓下的物性測量，成為「錦上添花」的好辦法。對於不超導的材料，壓一壓，也許超導了。對於已經超導的材料，壓一壓，也許臨界溫度提高了。對於高溫超導體，再壓一壓，也許臨界溫度就突破紀錄了。有些科學家甚至堅信：「無論任何材料，只要壓力足夠，它就會超導！」科學家們拿著壓力這個工具，幾乎掃遍了元素週期表，發現大量在常壓下並不超導的非金屬元素，在高壓下是可以超導的 [11]。而對於金屬元素，高壓下則有可能進一步提升 T_c，其中溫度 Ca 單質，在 216GPa 下 T_c=29K （圖 36-5） [12]。

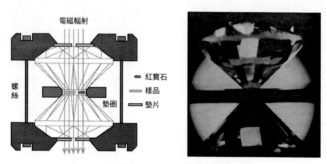

圖 36-4 基於金剛石對頂壓砧的高壓測量

（孫靜繪製）

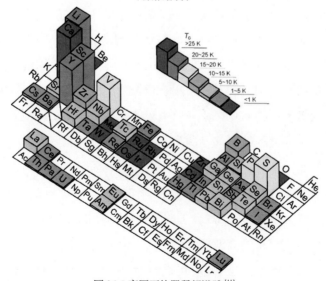

圖 36-5 高壓下的單質超導體 [11]

（孫靜繪製）

（來自洛杉磯時報）

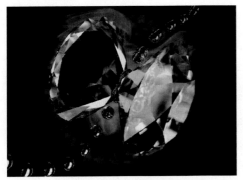

圖 36-6 高壓下的金屬氫 [16]

為什麼高壓對超導電性能夠取得如此驚人的效果？原因有很多。大體可以是三點：減小材料體積同時增大的電子濃度、使材料發生了結構相變促進了新超導相的形成、極大地增強了有利於超導的某種相互作用。在高壓下，氣體可以壓縮成液體，液體進一步壓縮成固體，固體再被壓縮，就可能轉化為金屬。理論上認為，世界上最輕的元素——氫，在足夠高的壓力下，就會變成金屬氫。而且，因為氫原子核本質上就一個質子，一旦形成金屬氫，原子熱振動的能量是非常巨大的，足以讓電子 - 聲子耦合下形成高臨界溫度的超導體，甚至是室溫超導體 [13]。金屬氫，是超導研究者們的夢想之一。實現金屬氫，並不是一件簡單的事情。單純要把氣態且極易爆炸的氫氣裝進金剛石對頂砧裡面而不跑掉，就是一個技術挑戰。實際操作是在低溫下裝入液態的氫，然後再施加壓力的。液氫沸點在 20K 左右，操作起來很有難度。實現金屬氫的壓力也是非常巨大的，理論家最初預言需要 100GPa，也就是 100 萬個大氣壓，後來認為是 400GPa 以上。但實驗物理學家這一試，就 80 多年過去了 [14]。2016 年，英國愛丁堡大學古里格揚茲（E. Gregoryanz）等人在 325GPa 獲得了氫的一種「新固態」，認為可能是金屬氫 [15]。2017 年，美國哈佛大學的迪亞斯（R. Dias）和席爾維拉（I. F. Silvera）兩人宣布金屬氫實現，在 205GPa 下的透明氫分子固體，到 415GPa 變為黑色不透明的半導體氫，最終到 495GPa 成為金屬性反光的金屬氫（圖 36-6）[16]。不幸的是，當他們準備測量金屬氫是否具有室溫超導電性的時候，一個不小心的操作失誤，壓著金屬氫的金剛石對頂砧碎掉了，金屬氫也就消失得無影無蹤。至今，人們仍難以重複實驗獲得如此高壓下的金屬氫，而金屬氫是否室溫超導體，仍然是一個謎！

　　尋找金屬氫室溫超導之路充滿挑戰和坎坷，國際上能夠勝任這個實驗工作的研究組也寥寥無幾。科學家轉念一想，為什麼要死死盯著單質氫呢？如果找氫的化合物，是否也可能實現高壓下超導？果不出所料，2014 年 12 月 1 日，德國馬克斯普朗克化學研究所的科學家德羅茲多夫（A. P. Drozdov）和艾瑞梅茲（M. I. Eremets）宣布在硫化氫中發現 190K 超導零電阻現象，壓力為 150GPa[17]。這個數值突破了 Hg-1223 保持多年的 164K 紀錄，卻沒有引起超導學界的振奮 —— 他們早已被頻頻出現的 USO 室溫超導烏龍事件鬧得疲乏不堪，對破紀錄的事情第一反應就是質疑。甚至在艾瑞梅茲等的多次學術報告中，會場提問都幾乎沒有，很多人持觀望和懷疑態度。歷經 8 個多月，在不斷質疑、調查、重複實驗、累積更多數據的痛苦折磨下，論文終於在 2015 年 8 月 17 日發表於《自然》期刊上，此時他們已經獲得了 220GPa下 203K 的 T_c 以及相應的抗磁訊號，創下了超導歷史新紀錄（圖 36-7）[18]。硫化氫超導事件的出現，讓原本帶有臭雞蛋特殊氣味的材料，成為了超導學界的新熱點。經過日本、美國、中國的多個研究團隊重複實驗結果之後，硫化氫的超導才得以確鑿，大家普遍認為「始作俑者」是 H_3S，並不是那個惹人厭的臭雞蛋氣體[18-20]。如果你還記得的話，這個 1：3 結構，就是所謂的A15 相，和 Nb_3Sn、Nb_3Ge、Nb_3Al 等結構完全一樣！事實上，德國科學家也並非是突發靈感，而是受到了中國科學家的理論計算啟示。硫化氫在高壓下超導本身並不稀奇，基於電子 - 聲子耦合的 BCS 理論就預言了金屬氫的高溫超導，氫化物高壓超導也是極有可能的。在 2014 年，中國吉林大學的馬琰銘研究組首次預言 H_2S 在 160 萬個大氣壓有 80K 左右的超導電性[21]，同在吉林大學的崔田研究組預言 H_2S-H_2 化合物在高壓下可能實現 191 ～ 204K 的高溫超導[22]。德國人的實驗發現一個 70 ～ 90K 的相對較低溫度超導相，和一個 170 ～ 203K 的高溫超導相，兩個研究成果簡直是不謀而合[18]。中國科學家們同樣預言了更多氫化物高壓高溫超導體的存在，例如 CaH_6、GaH_3、SnH_4、Si_2H_6、PH_3、Li_2MgH_{16} 等[23-27]。2018 年 8 月，德國艾瑞梅茲研究組再次宣布 LaH_{10} 超導 T_c 為 250K（170GPa）[28]，美國華盛頓大學 Somayazulu

研究團隊幾乎同時宣布 LaH_{10} 超導 T_c 可達 260K（188GPa）[29]。關於高壓富氫化合物的室溫超導爭奪賽愈演愈烈，許多體系不斷被實驗成功發現，如 ThH_{10}（T_c=161K at 175GPa）、PrH_9（T_c=9K at 154 GPa）、NdH_9（T_c=4.5K at 110GPa）、YH_9（T_c=243K at 201GPa）、YH_6（T_c=227K at 237GPa）、（La，Y）H_{10}（T_c=253K at 183GPa）、BaH_{12}（T_c=20K at 140GPa）、SnH_{10}（T_c=70K at 200GPa）、CeH_{10}（T_c=115K at 95GPa）、CeH_9（T_c=100K at 130GPa）、CaH_6（T_c=215K at 172GPa，T_c=210K at 160GPa），不同體系的超導溫度和所需壓力各不相同（圖 36-8）[30]，[31]。2020 年，已經在美國羅切斯特大學任助理教授的迪亞斯，與合作者在《自然》期刊上發布一篇題為〈C-S-H 體系中的室溫超導電性〉的論文，聲稱在 C-S-H 體系發現 288K「室溫超導」[32]。這個新的結果仍然尚待更多的實驗證實，無論怎樣，距離 300K 以上的室溫超導，似乎已伸手可及（圖 36-8）。

圖 36-7 超高壓下硫化氫超導 [17]，[18]

（來自德國馬克斯普朗克化學研究所）

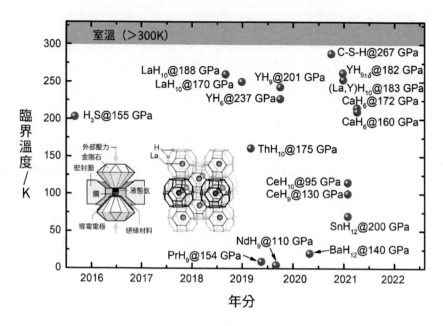

圖 36-8 富氫化合物超導體的發現時間、臨界溫度和對應壓力
（注：發現時間以預印本論文為準）
（作者繪製）

　　要實現室溫超導，還可以使用「組合技」。2018 年 5 月，德國和英國的科學家對臨界溫度最高的常規超導之一，K_3C_{60}，施加高壓的同時引入紅外線來誘發瞬間超導，極其短暫壽命的臨界溫度完全可能突破 300K（圖36-9）[33]。如果這些結果都確切的話，可以說，室溫超導已經實現了。興奮的時候也別忘了潑一盆冷水，因為如此超高的壓力或瞬態的超導，對於超導應用來說，都是望梅止渴。有沒有一種像《阿凡達》電影裡那樣的「天然室溫超導礦石」呢？並不是沒有可能。如果深入到太陽系最大的氣態行星 —— 木星中去，就會發現木星內部高達 400GPa 的壓力下，極有可能形成了金屬氫或氫化合物（圖 36-10）[34]。因為木星氣體中含有大量的矽烷（SiH_4-H_2），傳說中的室溫超導礦石，沒準就藏在那裡，就看你有沒有本事去發掘出來了。

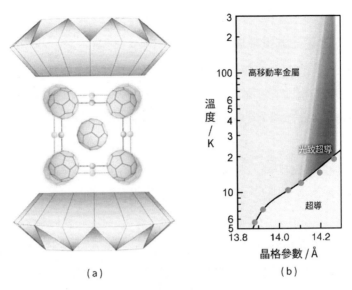

（a）

（b）

圖 36-9 K$_3$C$_{60}$ 在高壓下的光致超導現象 [33]

（作者繪製）

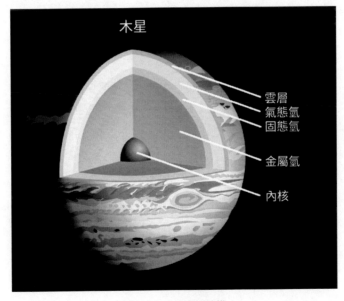

圖 36-10 木星內部結構

（孫靜繪製）

　　最後，要強調的是，壓力山大並不總是對超導有利。有時候高壓反而有害，它會壓制甚至破壞超導，最嚴重的是把材料徹底粉身碎骨，再也無法超導。對於高壓富氫化合物超導體而言，大部分材料不僅需要在高溫高壓下合成，還需要在超高壓下測量，實驗的難度挑戰非常大。高壓下測量手段主要為電測量，若形成其他超導雜相或某些少量雜質高壓超導，都很容易影響到測量結論。磁、熱、光等多重測試手段和多個團隊重複實驗，是十分必要的。任何新的高壓超導紀錄的誕生，建議大家在樂觀的同時，持續保留謹慎的態度。高壓下的室溫超導，儘管對超導實用化而言幫助不大，更重要的是給我們帶來啟示 —— 超導臨界溫度可能不存在上限！倘若發現遠超室溫的高壓超導體，或可以嘗試在更低的壓力合成，甚至在常壓下可能穩定存在，儘管臨界溫度降低了許多，只要仍在室溫之上，還是有巨大應用價值的。

參考文獻

[1]　Jin C Q. High pressure synthesis of novel high-T_c superconductors[J]. High Pressure Research, 2004, 24: 399.

[2]　Yamanaka S et al. High-Pressure Synthesis of a New Silicon Clathrate Superconductor, Ba_8Si_{46}[J]. Inorg. Chem., 2000, 39: 56.

[3]　Li Y et al. Superconductivity in gallium-substituted Ba_8Si_{46} clathrates[J]. Phys. Rev. B, 2007, 75: 054513.

[4]　Stewart G R. Superconductivity in iron compounds[J]. Rev. Mod. Phys., 2011, 83: 1589.

[5]　Kohsaka Y et al. Growth of Na-Doped $Ca_2CuO_2Cl_2$ Single Crystals under High Pressures of Several GPa[J]. J. Am. Chem. Soc., 2002, 124: 12275.

[6]　Li W M et al. Superconductivity in a unique type of copper oxide[J]. Proc. Natl. Acad. Sci. USA, 2019, 116(25): 12156-12160.

[7]　Zhang Y et al. Unprecedented high irreversibility line in the nontoxic

cuprate superconductor (Cu, C)Ba$_2$Ca$_3$Cu$_4$O$_{11+\delta}$[J]. Science Advances, 2018, 4: eaau0192.

[8] He C et al. Characterization of the (Cu, C)Ba$_2$Ca$_3$Cu$_4$O$_{11+\delta}$ single crystals grown under high pressure[J]. arXiv: 2111.11255.

[9] Zhang Y et al. Discovery of a new nontoxic cuprate superconducting system Ga-Ba-Ca-Cu-O[J]. Sci. China-Phys. Mech. Astron., 2018, 61: 097412.

[10] Gao L et al. Superconductivity up to 164 K in HgBa$_2$Ca$_{m-1}$CumO$_{2m+2+\delta}$ (m=1, 2, 3) under quasihydrostatic pressures[J]. Phys. Rev. B, 1994, 50: 4260.

[11] Lorenz B, Chu C W. High Pressure Effects on Superconductivity, Frontiers in Superconducting Materials[M]. A. V. Narlikar (Ed.), Springer Berlin Heidelberg 2005, p459.

[12] Sakata M et al. Superconducting state of Ca-Ⅶ below a critical temperature of 29 K at a pressure of 216 GPa[J]. Phys. Rev. B, 2011, 83: 220512(R).

[13] Wigner E, Huntington H B. On the possibility of a metallic modification of hydrogen[J]. J. Chem. Phys., 1935, 3: 764.

[14] Amato I. Metallic hydrogen: Hard pressed[J]. Nature, 2012, 486: 174.

[15] Dalladay-Simpson P et al. Evidence for a new phase of dense hydrogen above 325 gigapascals[J]. Nature, 2016, 529: 63.

[16] Dias R P, Silvera I F. Observation of the Wigner-Huntington Transition to Metallic Hydrogen[J]. Science, 2017, 355: 715.

[17] Drozdov A P, Eremets M I, Troyan I A. Conventional superconductivity at 190 K at high pressures[J]. arXiv: 1412.0460, 2014.12.01.

[18] Drozdov A P et al. Conventional superconductivity at 203 kelvin at high pressures in the sulfur hydride system[J]. Nature, 2015, 525:

73-76.

[19] Einaga M et al. Crystal structure of the superconducting phase of sulfur hydride[J]. Nat. Phys., 2016, 12: 835.

[20] Ishikawa T et al. Superconducting H_5S_2 phase in sulfur-hydrogen system under high-pressure[J]. Sci. Rep., 2016, 6: 23160.

[21] Li Y W et al. The metallization and superconductivity of dense hydrogen sulfide[J]. J. Chem. Phys., 2014, 140: 174712.

[22] Duan D F et al. Pressure-induced metallization of dense $(H_2S)_2H_2$ with high-T_c superconductivity[J]. Sci. Rep., 2014, 4: 6968.

[23] Li Y W et al. Dissociation products and structures of solid H2S at strong compression[J]. Phys. Rev. B, 2016, 93: 020103(R).

[24] Wang H et al. Superconductive sodalite-like clathrate calcium hydride at high pressures[J]. Proc. Natl. Acad. Sci. USA, 2012, 109: 6463.

[25] Liu H et al. Potential high-T_c superconducting lanthanum and yttrium hydrides at high pressure[J]. Proc. Natl. Acad. Sci. USA, 2017, 114: 6990.

[26] Peng F et al. Hydrogen Clathrate Structures in Rare Earth Hydrides at High Pressures: Possible Route to Room-Temperature Superconductivity[J]. Phys. Rev. Lett., 2017, 119: 107001.

[27] Sun Y, Lv J, Xie Y, Liu H, Ma Y. Route to a Superconducting Phase above Room Temperature in Electron-Doped Hydride Compounds under High Pressure[J]. Phys. Rev. Lett., 2019, 123: 097001.

[28] Drozdov A P et al. Superconductivity at 250 K in lanthanum hydride under high pressures[J]. Nature, 2019, 569: 528.

[29] Somayazulu M et al. Evidence for Superconductivity above 260K in Lanthanum Superhydride at Megabar Pressures[J]. Phys. Rev. Lett., 2019, 122: 027001.

[30] 單鵬飛，王寧寧，孫建平，等 · 富氫高溫超導材料 [J] · 物理，

2021，50（04）：217-227．

[31]　孫瑩，劉寒雨，馬琰銘．高壓下富氫高溫超導體的研究進展
　　　[J]．物理學報，2021，70（01）：017407．

[32]　Snider E et al. Room-temperature superconductivity in a carbona-
　　　ceous sulfur hydride[J]. Nature, 2020, 586: 373.

[33]　Cantaluppi A et al. Pressure tuning of light-induced superconductivity
　　　in K_3C_{60}[J]. Nat. Phys., 2018, 14: 837.

[34]　Zaghoo M, Collins G W. Size and Strength of Self-excited Dynamos
　　　in Jupiter-like Extrasolar Planets[J]. Astrophysical Journal, 862: 19.

37　超導之從魚到漁：未來超導材料探索思路

　　超導材料的探索之路充滿機遇，就像在電子的汪洋大海裡釣魚，有時候需要一點耐心，有時候需要一點運氣。如何能夠釣到你心儀的那條「超導魚」，似乎從來都不是那麼確定的事情。話說，授人以魚不如授人以漁，如果能夠找到釣魚的方式方法 —— 漁，就不必守海待魚，而是主動出擊甚至是自己養魚了。在本書接近尾聲的此節，我們來聊一聊「超導漁業」。

超導的漏網之魚

　　在超導研究 100 多年後，發現的超導材料已經達到上萬種，化合物種類五花八門，如金屬和非金屬單質、合金、金屬間化合物、氧化物等。只是大部分超導材料都是無機的，在更加龐雜的有機材料中搜尋超導電性，或許機遇會更多一些。有機材料的柔韌性可能大大降低加工難度，用起來更加方便。各種有機超導體中，以鹼金屬摻雜 C_{60} 和多苯環化合物為高臨界溫度的代表，T_c 可達 38K 以上 [1][2]。有沒有可能在其他含苯環化合物中獲得超導電性？科學家們不斷嘗試，2017 年 3 月陳曉嘉團隊宣布在 K 摻雜的三聯苯或對三聯苯中可能存在超導電性，T_c 有 120K 以上的跡象 [3][4]。儘管測量出的超導含量極低，也引起了超導材料探索者的極大興趣，理論和實驗都得以跟進 [5][6]。三聯苯其實普遍存在於各種化妝品和保養品中，尤其是防晒乳裡。和我們天天見的材料，竟然隱藏著如此高溫度的超導體，難道日常生活中還有不少超導的漏網之魚？

超導的意外之魚

　　在研究鐵基超導體的時候，科學家們注意到超導往往和磁性相伴相生。如果把 Fe 換成別的元素，那麼材料的磁性很可能消失，也可能變成其他的

磁性，超導則未必存在了。以此出發，中國科學院物理研究所的靳常青研究組和浙江大學的寧凡龍研究組相繼發現多種類似鐵基超導結構的磁性和非磁性材料，而且相同結構情形下是相容的。他們將極少量的磁性材料摻雜入非磁性的母體中，獲得了新的稀磁半導體，居禮溫度可達 180K 以上[7]、[8]。這種結構的稀磁半導體，可存在對應鐵基超導體系「111」、「1111」、「122」、「32522」的不同化合物，已然構成了一大類材料體系[7-10]，的確是探索鐵基超導材料之餘的重大意外發現（圖 37-1）。

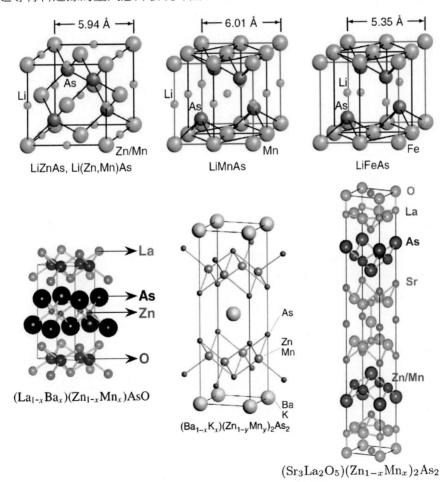

圖 37-1 類鐵基超導體的新型稀磁半導體[7-10]
（由中國科學院物理研究所靳常青／浙江大學寧凡龍提供）

超導的電控之魚

無論是在銅氧化物高溫超導體還是鐵基超導體中，載流子濃度均是與超導電性息息相關的關鍵因素。隨著載流子濃度的升高，本來是具有長程磁有序的母體，會逐漸被改造成導電良好的金屬態，並出現超導電性。超導研究中通常改變載流子濃度的方式是元素替換或摻雜，如果參照半導體材料組件的設計，其實還可以用更為乾淨快捷的方式——

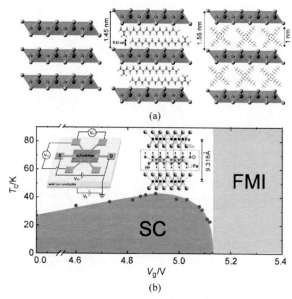

圖 37-2 FeSe 類超導體的分子插層與電壓門控 [14-16]
（中國科學技術大學陳仙輝研究組提供）

電壓門控。電壓門控原理就是強行施加外界電壓，讓電子注入到材料內部，從而改變載流子濃度，對層狀二維材料尤其便利。許多過渡金屬硫族化物，如 $TiSe_2$、MoS_2、$SnSe_2$ 等，原本其存在各種有序態（如電荷密度波態），透過電壓引入載流子之後，也能實現超導，獲得的電子態相圖與高溫超導極其類似 [11-13]。非常有意思的是，鐵硒類超導體也同樣是層狀準二維的結構，除了摻雜之外，改變載流的濃度有兩種途徑：一是電壓門控，不僅能夠把臨界溫度從 9K 左右提升到 40K 以上，而且大幅度的載流子變化還可以反其道而行之——把超導態轉化成鐵磁絕緣態 [14][15]。二是大分子插層，用結構尺寸較大的分子甚至是有機分子對 FeSe 進行插層，讓 FeSe 層與層之間盡可能地分開，這樣載流子就高度集中在單一的 FeSe 原子層裡面了，類似於單層 FeSe 超導薄膜，臨界溫度也能提升到 48K 以上（圖 37-2）[16]。

超導的擬態之魚

電壓門控是許多二維材料調控的最佳方法之一，因為對於許多二維材料而言，載流子濃度是相對稀薄的，在不擊穿材料的前提下，電壓門控提供的載流子注入足以影響材料的許多物理性質。因此，針對高溫超導複雜的摻雜電子態相圖和難懂的微觀機理，我們或許可以從另一個角度來理解它 —— 用其他更為乾淨的材料來「擬態」超導。比如，利用超導的金屬鋁和絕緣的氧化鋁，可以人工構造金屬-絕緣體-金屬的三明治結構，類似銅氧化物的載流子庫＋導電層的結構，也可能出現電荷轉移、贋能隙的類似物理。石墨烯是一種非常乾淨的二維材料，操控起來也相對簡單方便。把兩層石墨烯堆疊起來，並相對轉一個很小的角度（1°左右），就形成了石墨烯，它具有非常大的原子週期，對應非常少的載流子濃度。美國麻省理工學院的曹原和埃雷羅（Pablo Jarillo-Herrero）發現特定的石墨烯很可能是一個莫特絕緣體[17]，而且在電壓門控下也能轉化成金屬導電性甚至超導[18]。它的電子態相圖和銅氧化物材料存在驚人的相似度，即便最高超導溫度僅有 1.7K，在如此低的載流子濃度下已經非常不易（圖 37-3）。載流子濃度決定超導溫度是非常規超導體的典型特點，由此涉及一個更深層次的物理問題 —— 高溫超導電性是否介於 BEC 態（玻色-愛因斯坦凝聚態）和 BCS 超導態之間[19][20]？或者，高溫超導態是否就是電子作為費米子配對後凝聚的 BEC 態呢？有意思的是，在相互作用的冷原子團簇中，即使是費米子，也能實現 BEC 態，就可能是費米子實現類似超導庫珀對的形式，尤其是在特定磁場區域可以觀察到磁通渦旋態（圖 37-4）[21]。利用光子晶格束縛冷原子，也可以模擬再現高溫超導材料中的 d 波超流電子對[22]。這些「模擬」的超導電性表明，高溫超導的微觀機制可能適用於多種物理體系，對推動基礎物理理論的發展具有非常重要的作用。

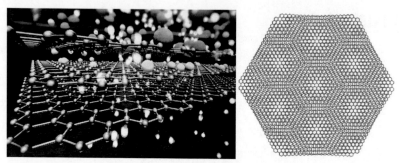

圖 37-3 載流子調控下的石墨烯超導 [17]、[18]

（來自 ScienceTimes/ 麻省理工學院曹原）

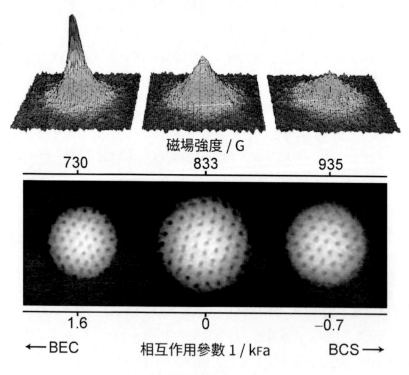

圖 37-4 冷原子體系中的費米子配對凝聚現象 [21]

（來自 APS）

從拓撲絕緣體到超導

傳統的絕緣體導電很差，主要是因為其可提供的載流子濃度極低，幾乎沒有。有一類新的非平庸絕緣體——拓撲絕緣體，它除了具有三維不導電的絕緣體態之外，還同時具有二維導電的金屬表面態[23]。在二維拓撲絕緣體中，表面或邊界態的電子自旋將和動量鎖定，邊界將出現一維自旋螺旋鏈，進而實現「量子自旋霍爾效應」等一系列神奇量子現象。如果能

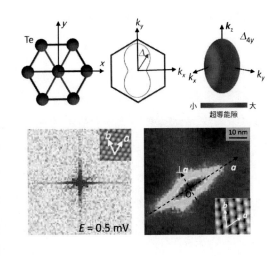

圖 37-5 超導體／拓撲絕緣體結構中的二重超導電性[28]
（來自 Science Advances）

夠連續調控非平庸拓撲態到超導態，那麼將有可能實現拓撲超導體，借助超導態下的穩定電子配對和量子相干效應，可能出現一種反粒子為其自身的狀態——馬約拉納零模，它是拓撲量子計算的基本載體[24]。從拓撲絕緣體出發，得到超導的方法有化學摻雜、施加外壓力、超導鄰近效應等[25-27]。特別是利用超導鄰近效應，即在拓撲絕緣體的表面鍍上一層超導薄膜，會發生許多跟拓撲性質相關的物理現象。例如，在四度對稱的晶格上出現二度對稱的超導電性（圖 37-5）[28]，甚至捕捉到馬約拉納零模的存在[29]。單層結構的 WTe_2 是二維拓撲絕緣體，具有一維導電邊界態以及量子自旋霍爾效應。對其進行電壓門控載流子濃度，也能實現超導電性，最高臨界溫度約為 1K，是否非平庸超導尚待探究[30][31]。因為材料拓撲性質的特殊性，結合超導構造的原型電子基本組件，能夠勝任多種拓撲量子計算，極有可能為通訊時代帶來新的革命。

編織超導的漁網

　　除了調控出超導之外，有沒有可能根據超導體的化學性質，設計出系列結構超導體，網羅可能的新超導材料？這在十幾年前，確實比較困難，因為新超導體的出現往往出乎意料。然而，隨著經驗的累積和理論的思考，最近，科學家們也開始人工「堆積木」構造新的超導體，甚至理論預言新超導材料。例如，浙江大學的曹光旱團隊就根據鐵基超導的基本結構單元和化學配位法則，提出了 10 多種新型結構的鐵基超導材料（圖 37-6）[32]。其中有不少是現有的鐵基超導體系（如「122」、「111」、「1111」等）在 c 方向複合堆疊而成，如兩個不同鹼金屬／鹼土金屬的「122」結構材料可以形成新的「1144」型結構。「1144」型鐵基超導體最近被實驗證實可以穩定存在，臨界溫度在 35K 左右[33-35]，另一個由「1111」＋「122」構造的「12442」結構也同樣存在 30K 左右的超導電性[36][37]。理論上，中國科學院物理研究所的胡江平團隊也提出了「高溫超導基因」的概念。他們認為超交換的反鐵磁耦合是形成銅氧化物和鐵基高溫超導的根本原因，對應的局域晶體結構為八面體配位或四面體配位，這就是高溫超導的基因。基於這方面的理論推測，他們認為二維六角晶格裡的三角配對也可以實現超導電性，甚至在 Co 或 Ni 基材料中可能出現高溫超導電性（圖 37-7）[38]。這些從化學或物理的角度設計的新型超導材料，都還需要實驗來全面驗證，但也使得人們探索超導體不再過於漫無目的。此外，隨著現代電腦技術的發展，基於機器學習的人工智慧已經成為可替代簡單重複勞動的主力。借助人工智慧，在大量的超導材料資料庫中，可以提煉出與高溫超導密切相關的因素，並可能預言出大量的新超導材料[39]。未來，探索超導材料從「臨淵釣魚」到「撒網捕魚」，這一時代正在加速到來！

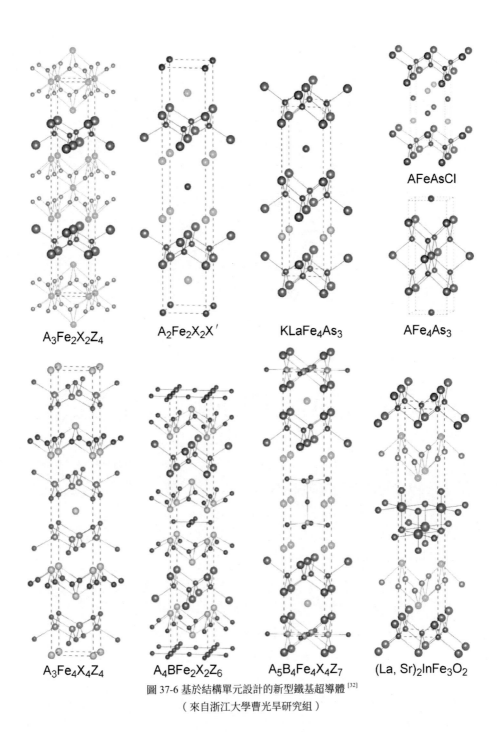

圖 37-6 基於結構單元設計的新型鐵基超導體 [32]
（來自浙江大學曹光旱研究組）

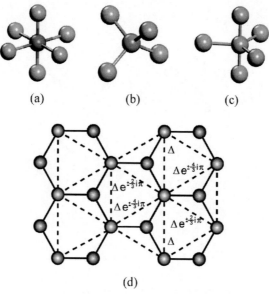

(a)　　　　　　(b)　　　　　　(c)

(d)

圖 37-7 高溫超導結構「基因」及新材料設計 [38]

（來自中國科學院物理研究所胡江平 /APS）

參考文獻

[1] Prassides K. The Physics of Fullerene-Based and Fullerene-Related Materials[M]. Boston: Kluwer Academic Publishers, 2000.

[2] Xue M Q et al. Superconductivity above 30K in alkali-metal-doped hydrocarbon[J]. Sci. Rep., 2012, 2: 389.

[3] Wang R S et al. Superconductivity above 120 kelvin in a chain link molecule[J]. arXiv: 1703.06641, 2017-03-20.

[4] Huang G et al. Observation of Meissner effect in potassium-doped p-quinquephenyl[J]. arXiv: 1801.06324, 2018-01-24.

[5] Neha P et al. Facile synthesis of potassium intercalated p-terphenyl and signatures of a possible high Tc phase[J]. arXiv: 1712.01766, 2017-12-05.

[6] Matthias Geilhufe R et al. Towards Novel Organic High-T_c Supercon-

ductors: Data Mining using Density of States Similarity Search[J]. Phys. Rev. Materials, 2018, 2: 024802.

[7]　Deng Z et al. Li (Zn, Mn) As as a new generation ferromagnet based on a Ⅰ - Ⅱ - Ⅴ semiconductor[J]. Nat. Commun., 2011, 2: 422.

[8]　Zhao Z et al. New diluted ferromagnetic semiconductor with Curie temperature up to 180K and isostructural to the "122" iron-based superconductors[J]. Nat. Commun., 2013, 4: 1442.

[9]　Ding C et al. $(La_{1-x}Ba_x)(Zn_{1-x}Mn_x)$ AsO: A two-dimensional 1111-type diluted magnetic semiconductor in bulk form[J]. Phys. Rev. B, 2013, 88: 041102(R).

[10]　Man H et al. $(Sr_3La_2O_5)(Zn_{1-x}Mn_x)_2As_2$: A bulk form diluted magnetic semiconductor isostructural to the "32522" Fe-based superconductors[J]. EPL, 2014, 105: 67004.

[11]　Li L J et al. Controlling many-body states by the electric-field effect in a two-dimensional material[J]. Nature, 2016, 529: 185.

[12]　Costanzo D et al. Tunnelling spectroscopy of gate-induced superconductivity in MoS_2[J]. Nature Nanotech., 2016, 11: 339.

[13]　Zeng J et al. Gate-induced interfacial superconductivity in 1T-$SnSe_2$[J]. Nano Lett., 2018, 18: 1415.

[14]　Lei B et al. Evolution of High-Temperature Superconductivity from a Low-T_c Phase Tuned by Carrier Concentration in FeSe Thin Flakes[J]. Phys. Rev. Lett., 2016, 116: 077002.

[15]　Lei B et al. Tuning phase transitions in FeSe thin flakes by field-effect transistor with solid ion conductor as the gate dielectric[J]. Phys. Rev. B, 2017, 95: 020503(R).

[16]　Shi M Z et al. Organic-ion-intercalated FeSe-based superconductors[J]. Phys. Rev. Materials, 2018, 2: 074801.

[17]　Cao Y et al. Correlated insulator behaviour at half-filling in magic-an-

gle graphene superlattices[J]. Nature, 2018, 556: 80.

[18] Cao Y et al. Unconventional superconductivity in magic-angle graphene superlattices[J]. Nature, 2018, 556: 43.

[19] Uemura Y J. Condensation, excitation, pairing, and superfluid density in high-T_c superconductors: the magnetic resonance mode as a roton analogue and a possible spin-mediated pairing[J]. J. Phys. Condens. Matter, 2014, 16: S4515.

[20] Chen Q et al. BCS-BEC crossover: From high temperature superconductors to ultracold superfluids[J]. Phys. Rep., 2005, 412: 1-88.

[21] Regal C A, Greiner M, Jin D. S. Observation of Resonance Condensation of Fermionic Atom Pairs[J]. Phys. Rev. Lett., 2004, 92: 040403.

[22] Bloch I, Dalibard J, Zwerger W. Many-body physics with ultracold gases[J]. Rev. Mod. Phys., 2008, 80: 885.

[23] Wen X G. Colloquium: Zoo of quantum-topological phases of matter[J]. Rev. Mod. Phys., 2017, 89: 041004.

[24] 余睿、方忠、戴希．Z_2 拓撲不變數與拓撲絕緣體 [J]．物理，2011，40：462．

[25] Hor Y S et al. Superconductivity in $Cu_xBi_2Se_3$ and its Implications for Pairing in the Undoped Topological Insulator[J]. Phys. Rev. Lett., 2010, 104: 057001.

[26] Zhang J L et al. Pressure-induced superconductivity in topological parent compound Bi_2Te_3[J]. Proc. Natl. Acad. Sci. U. S. A., 2011, 108: 24.

[27] Hart S et al. Induced superconductivity in the quantum spin Hall edge[J]. Nat. Phys., 2014, 10: 638.

[28] Chen M et al. Superconductivity with twofold symmetry in Bi_2Te_3/$FeTe_{0.55}Se_{0.45}$ heterostructures[J]. Sci. Adv. 2018, 4: eaat1084.

[29]　Xu J-P et al. Experimental Detection of a Majorana Mode in the core of a Magnetic Vortex inside a Topological Insulator-Superconductor Bi_2Te_3/NbSe$_2$ Heterostructure[J]. Phys. Rev. Lett., 2015, 114: 017001.

[30]　Fatemi V et al. Electrically tunable low-density superconductivity in a monolayer topological insulator[J]. Science, 2018, 362: 926-929.

[31]　Sajadi E et al. Gate-induced superconductivity in a monolayer topological insulator[J]. Science, 2018, 362: 922-925.

[32]　Jiang H et al. Crystal chemistry and structural design of iron-based superconductors[J]. Chin. Phys. B, 2013, 22: 087410.

[33]　Iyo A et al. New-Structure-Type Fe-Based Superconductors: CaAFe$_4$As$_4$ (A=K, Rb, Cs) and SrAFe$_4$As$_4$ (A=Rb, Cs)[J]. J. Am. Chem. Soc., 2016, 138: 3410-3415.

[34]　Liu Y et al. Superconductivity and ferromagnetism in hole-doped RbEuFe$_4$As$_4$[J]. Phys. Rev. B, 2016, 93: 214503.

[35]　Meier W R et al. Optimization of the crystal growth of the superconductor CaKFe$_4$As$_4$ from solution in the FeAs-CaFe$_2$As$_2$-KFe$_2$As$_2$ system[J]. Phys. Rev. Mater., 2017, 1: 013401.

[36]　Wang Z C et al. Crystal structure and superconductivity at about 30 K in ACa$_2$Fe$_4$As$_4$F$_2$ (A=Rb, Cs)[J]. Sci-China Materials, 2017, 60: 83.

[37]　Wang Z C et al. Synthesis, crystal structure and superconductivity in RbLn2Fe$_4$As$_4$O$_2$ (Ln=Sm, Tb, Dy and Ho)[J]. Chemistry of Materials, 2017, 29: 1805.

[38]　Hu J P, Le C, Wu X. Predicting Unconventional High-Temperature Superconductors in Trigonal Bipyramidal Coordinations[J]. Phys. Rev. X, 2015, 5: 041012.

[39]　Han Z Y et al. Unsupervised Generative Modeling Using Matrix Product States[J]. Phys. Rev. X, 2018, 8: 031012.

38　走向超導新時代：超導機理和應用研究的展望

　　這是本書的最後一節，在此，希望對超導研究的歷史做一個簡要的總結，並展望未來的超導研究和應用。

超導研究的巨大魅力

　　超導研究無疑在凝聚態物理領域甚至在整個物理學界中，都占據著不可忽視的重要角色。從 1911 年昂內斯發現第一個金屬汞超導體以來，超導的研究歷程跨越了一個多世紀，期間帶來無數驚喜的發現，為物理學的發展做出了重要的貢獻。以諾貝爾物理學獎為例，目前共有 200 餘位科學家獲得了諾貝爾物理學獎，其中屬於凝聚態物理領域的約有 60 位，包括 10 位科學家是直接因為超導的研究而獲此殊榮的 [1]。他們是：昂內斯（1913 年），約翰 · 巴丁、列昂 · 庫珀、約翰 · 施里弗（1972 年），伊瓦爾 · 賈埃弗、布萊恩 · 約瑟夫森（1973 年），喬治 · 柏諾茲、亞歷山大 · 繆勒（1987 年），阿列克謝 · 阿布里科索夫、維塔利 · 金茲堡（2003 年）等，一共 5 次獲得諾貝爾物理學獎（圖 38-1）[2]。其中有多位傳奇人物，如世界上唯一獲兩次物理學諾獎的巴丁——他因電晶體的發明和 BCS 超導理論的建立分別榮獲 1956 年和 1972 年的諾貝爾物理學獎；最年輕諾貝爾獎得主之一約瑟夫森——獲獎研究在 22 歲讀博士時完成，獲獎時年齡 33 歲；最年長的諾貝爾獎得主之一金茲堡——獲獎時年齡為 87 歲；最快獲得諾貝爾獎的科學家之一柏諾茲和繆勒——從發現高溫超導到獲得諾貝爾獎僅間隔 10 個月；生涯最平庸卻又最幸運的諾貝爾獎得主之一賈埃弗——平淡的童年和糟糕的大學卻不妨礙他成為最優秀的實驗物理學家 [3]。他們的經歷告訴我們，超導的魅力是如此神奇，百餘年來幾乎長盛不衰，誕生了纍纍碩果。未來超導領域，必將還會持續湧現更多的諾貝爾獎得主，如發現常壓室溫超導體和建立高溫超導微觀

理論就是學界公認的「諾獎級」工作，而諸如鐵基超導、重費米子超導、有機超導和高壓金屬氫化物超導等的發現者也被寄予厚望[4]。

圖 38-1 因超導研究獲諾貝爾物理學獎的 10 位科學家
（來自維基百科／作者繪製）

超導材料探索趨勢

據不完全統計，目前為止人類發現的無機化合物大約有 15 萬種，其中屬於超導體的有 2 萬多種。可見，超導現象是普遍存在於各類材料之中的，包括金屬單質、合金、金屬間化合物、過渡金屬與非金屬化合物、有機材料、奈米材料等多種形態[5]。科學家甚至有一個信念——只要溫度足夠低或者壓力足夠大，任何材料都可以成為超導體。例如，我們熟知的導電最好的金屬金、銀、銅等，它們就尚且不是超導體，根據 BCS 理論推算，超導

溫度可能在 10^{-5}K 以下，目前實驗測量手段是無法達到的。而金屬氫的存在和可能的室溫超導，至今仍然沒有完全確認 [6]。

　　按照超導機理是否可以用基於電子 - 聲子耦合配對的 BCS 理論來描述，可以劃分為常規超導體和非常規超導體，銅氧化物、鐵砷／硒化合物、重費米子和部分有機超導體都屬於非常規超導體。而高溫超導體，則一般定義為臨界溫度 T_c 有可能超越 40K 的超導材料（起初門檻為 20K，後改用麥克米倫極限，即 40K）[7]。注意並不是意味著所有高溫超導體必須 $T_c > 40$K，由於摻雜組分和結構的不同，高溫超導體臨界溫度是多變的，甚至可以消失為零。到目前為止，僅有兩大高溫超導家族 —— 銅氧化物高溫超導體和鐵基超導體，其中公認的銅氧化物高溫超導最高 T_c 紀錄為 165K（汞系材料在高壓下），鐵基高溫超導最高 T_c 紀錄為 65K（FeSe 單原子層薄膜）。而在近些年發現的富氫化合物超導體中，已確認 LaH_{10} 體系 T_c=260K 可能是目前最高紀錄，最近發現 C-S-H 體系 T_c=288K 還尚待更多實驗確認（圖 38-2）[4]，[8-10]。

　　超導材料的結構各異、物性各異、臨界溫度各異，儘管在超導探索歷史上人們形成了許多自認為「有效」的經驗，然新超導材料的出現，總是會打破人們的這些認知。比如，在母體為反鐵磁絕緣體的銅氧化物發現高溫超導電性、在含鐵／鉻／錳等磁性元素的材料中發現非常規超導電性、在相互作用很強的重費米子體系中發現超導電性等，理論和實驗的經驗往往失效了[4]。近年來，隨著科學技術的發展，在超導材料探索方面，也出現了多種新穎的手段，如超高溫高壓合成、微奈米加工、固態／液態離子調控、化學離子交換／注入、電子濃度電壓門控等，超導材料的適用性正在迅速擴展。探索新材料過程更是採用了廣積糧、高通量、面撒網的方式，結合大數據、機器學習和人工智慧的應用，在「材料基因工程」和「原子製造工廠」等新概念模式下，人們正在加速超導材料的探索歷程（圖 38-3）。越來越多千奇百怪的超導體，將在未來步入我們的世界。

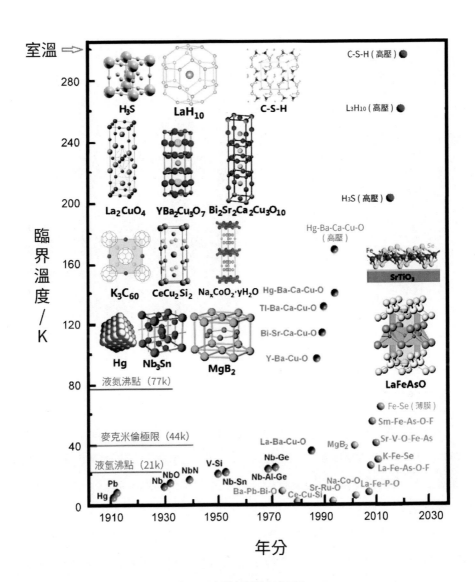

圖 38-2 超導材料的研究歷史
（作者繪製）

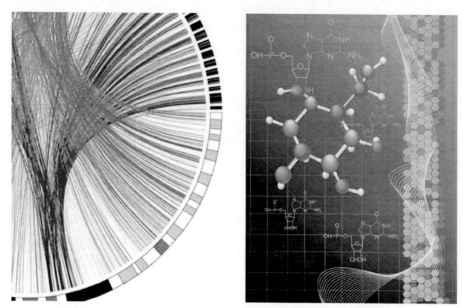

圖 38-3　「材料基因圖譜」與「原子製造工廠」
（孫靜繪製）

超導機理研究方向

　　超導機理的研究匯集了諸多頂尖智慧的科學家，然而，目前為止，唯一獲得重要成功的超導理論就是 BCS 理論。BCS 理論中有關電子配對相干凝聚的思想，對凝聚態物理乃至原子分子物理、粒子物理、宇宙天文學等都有深遠的影響。對於高溫超導材料，目前有關理論非常之多，然獲得學界公認並能徹底描述其所有奇異物性的理論尚且沒有。擴大到非常規超導材料，相關的非常規超導微觀機理，仍然幾乎是一片混亂和未知。其根本原因在於，BCS 理論其實僅考慮了電荷相互作用，或只考慮了電子 - 原子相互作用，而幾乎忽略了電子之間的自旋相互作用和電子 - 電子之間的關聯效應。毫無疑問，電子是既帶電荷也帶自旋的，對於存在磁性有序態或強烈磁性漲落的非常規超導體而言，必須同時考慮電子之間的電荷和自旋相互作用，這對微觀機理就造成巨大的挑戰 [11]。

　　有意思的是，從實驗的角度而言，目前能夠測量的幾乎所有超導體，其負責超導電流的載體都是庫珀電子對。也就是說，電子配對成超導的思想，幾乎對所有的超導體都成立。只是，電子是如何配對的？配對的對稱性是什麼樣的？配對的「膠水」是誰或有沒有？配對之後如何形成超導態的？都是需要一系列的理論和實驗多方位結合才能理解的問題，也是超導機理研究的核心問題（圖 38-4）[12]。特別是高溫超導機理問題，被譽為是物理學領域「皇冠上的明珠」，因為對於強關聯電子態物質的研究挑戰了現有的凝聚態物理理論基石 —— 朗道 - 費米液體理論。高溫超導微觀機理一旦建立，無疑是對物理學的一場巨大的革命，因為這意味著，人們認識自然界將不再需要從個體推廣到多體，而是直接面對一群具有複雜相互作用的多體世界。前端的數學物理學家甚至認為，世界的本質，就是相互作用，而並非是我們所意識到的物質（如基本粒子等）本身，物質是相互作用的產物，物性是相互作用的結果[13-15]。那麼，這種基於相互作用為研究對象的物理，該如何理解？它又會預言什麼樣的新現象和新物理？都是十分令人期待的。

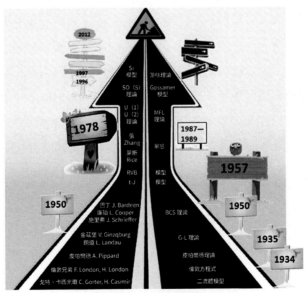

圖 38-4 超導機理的研究歷程

（作者繪製）

超導應用的未來前景

相對半導體而言，超導材料的應用十分滯後。在半導體晶片統治了我們如今電子世界的時候，我們從未見到過一件「超導家電」，原因在於尚未尋找到如同矽那樣合適的超導材料。對於一個超導體而言，需要滿足臨界溫度、臨界磁場和臨界電流密度均非常之高的前提下，才能適用於大電流、強磁場、無損耗的超導強電應用，同時材料本身的微觀缺陷、力學性能、機械加工能力等也極大影響了產品化的進步 [16]。對於弱電應用來說，則需要純度極高、加工簡單、成本低廉、品質優越的超導材料。已有的超導材料，各自都有它的應用局限：超導磁體大都採用易於加工的鈮鈦合金，但臨界溫度和上臨界場都太低；超導組件大都採用易於鍍膜和加工的純金屬鈮，但臨界溫度和品質因素都無法滿足一些特殊需求；許多超導組件需要持續在低溫環境下運行，即使材料本身成本不高，但是維持低溫的高昂費用卻是難以承受的 [17]。

超導應用目前最成功的是超導磁體和超導微波組件等，也是極為有限的。我們去醫院做的核磁共振造像，大都採用的是超導磁體。基礎科學研究採用的穩態強磁場、大型加速器磁體、高能粒子探測器以及工業中採用的磁力選礦和汙水處理等，也不少採用了場強高的超導磁體。發展更高解析度的核磁共振、磁局限融合的人工可控核融合、超級粒子對撞機等，都必須依賴強度更高的超導磁體，也是未來技術可能的突破口。超導微波組件在一些軍事和民用領域都已經走向成熟甚至是商業化了，為資訊爆炸的今天提供了非常有效的通訊保障 [18]。

我們仍然要抱持樂觀的態度，堅信隨著超導材料、機理和技術的發展，更多的超導電力、磁體、組件，必然將在未來逐步走進人們的生活裡。

可以想像，如果實現有機物或聚合物的室溫超導，那麼或許用它來織成一個「懸浮雲沙發」，放在客廳裡也是一件十分愜意的事情（圖 38-5）。

如果超導磁浮的技術成熟和成本降低，或許我們將來的高鐵將換成時速在 600 公里／時以上的超導磁浮高速列車，未來交通更加便捷（圖 38-6）[19]。

隨著超導量子位元技術的迅速發展，量子電腦已經從最早的 D-Wave 量子退火機發展成了諸如 IBM Q 那樣的新型量子電腦，更強大的量子電腦在近年來不斷刷新紀錄（圖 38-7）。如果參照半導體電腦的發展模式的話，或許不用幾十年，我們就有可能用一臺量子手機，在人工智慧的幫助下，有效率地完成所有的工作和生活事務[20]。

超導可控核融合引擎的成功研製，或許可以為未來的超級宇宙飛船提供源源不斷的動力，幫助人類在太空中持續飛行數百年，去尋找下一個合適的家園（圖 38-8）。

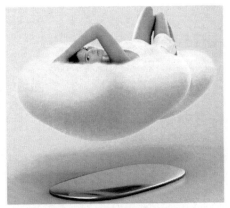

圖 38-5 「懸浮雲」概念沙發
（來自 DORNOB）

圖 38-6 高速超導磁浮列車設想
（由西南交通大學鄧自剛研究組提供）

圖 38-7 超導量子電腦實物和電路設計
（由北京量子研究院金貽榮和中國科學技術大學朱曉波提供）

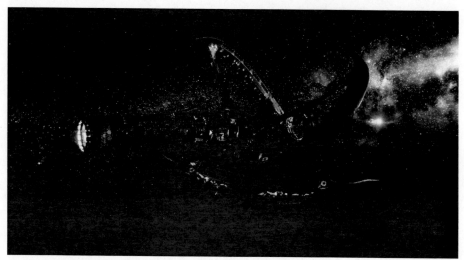

圖 38-8 科幻電影中基於超導可控核融合動力的超級宇宙飛船
（來自網路）

新一代的科技革命，正在新材料、新機理、新組件的推動下，加速到來。超導的研究，機遇與挑戰並存，希望總是在路的前方。

正所謂：「未來已來，唯變不變，關山萬里，終將輝煌。」

超導，未來見！

參考文獻

[1]　https://www.nobelprize.org/nobel_prizes/physics/laureates/.

[2]　羅會仟·超導與諾貝爾獎 [J]·自然雜誌，39（6）：427-436，2017/12·

[3]　賈埃弗·我是我認識的最聰明的人 [M]·邢紫煙，邢志忠譯·上海：上海科技教育出版社，2018·

[4]　羅會仟，周興江·神奇的超導 [J]·現代物理知識，2012，24（02）：30-39·

[5]　章立源·超越自由：神奇的超導體 [M]·北京：科學出版社，2005·

[6] Dias R P, Silvera I F. Observation of the Wigner-Huntington Transition to Metallic Hydrogen[J]. Science, 2017, 355: 715.

[7] 張裕恆‧超導物理 [M]‧合肥：中國科學技術大學出版社，2009‧

[8] Wang Q Y et al. Interface-Induced High-Temperature Superconductivity in Single Unit-Cell FeSe Films on $SrTiO_3$[J]. Chin. Phys. Lett., 2012, 29: 037402.

[9] Liu D F et al. Electronic origin of high-temperature superconductivity in single-layer FeSe superconductor[J]. Nat. Commun., 2012, 3: 931.

[10] 單鵬飛，王寧寧，孫建平，等‧富氫高溫超導材料 [J]‧物理，2021，50（04）：217-227‧

[11] 向濤，薛健‧高溫超導研究面臨的挑戰 [J]‧物理，2017，46（08）：514-520‧

[12] 羅會仟‧鐵基超導的前世今生 [J]‧物理，2014，43（07）：430-438‧

[13] Kong L. Full field algebras, operads and tensor categories[J]. Adv. Math., 2017, 213: 271.

[14] Levin M A, Wen X-G. Colloquium: Photons and electrons as emergent phenomena[J]. Rev. Mod. Phys., 2015, 77: 871.

[15] Lan T, Kong L, Wen X-G. Classification of 2+1D topological orders and SPT orders for bosonic and fermionic systems with on-site symmetries[J]. Phys. Rev. B, 2017, 95: 235140.

[16] Sarker M M, Flavel W R. Review of applications of high-temperature superconductors[J]. J. Supercon., 1998, 11: 209.

[17] Hosono H et al. Recent advances in iron-based superconductors toward applications[J]. Mater. Today, 2018, 21: 278-302.

[18] Newman N, Lyons W G. High-temperature superconducting microwave devices: Fundamental issues in materials, physics, and engi-

neering[J]. J. Supercon., 1993, 6: 119.

[19]   https://www.savagevision.com/scmaglev.

[20]   Wendin G. Quantum information processing with superconducting circuits: a review[J]. Rep. Prog. Phys., 2017, 80: 10.

後記

　　本書構思於 2009 年，自 2015 年動筆，到 2018 年年底完成初稿，歷時三年。後因種種原因幾經拖沓，終於在今年得以出版。10 餘年裡，見證了我從博士畢業以來作為科學研究工作者青澀的成長歷程，陪伴了我在國內各大學、中學、小學的數百場超導科普報告。書稿最初作為專欄連載於雜誌，並同時發布於我的「若水閣科學部落格」，感謝編輯對文稿的仔細審閱校對，感謝多位幕後審稿人的專業指導，感謝各大媒體對文章的轉載，感謝每一位讀者對文章內容的交流與回饋。本書順利出版，要特別感謝諸位老師的鼎力推薦和專業把關，感謝為本書排版、製圖、審校的各位人士。

　　在初稿完成到出版的這段時間，超導研究依舊熱鬧非凡，新的進展和好消息接踵而至。

　　在材料方面，許多新的超導家族成員，諸如「鉻基」、「錳基」、「鈦基」、「鎳基」、「釩基」等過渡金屬化合物紛至沓來，它們要麼有著類似銅基和鐵基超導的結構或物性，要麼有著特殊拓撲物性，極大地拓展了超導研究的空間。超導的臨界溫度紀錄屢被打破，高壓下的富氫化物已宣稱實現室溫超導。

　　在機理方面，更清楚地認識了鐵基超導體的對稱性、預配對、磁漲落等現象，找到了銅基超導體中長期以來可能被忽視的近鄰相互吸引作用，重費米子超導體和自旋三重態超導體有了更深刻的認識，普適的超導微觀模型已是呼之欲出。

　　在應用方面，有了更多的市場需求和前端科技牽引，Google 超導量子電腦實現了「量子優越性」，62 位元可編程超導量子計算原型機「祖沖之號」問世，全超導托克馬克核融合實驗裝置實現可重複的 1.2 億攝氏度／ 101 秒，高溫超導電纜應用於建築物中，長尺度鐵基超導線圈通過 10 特斯拉強磁場性能測試，全超導高溫內插磁體磁場紀錄達到 32.35 特斯拉，首臺目標

後記

設計速度為 620 公里／時的高溫超導高速磁浮樣車送交製造。

在這些好消息裡，華人科學家的身影越來越多，角色也越來越重要，他們不僅頻繁摘得科學界的國際大獎，更在多個科學研究方向創下世界紀錄或引領發展。

相信在未來，下一個嶄新的超導「小時代」，精彩一定會繼續。

圖片來源

- 圖 5-5（右）Reprinted Figure 3 with permission from [Ref. [4] as follows: T. Yildirim and M. R. Hartman, PHYSICAL REVIEW LETTERS 2005, 95: 215504] Copyright (2021) by the American Physical Society.

- 圖 7-1 https://technostalls.com/by-2100-the-earths-temperature-will-increase-with-2-degrees- according-to-experts/

- 圖 7-9 http://www.sci-news.com/physics/fractional-quantum-hall-effect-double-layer-graphene-07327.html

- 圖 9-3（a）https://wikicars.org/en/File:Frog_diamagnetic_levitation.jpg

- 圖 9-3（b）　（c）https://gajitz.com/who-moved-my-cheese-lab-mouse-levitated-with-magnets/

- 圖 9-5（b）Reprinted Figure from Ref. [9] as follows: Wilde M A et al., Phys. Status Solidi B, 2014, 251(9): 1710-1724.

- 圖 10-2 https://www.kibardindesign.com/products/in-progress/the-bat-levitating-kibardin/

- 圖 10-3（左）https://phys.org/news/2015-03-superconductor.html

- 圖 10-3（右）http://www.supraconductivite.fr/en/index.php?p=recherche-nouveaux-moleculaires#samuser-magsurf

- 圖 10-6 http://www.personal.psu.edu/qud2/Res/Pic/gallery1.html

- 圖 10-7 https://phys.org/news/2015-03-superconductor.html

- 圖 10-8 https://phys.org/news/2015-03-superconductor.html

- 圖 11-1 https://popphysics.com/chapter-5-energy-and-heat/entropy-part-2/

- 圖 11-5 https://www.nobelprize.org/prizes/physics/1973/summary/

- 圖 11-10 Reprinted Figure from Ref. [19] as follows:Nakade K et al. Sci. Rep. 2016, 6: 23178 (Open Access).

- 圖 12-6 https://www.nndb.com/people/021/000027937/ 和 https://www.nobelprize.org/prizes/physics/2003/abrikosov/diploma/

- 圖 13-4 https://www.nobelprize.org/prizes/physics/1972/summary/

圖片來源

- 圖 13-8 https://beyinsizler.net/varligimizin-kisa-biyografisi/

- 圖 14-4 https://physics.illinois.edu/people/memorials/mcmillan

- 圖 14-6（上）https://www.nkt.com/news-press-releases/nkt-is-developing-the-prototype-for-the-worlds-longest-superconducting-power-cable

- 圖 14-6（下）https://www.evolo.us/architecture-as-renewable-energy-power-grid-solution/

- 圖 15-5 (a) Reprinted Figure 1 with permission from [Ref. 27 as follows: Deng G et al. PHYSICAL REVIEW B 2011: 84: 144111] Copyright (2021) by the American Physical Society.

- 圖 15-5 (c) Reprinted Figure 1 with permission from [Ref. 28 as follows: Roh S et al. PHYSICAL REVIEW B 2020, 101: 115118] Copyright (2021) by the American Physical Society.

- 圖 15-6 (a) Reprinted Figure 9 with permission from [Ref. [31] as follows: Wagner K E et al., PHYSICAL REVIEW B 2008, 78: 104520]

- 圖 15-6 (b) Reprinted Figure 2 with permission from [Ref. [32] as follows: Fang L et al., PHYSICAL REVIEW B 2005, 72: 014534]

- 圖 15-6 (c) Reprinted Figure 1 with permission from [Ref. [33] as follows: Noat Y et al., PHYSICAL REVIEW B 2015, 92: 134510] Copyright (2021) by the American Physical Society.

- 圖 15-7 (a) Reprinted Figure with permission from Ref. 35 as follows: Mizuguchi Y et al. J. Phys. Soc. Jpn. 2012, 81, 114725. Copyright® 2012 The Physical Society of Japan.

- 圖 15-7 (b) Reprinted Figure 1 from Ref. 37 as follows: Kang D F et al. Nat. commun. 2015, 6: 7804 (Open Access).

- 圖 15-7 (c) Reprinted Figure 1 with permission from Ref. 36 as follows: Lei H C et al. Inorg. Chem. 2013, 52: 10685. Copyright® 2013 by American Chemical Society.

- 圖 15-7 (d) Reprinted Figure 4 with permission from [Ref. 38 as follows: Hor Y S et al. PHYSICAL REVIEW LETTERS 2010, 104: 057001] Copyright(2021) by the American Physical Society.

- 圖 16-3 https://yazdanilab.princeton.edu/highlights/visualizing-heavy-fermions-emerging-quantum-critical-kondo-lattice

- 圖 16-4 (a) Reprinted Figure 1 with permission from [Ref. 13 as follows: Steglich F et al., PHYSICAL REVIEW LETTERS 1979, 43: 1892.]

- 圖 16-4 （b） Reprinted Figure 2 with permission from [Ref. 14 as follows: H. R. Ott et al., PHYSICAL REVIEW LETTERS 1983, 50: 1595.]

- 圖 16-4 （c） Reprinted Figure 3 with permission from [Ref. 15 as follows: G. R. Stewart et al., PHYSICAL REVIEW LETTERS 1984, 52: 679.] Copyright (2021) by the American Physical Society.

- 圖 16-8 Reprinted Figure 1 with permission from [Ref. 25 as follows: N. Tsujii, H. Kontani, and K. Yoshimura, PHYSICAL REVIEW LETTERS 2005, 94: 057201.] Copyright (2021) by the American Physical Society.

- 圖 17-1 （a） https://www.ki.ku.dk/nyheder/nyhedssamling/bechgaard/

- 圖 17-1 （b） http://www.supraconductivite.fr/en/index.php?p=recherche-nouveaux-moleculaires

- 圖 17-1 （c） Reprinted Figures from Ref. 2 as follows: Jérome D et al. J. Phys. Lett., 1980, 41: L95-L98.

- 圖 17-2 （a） （b） https://www.intechopen.com/chapters/40030

- 圖 17-2 （c） http://www.supraconductivite.fr/en/index.php?p=recherche-nouveaux-moleculaires

- 圖 17-3 https://www.intechopen.com/chapters/40030

- 圖 17-6 Reprinted Figures from Ref. 23 as follows: Xue M Q et al., Sci. Rep., 2012, 2: 389 (Open Access).

- 圖 18-2 https://www.nap.edu/read/5406/chapter/14

- 圖 18-5 YRuB2: Reprinted Figure 1 with permission from [Ref. 34 as follows: Barker J A T. et al. PHYSICAL REVIEW B 2018, 97: 094506] Copyright (2021) by the American Physical Society; YB6 :https://everipedia.org/wiki/lang_en/Yttrium_borides; BeB6:Reprinted Figure 2 with permission from [Ref. 35 as follows:Wu L et al. J. Phys. Chem. Lett., 2016, 7(23): 4898-4904]Copyright® 2016 American Chemical Society; ZrB12: Reprinted Figure 1 with permission from [Ref. 36 as follows: Ma T et al. Adv. Mat., 2017, 29(3): 1604003.] Copyright® 2016 WILEY-VCH Verlag GmbH & Co. KGaA, Weinheim; Ru7B3: Reprinted Figure 1 with permission from [Ref. 37 as follows: Fang Let al. PHYSICAL REVIEW B 2009, 79: 144509.] Copyright (2021) by the American Physical Society; Mg10Ir19B16: Reprinted Figure from https://arxiv.org/abs/0704.1295.

- 圖 19-3 https://docs.epw-code.org/doc/MgB2.html

- 圖 19-4 http://www.nextbigfuture.com/2015/08/magnesium-diboride-superconductors-can.html

圖片來源

- 圖 20-1 https://www.flickr.com/photos/ibm_research_zurich/5578970567
- 圖 20-2 Reprinted Figures from Ref. 6 as follows: Bednorz J G and Müller K A. Z. Phys. B. 1986. 64: 189.
- 圖 20-3 Reprinted Figures from Ref. 7 as follows: Uchida S, Takagi H, Kitazawa K and Tanaka S. Jpn. J. Appl. Phys. 1987. 26: L1.
- 圖 20-6 https://www.livescience.com/49397-nobel-prize-winners-dra
- 圖 21-4 作者重繪圖，來自：趙忠賢等，科學通報，1987，32：412-414．
- 圖 21-5 作者重繪 Reprinted Figure 1 with permission from [Ref. 19 as follows: Wu M K. et al. PHYSICAL REVIEW LETTERS 1987, 58: 908.] Copyright (2021) by the American Physical Society.
- 圖 21-9 Reprinted Figure 1with permission from [Ref. 30 as follows: Wang L et al. PHYSI-CAL REVIEW MATERIALS 2018, 2: 123401.] Copyright (2021) by the American Physical Society.
- 圖 22-3 https://nationalmaglab.org/news-events/feature-stories/high-te
- 圖 22-8 https://www.fusionenergybase.com/concept/rebco-high-temperature-su
- 圖 23-6 Reprinted Figure 1 with permission from [Ref. 10 as follows: Komiya S et al. PHYSICAL REVIEW LETTERS 2005, 94: 207004.] Copyright (2021) by the American Physical Society.)
- 圖 24-2 Reprinted Figure 1 with permission from [Chen C-C et al. PHYSICAL REVIEW B 2013, 87: 165144.] Copyright (2021) by the American Physical Society.
- 圖 24-3 https://www6.slac.stanford.edu/news/2014-12-19-first-direct-evidence-mysterious-phase-matter-competes-high-temperature
- 圖 24-7 https://www.psi.ch/num/HighlightsThirteenEN/igp_48a4728305c2fc94f66975eff-c0a18db_chang_nc.jpg
- 圖 25-3 https://www.bnl.gov/newsroom/news.php?a=111155
- 圖 25-6 http://davis-group-quantum-matter-research.ie/
- 圖 26-2 http://davis-group-quantum-matter-research.ie/
- 圖 26-4 https://physics.illinois.edu/people/directory/profile/dimer
- 圖 26-5 Reprinted Figure 1 with permission from [Ref. 12 as follows: Wang Y et al. PHYS-ICAL REVIEW LETTERS 2005, 95: 247002.] Copyright (2021) by the American Physical Society.

◆ 圖 26-6 https://www.bnl.gov/newsroom/news.php?a=110994

◆ 圖 28-3 https://www.titech.ac.jp/english/public-relations/research/stories/hideo-hosono-1

◆ 圖 31-1 Reprint Figure 1 and 3 with permission from [Ref. 5 as follows: Hsu F. C. et al., PNAS 2008, 105(28): 14263.] Copyright (2008) by the National Academy of Sciences.

◆ 圖 31-3 （a）Reprinted Figure 1 with permission from [Ref. 8 as follows: McQueen T M et al. PHYSICAL REVIEW B 2009, 79: 014522.] Copyright (2021) by the American Physical Society

◆ 圖 31-3 （b）Reprinted Figure 1 from Ref. 14 Katayama N et al. J. Phys. Soc. Jpn. 2010, 79: 113702.Copyright® 2010 The Physical Society of Japan

◆ 圖 31-3 （c）Reprinted Figure 5 from Ref. 37 Tan S Y et al. Nat. Mater., 2013, 12: 634

◆ 圖 31-3 （d）Reprinted Figure 5 from Ref. 37 Sun J P Nat. Commun. 2018, 9: 380 (Open Access).

◆ 圖 31-4 Reprinted Figure from Ref. 34: Wang Q Y et al. Chin. Phys. Lett. 2012, 29: 037402.

◆ 圖 31-6 Reprinted Figure 4 with permission from [Ref. 47 as follows: Lei B et al. PHYSI-CAL REVIEW B 95, 020503(R) (2017).] Copyright (2021) by the American Physical Society.

◆ 圖 31-8 Reprinted Figures from Liu D F et al. Phys. Rev. X 2018, 8: 031033.

◆ 圖 32-3 Reprinted Figure 2with permission from [Ref. 13as follows: Mou D et al. PHYSI-CAL REVIEW LETTERS 2016, 117: 277001.] Copyright (2021) by the American Physical Society.

◆ 圖 33-4 http://news.rice.edu/2014/07/31/study-finds-physical-link-to-strange-electronic-behavior/

◆ 圖 34-2 Hosono H et al., Mater. Today 2018, 21: 278-302.

◆ 圖 34-3 Hosono H et al., Mater. Today 2018, 21: 278-302.

◆ 圖 35-1 https://james-camerons-avatar.fandom.com/wiki/Avatar_Wiki

◆ 圖 35-3 https://arxiv.org/abs/1603.01482

◆ 圖 35-6 http://qcmd.mpsd.mpg.de/index.php/research/research-science/Light-induced-SC-like-properties-in-cuprates.html

◆ 圖 36-6 https://www.latimes.com/science/sciencenow/la-sci-sn-solid-metallic-hydrogen-di-amond-20160107-story.html

圖片來源

◆ 圖 36-7 https://www.mpg.de/4652575/wasserstoff_metal

◆ 圖 37-1 Reprint figure from Deng Z et al. Nat. Commun., 2011, 2: 422 and Zhao Z. et al., Nat. Commun., 2013, 4: 1422 (Open Access); Reprinted Figure 1 with permission from [Ref. 9 as follows: Ding C et al. PHYSICAL REVIEW B 2011.88: 041102(R).] Copyright(2021) by the American Physical Society.

◆ 圖 37-3 https://1721181113.rsc.cdn77.org/data/images/full/18954/layers-of-graphene-molecules.jpg

◆ 圖 37-4 Reprinted Figure 3 with permission from [Ref. 21 as follows: C. A. Regal, M. Greiner, and D. S. Jin, PHYSICAL REVIEW LETTERS 92, 040403 (2004).] Copyright (2021) by the American Physical Society.

◆ 圖 37-5 Reprint figure from Chen M. et al. Sci. Adv. 2018, 4: eaat1084 (Open Access).

◆ 圖 37-6 Reprint figure from Jiang H. et al. Chin. Phys. B, 2013, 22: 087410.

◆ 圖 37-7 Reprint figure from Hu J P et al. Phys. Rev. X, 2015, 5: 041012 (Open Access).

◆ 圖 38-5 https://dornob.com/futuristic-furniture-design-floating-cloud-couch-concept/

◆ 圖 38-8 https://kuaibao.qq.com/s/20200612A0JNLL00

超導時代降臨，能量損耗從此為零！能源科技最終解：抗磁效應 × 磁浮原理 × 量子干涉 × 材料應用，近代物理重大發現，創造接連不斷的科學奇蹟

作　　者：羅會仟

發 行 人：黃振庭

出 版 者：崧燁文化事業有限公司

發 行 者：崧燁文化事業有限公司

E-mail：sonbookservice@gmail.com

粉 絲 頁：https://www.facebook.com/
　　　　　sonbooksss/

網　　址：https://sonbook.net/

地　　址：臺北市中正區重慶南路一段六十一號八
　　　　　樓 815 室

Rm. 815, 8F., No.61, Sec. 1, Chongqing S. Rd.,
Zhongzheng Dist., Taipei City 100, Taiwan

電　　話：(02)2370-3310

傳　　真：(02)2388-1990

印　　刷：京峯數位服務有限公司

律師顧問：廣華律師事務所 張珮琦律師

-版權聲明

定　　價：580 元

發行日期：2023 年 09 月第一版

◎本書以 POD 印製

國家圖書館出版品預行編目資料

超導時代降臨，能量損耗從此為零！能源科技最終解：抗磁效應 × 磁浮原理 × 量子干涉 × 材料應用，近代物理重大發現，創造接連不斷的科學奇蹟 / 羅會仟 著 . -- 第一版 . -- 臺北市：崧燁文化事業有限公司, 2023.09
面；　公分
POD 版
ISBN 978-626-357-616-2(平裝)
1.CST: 超導體
337.473　　　　　112013793

電子書購買

臉書

爽讀 APP